高等学校计算机基础教育课程"十二五"规划教材

计算机应用基础教程

（Windows 7+Office 2010）（第三版）

刘红冰　主　编

向占宏　刘文彬　付　沙　副主编

U0316582

中国铁道出版社

CHINA RAILWAY PUBLISHING HOUSE

内 容 简 介

"计算机应用基础"课程是高等院校非计算机专业学生的必修课程。通过对本书的学习，读者可以掌握计算机的基础知识、基本概念和基本操作技能，了解实用软件的使用和计算机应用领域的前沿知识，为学生熟练使用计算机和更进一步深入学习、应用计算机知识打下坚实的基础。

本书内容包括计算机基础知识、中文 Windows 7 操作系统、文字处理软件 Word 2010、电子表格处理软件 Excel 2010、演示文稿制作软件 PowerPoint 2010、计算机网络基础与 Internet、电子邮件与 Outlook 2010。作为计算机基础教材，本书力求叙述精练、通俗易懂、深入浅出，致力于培养学生应用基础知识与操作技能的综合能力。为了巩固所学的知识，本书除了在每章都配有相应的练习题外，还编写了与之配套的《计算机应用基础教程（Windows 7 + Office 2010）（第三版）》（谢建全主编，中国铁道出版社出版）实验指导用书。

本书内容丰富、图文并茂、实用性强，适合作为高等院校非计算机专业学生的"计算机应用基础"课程的教材，也可供各类计算机培训班和个人自学使用。

图书在版编目（CIP）数据

计算机应用基础教程：Windows 7+ Office 2010 / 刘红冰主编. —3 版. —北京：中国铁道出版社，2015.9（2018.8重印）

高等学校计算机教育课程"十二五"规划教材

ISBN 978-7-113-20895-0

Ⅰ. ①计… Ⅱ. ①刘… Ⅲ. ①Windows 操作系统—高等学校—教材 ②办公自动化—应用软件—高等学校—教材 Ⅳ. ①TP316.7 ②TP317.1

中国版本图书馆 CIP 数据核字（2015）第 198499 号

书　　名：**计算机应用基础教程（Windows 7+Office 2010）（第三版）**
作　　者：刘红冰　主编

策　　划：曹莉群
责任编辑：曹莉群
封面设计：付　巍
封面制作：白　雪
责任校对：汤淑梅
责任印制：郭向伟

出版发行：中国铁道出版社（100054，北京市西城区右安门西街 8 号）
网　　址：http://www.tdpress.com/51eds/
印　　刷：北京鑫正大印刷有限公司
版　　次：2008 年 7 月第 1 版　　2010 年 9 月第 2 版　　2015 年 9 月第 3 版　　2018 年 8 月第 4 次印刷
开　　本：787mm×1092mm　1/16　印张：17.5　字数：418 千
印　　数：8 101～10 000 册
书　　号：ISBN 978-7-113-20895-0
定　　价：38.00 元

前言（第三版）

　　"计算机应用基础"课程是高等院校非计算机专业学生的必修课程。随着计算机信息技术的迅速发展，计算机应用基础知识内容也在不断更新，根据这个特点和要求，我们组织编写了《计算机应用基础教程（Windows 7+Office 2010）（第三版）》以及配套的《计算机应用基础实验教程（Windows 7+Office 2010）（第三版）》。这套教材侧重于使学生掌握计算机的基本知识及基本的计算机操作和使用技能，熟练应用典型的系统软件（主要是操作系统）、应用软件（主要是办公自动化软件）及进行网上的基本操作等。

　　本版教材在上一版的基础上做了比较大的修订和更新。本版继承了前两版的特点和优点，内容更加成熟和完善。本书有几处较大的改动：① 操作系统由 Windows XP 修改为 Windows 7；② 应用软件由 Office 2003 修改为 Office 2010，增强了 Word 2010 与 Excel 2010 的应用部分；③ Internet 的接入方式增加了新方法；④删除了计算机病毒防治的内容；⑤增加了电子邮件与 Outlook 2010 的内容。

　　本书由长期从事计算机基础教学和有教材编写经验的一线教师编写，在编写过程中充分考虑到不同学生的特点和需求，增加了对办公软件高级应用方面的教学。本书凝聚了编者多年来的教学经验和成果，内容翔实、安排合理、操作步骤清晰、图文并茂，具有较强的阅读性和操作性。

　　本书由刘红冰任主编，向占宏、刘文彬、付沙任副主编，其中第 1 章、第 2 章由向占宏编写；第 3 章、第 4 章由刘红冰编写；第 5 章由付沙编写；第 6 章、第 7 章由刘文彬编写。全书由刘红冰负责统稿和审校。

　　由于编者水平有限，编写时间仓促，书中难免有疏漏和不妥之处，敬请广大读者和各位专家批评指正，以便再版时及时修正。

编　者
2015 年 6 月

目　录

第1章 计算机基础知识

计算机是一种能进行高速运算和操作、具有内部存储能力并由程序控制运算和操作过程的电子设备。计算机最早的用途是用于数值计算，随着计算机技术和应用的发展，计算机已经成为人们进行信息处理的一种必不可少的工具，可以说，在人类发展史中，计算机的发明具有特殊重要的意义。对于计算机本身来说，它既是科学技术和生产力发展的结果，同时又大大地促进了科学技术和生产力的发展。

1.1 计算机概述

1.1.1 计算机发展史

计算机诞生以来，人们按照计算机中主要功能部件所采用的电子器件（逻辑元件）的不同，一般将计算机的发展分为电子管、晶体管、中小规模集成电路（IC），以及大规模和超大规模集成电路（VLSI）四个阶段。每一阶段在技术上是一次新的突破，在性能上是一次质的飞跃。

第一代：电子管计算机时代（1946—1958 年）。采用电子管作为基本器件，使用机器语言，几乎没有系统软件。特点是体积大、耗能高、速度慢（一般每秒数千次至 1 万次）、容量小、价格昂贵。主要用于军事和科学计算。

第二代：晶体管计算机时代（1959—1964 年）。采用晶体管为基本器件。开始出现汇编语言，产生了一系列的高级程序设计语言（如 FORTRAN、COBOL 等），并提出了操作系统的概念。特点是体积缩小、能耗降低、寿命延长、运算速度提高（一般每秒为数十万次，可高达 300 万次）、可靠性提高、容量增大、价格不断下降。应用范围也进一步扩大，从军事与尖端技术领域延伸到气象、工程设计、数据处理以及其他科学研究领域。

第三代：中小规模集成电路计算机时代（1965—1970 年）。采用中小规模集成电路（IC）作为基本器件。特点是：体积进一步缩小，寿命更长；计算速度加快，每秒可达几百万次运算；高级语言进一步发展，操作系统出现；存储容量进一步提高，体积更小、价格更低；计算机应用范围扩大到企业管理和辅助设计等领域。

第四代：大规模和超大规模集成电路计算机时代（从 1971 年至今）。采用大规模和超大规模集成电路元件，体积与第三代相比进一步缩小。在硅半导体上集成了几十万甚至上百万个电子元器件，可靠性更好、寿命更长；计算速度加快，每秒几千万次到上万亿次运算；软件配置丰富，软件系统工程化、理论化，程序设计部分自动化；发展了并行处理技术和多机系统，产品更新速度加快；计算机在办公自动化、数据库管理、图像处理、语言识别和专家系统等各个领域大显身手，计算机的发展进入了以计算机网络为特征的时代。

进入 20 世纪 90 年代以来，世界计算机技术发展十分迅速，产品不断升级换代，美国和日本等工业发达国家正在投入大量的人力和物力，积极研究支持逻辑推理和知识库的智能计算机、神经网络计算机和生物计算机等新一代计算机。

随着科学技术的高速发展，现有的各种计算机系统将无法满足日益扩大的多样化应用要求，因此，人们在不断地采用新设想、新技术和新工艺，使计算机的功能更完善、应用范围更广泛，还要使计算机不仅可以重复执行人的命令，而且可以提供逻辑推理和知识学习的能力。因此，新一代计算机主要是把信息采集、存储、处理、通信和人工智能结合在一起的智能计算机，它将突破当前计算机的结构模式，更加注重逻辑推理或模拟的"智能"，即具有对知识进行处理和模拟功能。总之，未来的计算机将向巨型化、微型化、网络化、智能化和多媒体方向发展。

1.1.2　计算机分类

随着计算机技术的不断发展和应用，特别是微处理器（CPU）的发展，计算机的类型也越来越多样化。在时间轴上，"分代"代表了计算机的纵向发展，而"分类"代表了计算机的横向发展。计算机种类很多，从不同角度对计算机有不同的分类方法，计算机通常按其结构原理、用途、型体和功能，字长四种方式分类。

1. 按结构原理分类

按结构原理分类，可分为数字计算机、模拟计算机、模数混合计算机。

（1）数字计算机

数字计算机是以电脉冲的个数或电位的阶变形式来实现计算机内部的数值计算和逻辑判断，输出量仍是数值。目前广泛应用的都是数字计算机，简称计算机。

（2）模拟计算机

模拟计算机是对电压、电流等连续的物理量进行处理的计算机。输出量仍是连续的物理量。它的精确度较低，应用范围有限。

（3）模数混合计算机

模数混合计算机兼有数字和模拟两种计算的优点，既能接收、处理和输出数字量，又能接收、处理和输出模拟量，并具有数字量和模拟量之间转换的能力。

2. 按用途分类

按用途分类，可分为通用计算机和专用计算机。

（1）通用计算机

目前广泛应用的计算机，其结构复杂，但用途广泛，可用于解决各种类型的问题，诸如科学计算数据处理、自动控制、辅助设计等。

（2）专用计算机

为某种特定目的所设计制造的计算机，其适用范围窄，但结构简单，价格便宜，工作效率高。如用于弹道控制、地震监测等方面的计算机为专用机。

3. 按型体和功能分类

按型体和功能分类，可分为巨型机、大中型机、小型机、微型机、工作站、服务器。

（1）巨型计算机

巨型机又称超级计算机（Super Computer），是指运算速度超过每秒 1 亿次的高性能计算机，它是目前功能最强、速度最快、软硬件配套齐备、价格最贵的计算机，主要用于解决诸如气象、太空、能源、医药等尖端科学研究和战略武器研制中的复杂计算。它们安装在国家高级研究机关中，可供几百个用户同时使用。运算速度快是巨型机最突出的特点。如美国 Cray 公司研制的 Cray 系列机中，Cray-Y-MP 运算速度为每秒 20 亿次 ~ 40 亿次，我国自主生产研制的银河Ⅲ巨型机为每秒 100 亿次，IBM 公司的 GF-11 可达每秒 115 亿次，日本富士通研制了运算速度可达每秒 3000 亿次的计算机。最近我国研制的曙光 4000A 运算速度可达每秒 10 万亿次。世界上只有少数几个国家能生产这种机器，它的研制开发是一个国家综合国力和国防实力的体现。

（2）大中型计算机

大中型计算机（Large-scale Computer and Medium-scale Computer）也有很高的运算速度和很大的存储量并允许相当多的用户同时使用。当然在量级上都不及巨型计算机，结构上也较巨型机简单些，但价格比巨型机便宜，因此使用的范围较巨型机普遍，是事务处理、商业处理、信息管理、大型数据库和数据通信的主要支柱。大中型机通常都像一个家族一样形成系列，如 IBM370 系列、DEC 公司生产的 VAX8000 系列、日本富士通公司的 M-780 系列。同一系列的不同型号的计算机可以执行同一个软件，称为软件兼容。

（3）小型计算机

小型机（Minicomputer）其规模和运算速度比大中型机要差，但仍能支持十几个用户同时使用。小型机具有体积小、价格低、性能价格比高等优点，适合中小企业、事业单位用于工业控制、数据采集、分析计算、企业管理以及科学计算等，也可做巨型机或大中型机的辅助机。典型的小型机是美国 DEC 公司的 PDP 系列计算机、IBM 公司的 AS/400 系列计算机，我国的 DJS-130 计算机等。

（4）微型计算机

微型计算机（Microcomputer），是当今使用最普及、产量最大的一类计算机，体积小、功耗低、成本少、灵活性大，性能价格比明显地优于其他类型计算机，因而得到了广泛应用。微型计算机可以按结构和性能划分为单片机、单板机、个人计算机等几种类型。

① 单片机（Single Chip Computer），把微处理器、一定容量的存储器以及输入/输出接口电路等集成在一个芯片上，就构成了单片机。可见单片机仅是一片特殊的、具有计算机功能的集成电路芯片。单片机体积小、功耗低、使用方便，但存储容量较小，一般用做专用机或用来控制高级仪表、家用电器等。

② 单板机（Single Board Computer），把微处理器、存储器、输入/输出接口电路安装在一块印制电路板上，称为单板机。一般在这块板上还有简易键盘、液晶和数码管显示器以及外存储器接口等。单板机价格低廉且易于扩展，广泛用于工业控制、微型机教学和实验，或作为计算机控制网络的前端执行机。

③ 个人计算机（Personal Computer，PC），供单个用户使用的微型机一般称为个人计算机或 PC，是目前用得最多的一种微型计算机。PC 配有紧凑的机箱、显示器、键盘、打印机以及各种接口，可分为台式微机和便携式微机。台式微机可以将全部设备放置在书桌上，因此又称为桌面型计算机。当前流行的机型有 IBM-PC 系列，Apple 公司的 Macintosh，我国生产的长城、浪潮、联想系列计算机等。便携式微机包括笔记本式计算机、平板计算机、袖珍计算机以及个人数字助理（Personal Digital Assistant，PDA）。便携式微机将主机和主要外部设备集成为一个整体，显示器为液晶显示器，可以直接用电池供电。

（5）工作站

工作站（Workstation）是介于 PC 和小型机之间的高档微型计算机，通常配备有大屏幕显示器和大容量存储器，具有较高的运算速度和较强的网络通信能力，有大型机或小型机的多任务和多用户功能，同时兼有微型计算机操作便利和人机界面友好的特点。工作站的独到之处是具有很强的图形交互能力，因此在工程设计领域得到广泛使用。HP、SGI 等公司都是著名的工作站生产厂家。

（6）服务器

随着计算机网络的普及和发展，一种可供网络用户共享的高性能计算机应运而生，这就是服务器。服务器一般具有大容量的存储设备和丰富的外部接口，运行网络操作系统，要求较高的运行速度，为此很多服务器都配置多 CPU。服务器常用于存放各类资源，为网络用户提供丰富的资源共享服务。常见的资源服务器有 DNS（Domain Name System，域名解析）服务器、E-mail（电子邮件）服务器、Web（网页）服务器、BBS（Bulletin Board System，电子公告板）服务器等。

4. 按字长分类

按字长分类可分为 8 位机、16 位机、32 位机、64 位机。计算的字长就是指它一次可处理二进制数的位数。计算机处理数据的速率，自然和它一次能加工的位数以及进行运算的快慢有关。如果一台计算机的字长是另一台计算机的两倍，即使两台计算机的速度相同，在相同的时间内，前者能做的工作是后者的两倍。字长是衡量计算机性能的一个重要因素。

1.1.3　计算机的主要特点与应用领域

1. 计算机的主要特点

计算机是一种可以进行自动控制、具有记忆功能的现代化计算工具和信息处理工具，它有以下五个方面的特点。

（1）运算速度快

计算机最显著的特点是能以很高的速度进行运算。现在的计算机运算速度（MIPS，百万条指令每秒）已达到每秒几百万次到万亿次，计算机的高速运算能力应用于天气预报和地质勘测等尖端科技中。

（2）计算精度高

计算机具有很高的计算精度，一般可达十几位、几十位，甚至几百位以上的有效数字精度。计算机的高精度性使它运用于航天航空、核物理等方面的数值计算中。

（3）存储功能强

计算机能够把数据和指令等信息存储起来，在需要这些信息时再将它们调出。计算机的存储器类似于人脑。

（4）具有逻辑判断能力

计算机在执行过程中，会根据上一步执行结果，运用逻辑判断方法自动确定下一步的执行命令。正因为计算机具有这种逻辑判断能力，使得计算机不仅能解决数值计算问题，而且能解决非数值计算问题，如信息检索和图像识别等。

（5）可靠性高、通用性强

由于采用了大规模和超大规模集成电路，现在的计算机具有非常高的可靠性。现代计算机不仅可以用于数据计算，还可以用于数据处理、工业控制、辅助设计、辅助制造和办公自动化等，具有很强的通用性。

可以说，计算机以上几个方面的特点，是促使计算机迅速发展并获得广泛应用的最根本原因。

2．计算机的应用领域

由于计算机的快速性、逻辑性、准确性和通用性等特点，使它不但具有高速运算能力，而且还具有逻辑分析和逻辑判断能力。这不仅可以大大提高人们的工作效率，而且可以部分替代人的脑力劳动，所以其应用领域非常广泛，几乎各行各业都能使用计算机帮助人们完成一定的工作。

根据计算机的应用特点，大致可以将计算机的应用领域归纳为以下五个方面。

（1）科学计算

计算机刚出现时，它们主要任务就是用于科学计算。随着计算机技术的发展，使得人工计算已无法解决的计算问题由计算机完成。计算机甚至可以对不同的计算方案进行比较，以选出最佳方案。例如：火箭运行轨迹、天气预报、高能物理以及地质勘探等许多尖端科技的计算等。"数值仿真"则是在此基础上发展起来的应用，如用计算机仿真原子弹的爆炸，可以避免过多的实弹试验。

（2）信息处理

主要是指对大量的信息进行分析、合并、分类和统计等的加工处理。通常用在办公自动化、企业管理、物资管理、信息情报检索以及报表统计等领域。现代社会是一个信息化社会，信息处理无疑是一个十分突出的问题，应用计算机可实现信息管理的自动化，目前信息处理已成为计算机应用的一个重要方面。

（3）自动控制与人工智能

由于计算机不但计算速度快，而且有逻辑判断能力，所以广泛用于自动控制，即利用计算机及时采集数据，将数据处理后，按最佳方式迅速地对控制对象进行控制。如对生产和实验设备及其过程进行控制，可以大大提高自动化水平、减轻劳动强度、节省生产和实验周期，提高产品的质量和数量，特别是在现代国防及航空航天等领域，可以说计算机起着决定性作用。

另外，随着智能机器人的研制成功，可以代替人类完成不宜由人类来进行的工作，随着计算机的发展，人工智能的研究使计算机更好地模拟人的思维活动，计算机可以完成更复杂的控制任务。

（4）辅助功能

目前常见的计算机辅助功能有：辅助设计、辅助制造、辅助教学和辅助测试等。

计算机辅助设计（Computer Aided Design，CAD）是指利用计算机来帮助人们进行工程设计，以提高设计工作的自动化程度。它在机械、建筑、服装以及电路等的设计中都有着广泛的应用。利用 CAD，不但降低了设计人员的工作量，提高了设计速度，更重要的是提高了设计质量。

计算机辅助制造（Computer Aided Manufacturing，CAM）是指利用计算机进行生产设备的管理、控制与操作、利用 CAM 可提高产品质量、降低成本和降低劳动强度。

计算机辅助教学（Computer Aided Instruction，CAI）是指将教学内容、教学方法以及学生的学习情况等存储在计算机中，帮助学生轻松地学习所需要的知识。

计算机辅助测试（Computer Aided Testing，CAT）是指利用计算机来完成大量复杂的测试工作。近年来由于多媒体技术和网络技术的发展，推动了 CAI 技术的发展。目前多媒体教学、网上教学和远程教学已经蓬勃发展，通过多媒体技术丰富的媒介表现形式及交互式的教学，不仅提高了教学质量，还可以使学生在学校里就能体验计算机的应用。

除了以上所介绍的计算机辅助功能之外，还有其他的辅助功能。例如，辅助生产、辅助绘图和辅助排版等。

（5）通信与网络

随着社会信息化的发展，通信业也在迅速发展，计算机在通信领域的作用越来越大，特别是计算机网络的迅速发展。目前全球最大的网络，即 Internet 已把全球的大多数国家联系在一起。

除此之外，计算机在信息高速公路和电子商务等领域也得到了快速发展。

信息高速公路是在 1991 年提出的。其含义是将美国所有的信息资源连接成一个全国性的大网络，让各种形态的信息（如文字、数据、声音和图像等）都能在大网络里交互传输。该计划引起了世界各国的震动，我国也不例外，信息产业的发展摆在了国民经济的突出地位。

所谓电子商务是指通过计算机和网络进行商务活动。电子商务发展前景广阔，目前世界各地许多公司已经开始通过 Internet 进行商业交易。他们在网络上进行业务往来，其业务量超出正常方式。

1.1.4 计算机的发展趋势

计算机的发展表现为：巨型化、微型化、多媒体化、网络化和智能化五种趋向。

1. 巨型化

巨型化是指发展高速、大存储容量和强功能的超大型计算机。这既是发展尖端科学如天文、气象、宇航、核反应等的需要；又是探索新兴科学如基因工程、生物工程等的需要；也是为了能让计算机具有人脑学习、推理等复杂功能的需要，当今知识信息犹如核裂变一样不断膨胀，记忆、存储和处理这些信息是必要的。1970 年代中期的巨型机运算速度达每秒 1.5 亿次，现在则高达每秒数万亿次。还有进一步提高计算机功能的必要，例如美国计划开发出每秒 1 000 万亿次运算的超级计算机。

2. 微型化

因大规模、超大规模集成电路的出现，计算机微型化迅速。因为微型机可渗透到诸如仪表、家用电器、导弹弹头等中小型机无法进入的领地，所以自 20 世纪 80 年代以来发展异常迅速，性能指标持续提高，而价格持续下降。当前微型机的标志是运算部件和控制部件集成在一起，今后将逐步发展到对存储器、通道处理机、高速运算部件、图形卡、声卡的集成，进一步将系统的软件固化，达到整个微型机系统的集成。

3. 多媒体化

多媒体是"以数字技术为核心的图像、声音与计算机、通信等融为一体的信息环境"的总称。多媒体技术的目标是：无论在什么地方，只需要简单的设备，就能自由自在地以接近自然的交互方式收发所需要的各种媒体信息。

4. 网络化

计算机网络是计算机技术发展中崛起的又一重要分支，是现代通信技术与计算机技术结合的产物。从单机走向联网，是计算机应用发展的必然结果。所谓计算机网络，就是在一定的地理区域内，将分布在不同地点的不同机型的计算机和专门的外部设备由通信线路互联组成一个规模大、功能强的网络系统，以达到共享信息、共享资源的目的。

5. 智能化

智能化是利用计算机来模拟人的思维过程，并利用计算机程序来实现这些过程。人们把用计算机模拟人的脑力劳动的过程，称为人工智能。如利用计算机进行数学定理的证明、进行逻辑推理、理解自然语言、辅助疾病诊断、实现人机对弈、密码破译等，都可利用人们赋予计算机的智能来完成。计算机高度智能化是人们长期不懈的追求目标。

1.2 计算机的工作原理

1.2.1 计算机系统组成

一个完整的计算机系统是由计算机硬件系统和计算机软件系统两大部分组成。计算机硬件系统由一系列电子元器件按照一定逻辑关系连接而成。计算机硬件系统包括计算机的各种部件和外部设备，是构成计算机所有实体部件的集合。计算机硬件系统是计算机进行工作的物质基础和核心。计算机软件系统由操作系统、语言处理系统以及各种软件工具和应用软件等软件程序组成。计算机软件系统是指挥硬件各部分协调工作并完成各种功能的程序和数据的集合。

通常把不装备任何软件的计算机称为硬件计算机或裸机。普通用户所面对的一般都不是裸机，而是在裸机之上配置若干软件之后所构成的计算机系统。硬件是软件建立和依托的基础，软件是计算机系统的灵魂。计算机软件随硬件技术的迅速发展而发展，软件的不断发展与完善，又促进了硬件的发展，两者的发展密切地交织在一起，缺一不可。所以把计算机系统当作一个整体来看，它既包含硬件，也包含软件。硬件和软件相结合才能充分发挥电子计算机系统的功能。一般电子计算机系统的组成如图1-1所示。

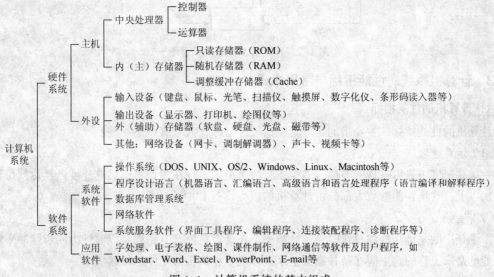

图1-1 计算机系统的基本组成

1.2.2 计算机的工作原理

计算机采用的是"存储程序"的工作原理，该原理是由美籍匈牙利数学家冯·诺依曼于1946年提出并论证的。"存储程序"原理使电子计算机具有通用性，只要在计算机的存储装置中存入不同的程序，计算机就可以按照程序设定的步骤自动地、连续地从存储器中依次取出指令并执行，以完成不同的任务。从而使计算机的应用领域不断地开拓和延伸，渗透到各个领域之中。遵照冯·诺依曼原理，计算机的硬件体系结构由运算器、控制器、存储器、输入设备和输出设备等五个基本部件构成。

计算机中运算器是进行算术运算和逻辑运算的部件。存储器用来存放数据和指令。控制器是计算机的控制中心，能对机器指令进行译码，向其他部件发出控制信号，完成统一步调的工作。

输入设备用来向计算机输入数据和程序，常用的有键盘、数字化仪、光笔、鼠标等输入设备。输出设备是用来输出运行结果，常用的有显示器、打印机、绘图仪等。

计算机的工作原理：根据计算机应用对象的要求编制成计算机运行的程序，将解题的原始数据通过输入设备将它们转换成机器识别的二进制代码送入存储器中保存。然后，按照解题的计算程序由控制器发出相应的控制命令（即发出电脉冲序列），将已存在存储器中的数据代码取出送到运算器中去进行运算。计算得出的中间结果或最后结果又由运算器送回到存储器保存。如果需要显示、观察或打印出结果，由控制器发出控制命令，再从存储器中取出数据代码，经输出设备将计算机内部的二进制数据代码转换成人们习惯的十进制输出。其工作原理如图 1-2 所示。

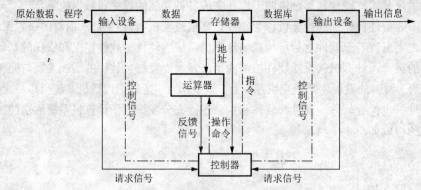

图 1-2　计算机工作原理示意图

1.2.3　计算机系统的性能指标与常用术语

1. 计算机的性能指标

计算机的性能指标，主要指的是计算机的硬件指标，大致有以下一些：

（1）运算速度

运算速度一般用每秒能够执行多少条指令来衡量，现在的计算机运算速度已经达到每秒几万亿次以上。这项性能参数大部分由计算机的核心设备 CPU 来决定。

（2）主频

主频指的是计算机的总线时钟脉冲频率。在计算机内部电路都是以时钟为同步脉冲来触发各功能电路来工作的，主频在某种意义上来说体现了计算机的整体运行速度。

（3）存储容量

计算机的存储容量主要包括计算机的内存容量和硬盘的存储容量。内存容量是指计算机本身配备了多大的内存，具体反映在内存的字节数上。内存越大，计算机的容量就越大，处理信息的能力就越强。计算机里中一般使用的是 SDRAM、DDR、RDRAM 内存条。同样，硬盘的存储容量是指计算机本身配备了多大的硬盘。目前的主流硬盘都在 500 GB 以上。

存储器容量决定了 CPU 处理数据的能力和寻址能力。

（4）计算机的指令系统

指令系统是计算机硬件的语言系统，也叫机器语言，它是软件和硬件的主要界面，从系统结构的角度看，它是系统程序员看到的计算机的主要属性。因此指令系统表征了计算机的基本功能，决定了机器所要求的能力，也决定了指令的格式和机器的结构。它描述了计算机内全部的控制信息和"逻辑判断"能力。不同计算机的指令系统包含的指令种类和数目也不同。一般均包含算术运算型、逻辑运算型、数据传送型、判定和控制型、输入和输出型等指令。指令系统是表征一台计算机性能的重要因素，它的格式与功能不仅直接影响到机器的硬件结构，而且也直接影响到系统软件，影响到机器的适用范围。

（5）多媒体性能

多媒体性能主要指计算机的视频和音频加速性能。具体表现在显卡的 2D、3D 加速性能和声卡的音频加速性能。好的显卡能够给计算机带来视觉上的巨大享受，能够给音乐和游戏发烧友以快乐。同样，好的声卡能够带来听觉上的巨大享受，能够给音乐和游戏发烧友带来巨大的愉悦。可见多媒体性能同样也是衡量计算机品质的指标之一。

（6）安全性能

计算机的安全性能指的是计算机的自我保护能力。具体表现在计算机主板的病毒防护能力、计算机硬盘的数据安全性、电源过压防护能力以及计算机的防雷击能力。一台计算机不仅要使用起来高效，给大家带来高效率的生活和工作，同时也要使用起来安全，使用起来放心，否则可能会给我们造成不可弥补的损失。因此，计算机的可靠性是家用及商用当中的一项重要性能指标。

2．计算机的常用术语

（1）数据（Data）

数据是能够输入到计算机并由计算机处理的那些事实、概念、场景和指示的表示形式，包括数字、字母、符号、文字、图像、声音、图表等。

（2）信息（Information）

信息是客观事物在人们头脑中产生的反映，可以理解为消息、数据、资料、知识等。换句话说，信息是将客观事物用某种方式处理以后的结果，这些结果以数字、字母、符号、文字、图像、声音、图表等来表达。

（3）位（bit）

位是度量数据的最小单位。能表示 0 与 1 的电子线路单元为一个二进制位。

（4）字节（byte）

一个字节为八个二进制位，用 B 表示，是计算机中用来表示存储空间大小的最基本的容量单位。

$$1\ KB（Kibibyte，千字节）=1\ 024\ B= 2^{10}\ B$$

$$1\ MB（Mebibyte，兆字节）=1\ 024\ KB= 2^{20}\ B$$

$$1\ GB（Gigabyte，吉字节）=1\ 024\ MB= 2^{30}\ B$$

$$1\ TB（Terabyte，太字节）=1\ 024\ GB= 2^{40}\ B$$

$$1\ PB（Petabyte，拍字节）=1\ 024\ TB= 2^{50}\ B$$

$$1\ EB（Exabyte，艾字节）=1\ 024\ PB= 2^{60}\ B$$

$$1\ ZB（Zettabyte，泽字节）= 1\ 024\ EB= 2^{70}\ B$$

$$1\ YB（Yottabyte，尧字节）= 1\ 024\ ZB= 2^{80}\ B$$

$$1\ BB（Brontobyte）= 1\ 024\ YB= 2^{90}\ B$$

$$1\ NB（NonaByte）= 1\ 024\ BB = 2^{100}\ B$$

$$1\ DB（DoggaByte）= 1\ 024\ NB = 2^{110}\ B$$

（5）字（Word）

在计算机中，一串数码作为一个整体来处理或运算的，称为一个计算机字，简称字。字通常分为若干字节（每字节一般是 8 位）。在存储器中，通常每个单元存储一个字，因此每个字都是可以寻址的。字的长度用位数来表示。

在计算机的运算器、控制器中，通常都是以字为单位进行传送的。字出现在不同的地址其含义是不相同。例如，送往控制器去的字是指令，而送往运算器去的字就是一个数。

（6）字长（Word Length）

计算机技术中对 CPU 在单位时间内（同一时间）能一次处理的二进制数的位数称为字长。所以能处理字长为 8 位数据的 CPU 通常称为 8 位的 CPU。同理 32 位的 CPU 就能在单位时间内处理字长为 32 位的二进制数据。字节和字长的区别：由于常用的英文字符用 8 位二进制就可以表示，所以通常就将 8 位称为一个字节。字长的长度是不固定的，对于不同的 CPU、字长的长度也不一样。8 位的 CPU 一次只能处理一个字节，而 32 位的 CPU 一次就能处理 4 个字节，同理字长为 64 位的 CPU 一次可以处理 8 个字节。

1.3　计算机中信息的编码

1.3.1　计算机中常用的数制及其转换

计算机是采用数制来存储或表示数据的。数制，即进位计数制，是人们利用数字符号按进位原则进行数据大小计算的方法。通常是以十进制来进行计算的。另外，还有二进制、八进制和十六进制等。

人类在日常生活中常用十进制来表述事物的量，即逢 10 进 1，实际上这并非天经地义，只不过是人们的习惯而已，生活中也常常遇到其他进制，如六十进制：（每分钟为 60 秒，每小时 60 分钟，即逢 60 进 1，十二进制，（计量单位"一打"）等。

在计算机领域，最常用到的是二进制，这是因为计算机是由千千万万个电子元件（如电容器、电感器、晶体管等）组成，这些电子元件一般都是只有两种稳定的工作状态（如晶体管的截止和导通），用高、低两个电位表示"1"和"0"在物理上是最容易实现。

二进制的书写一般比较长，而且容易出错。因此除了二进制外，为了便于书写，计算机中还常常用到八进制和十六进制。一般用户与计算机打交道并不直接使用二进制数，而是十进制数（或八进制、十六进制数），然后由计算机自动转换为二进制数。但对于使用计算机的人员来说，了解不同进制数的特点及它们之间的转换是必要的。

1. 进位计数制

（1）计数符号

每一种进制都有固定数目的计数符号。

十进制：有 10 个记数符号，0、1、2、…、9，逢十进一。

二进制：有 2 个记数符号，0 和 1，逢二进一。

八进制：有 8 个记数符号，0、1、2、…、7，逢八进一。

十六进制：有 16 个记数符号，0~9，以及 A~F，其中 A~F 分别对应十进制的 10~15，逢十六进一。

（2）权值

在任何进制中，一个数的每个位置都有一个权值。比如十进制数 34958 的值为：

$(34958)_{10}=3 \times 10^4+4 \times 10^3+9 \times 10^2+5 \times 10^1+8 \times 10^0$。

从右向左，每一位对应的权值分别为 10^0，10^1，10^2，10^3，10^4。

不同的进制由于其进位的基数不同，其权值也是不同的。比如二进制数 100101，其值应为：

$(100101)_2=1 \times 2^5+0 \times 2^4+0 \times 2^3+1 \times 2^2+0 \times 2^1+1 \times 2^0$。

从右向左，每个位对应的权值分别为 2^0，2^1，2^2，2^3，2^4，2^5。

2．不同数制的相互转换

（1）二、八、十六进制数转换为十进制数

按权展开求和，即将每位数码乘以各自的权值并累加。

例 1-1：
$$(1001.1)_2 = 1 \times 2^3+0 \times 2^2+0 \times 2^1+1 \times 2^0+1 \times 2^{-1}$$
$$= 8+1+0.5$$
$$= (9.5)_{10}$$

$$(345.73)_8 = 3 \times 8^2+4 \times 8^1+5 \times 8^0+7 \times 8^{-1}+3 \times 8^{-2}$$
$$= 192+32+5+0.875+0.046875$$
$$= (229.921875)_{10}$$

$$(A3B.E5)_{16} = 10 \times 16^2+3 \times 16^1+11 \times 16^0+14 \times 16^{-1}+5 \times 16^{-2}$$
$$= 2560+48+11+0.875+0.01953125$$
$$= (2619.89453125)_{10}$$

（2）十进制数转换为二、八、十六进制数

整数部分和小数部分须分别遵守不同的转换规则。假设将十进制数转换为 R 进制数：

整数部分：除以 R 取余法，即整数部分不断除以 R 取余数，直到商为 0 为止，最先得到的余数为最低位，最后得到的余数为最高位。

小数部分：乘 R 取整法，即小数部分不断乘以 R 取整数，直到积为 0 或达到有效精度为止，最先得到的整数为最高位（最靠近小数点），最后得到的整数为最低位。

例 1-2：将（75.453）$_{10}$ 转换成二进制数（取 4 位小数）。

整数部分				小数部分		
2) 75	取余数	低		0.453	取整数	高
2) 37	1	↑		× 2		
2) 18	1			0.906	0	
2) 9	0			× 2		
2) 4	1			1.812	1	
2) 2	0			× 2		
2) 1	0			1.624	1	
0	1	高		× 2		
				1.248	1	低

得 $(75.453)_{10} = (1001011.0111)_2$

例 1-3：将 $(152.32)_{10}$ 转换成八进制数（取 3 位小数）。

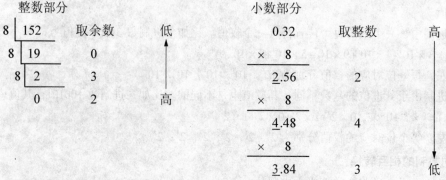

得 $(152.32)_{10} = (230.243)_8$

例 1-4：将 $(237.45)_{10}$ 转换成十六进制数（取 3 位小数）。

整数部分

16	237	取余数	低
16	14	D	
	0	E	高

小数部分

	0.45	取整数	高
×	16		
	7.20	7	
×	16		
	3.20	3	
×	16		
	3.20	3	低

得 $(237.45)_{10} = (ED.733)_{16}$

（3）二进制数转换为八、十六进制数

因为 $2^3=8$，$2^4=16$，所以 3 位二进制数对应 1 位八进制数，4 位二进制数对应 1 位十六进制数。二进制数转换为八、十六进制数比转换为十进制数容易得多，因此常用八、十六进制数来表示二进制数。表 1-1 列出了它们之间的对应关系。

将二进制数以小数点为中心分别向两边分组，转换成八（或十六）进制数，每 3（或 4）位为一组，不够位数在两边加 0 补足，然后将每组二进制数化成八（或十六）进制数即可。

表 1-1　二进制数、八进制数和十六进制数之间的对应关系

二进制	八进制	十六进制	二进制	八进制	十六进制
000	0	0	1000	10	8
001	1	1	1001	11	9
010	2	2	1010	12	A
011	3	3	1011	13	B
100	4	4	1100	14	C
101	5	5	1101	15	D
110	6	6	1110	16	E
111	7	7	1111	17	F

例 1-5：将二进制数 1001101101.11001 分别转换为八、十六进制数。

$\underline{(001}\ \underline{001}\ \underline{101}\ \underline{101}.\underline{110}\ \underline{010})_2 = (1155.62)_8$　　（注意：在两边补零）

$\ \ 1\ \ \ \ 1\ \ \ \ 5\ \ \ \ 5\ .\ 6\ 2$

$$(0010\ 0110\ 1101.1100\ 1000)_2 = (26D.C8)_{16}$$
　　 2　 6　 D . C　 8

（4）八、十六进制转换为二进制

将每位八（或十六）进制数展开为 3（或 4）位二进制数，不够位数在左边加 0 补足。

例 1-6：　$(631.02)_8 = (\underline{110}\ \underline{011}\ \underline{001}.\ \underline{000}\ \underline{010})_2$
　　　　　　　　　　 6　 3　 1 . 0　 2

　　　　$(23B.E5)_{16} = (\underline{0010}\ \underline{0011}\ \underline{1011}.\ \underline{1110}\ \underline{0101})_2$
　　　　　　　　　　　 2　 3　 B . E　 5

注意：整数前的高位零和小数后的低位零可以取消。

1.3.2　计算机中数的表示方法

数值型数据的特点是可以有正负，还可以是整数或小数。如 0, 10, – 125, 3.1415，在计算机内，所有这些数都必须用二进制表示。

1. 机器数与真值

在计算机中只有 0 和 1 两种数值的表示形式，所以，通常把一个数的最高位定义为符号位，用来区分正数与负数，0 表示正数，1 表示负数。每个数据占用一个或多个字节。这种连同符号一起表示的二进制数称为机器数，机器数表示的实际值称为真值。如下表示真值为 –44 的机器数：

1	0	1	0	1	1	0	0

其中，首位 1 表示此数为负数。在计算机中，字长和数据类型确定了，机器数能够表示的数值范围也就确定了。如字长 8 位的整数最大取值为 01111111（B）=127（D）。

2. 定点小数的表示方法

定点小数的小数点固定在符号位与最高数据位之间，实际上小数位并不占用空间，默认在该位置。若有 $m+1$ 位的二进制位，一个纯小数的表示为 $N=N_sN_{-1}N_{-2}…N_{-m}$，N_s 是符号位，若 $N_s = 0$ 表示正数，$N_s = 1$ 表示负数。N 的最大值为 0.1111111，最小值为 1.1111111。

3. 整数的表示方法

一般把小数点定在数值最低位右边，因此对于字长为 $m+1$ 位不带符号的整数表示范围为 $0 \leqslant N \leqslant 2^{m+1} - 1$。若最高位表示符号位，带符号的整数的表示范围为 $-2^m \leqslant N \leqslant 2^m - 1$。

4. 数的定点与浮点表示

一个十进制数，通常总可以表示为一个小数和一个以 10 为底的整数次幂的乘积，例如 0.123×10^3。同样，也可以用一个二进制小数和以二为底的整数次幂来表示一个二进制数。一般可以用 $N = 2^E \times M$ 来表示二进制数 N。其中，E 是二进制整数，也称阶码。M 是 K 位二进制小数，也叫尾数。M 表示了 N 的全部有效数字，阶码指明了小数点的位置。例如：1001.101 可以表示为 0.1001101×2^{100}。

当把二进制数表示成上述形式时，如果对于任何数，阶码都是固定不变的，则称这种数的表示方法为定点表示法，称这样的数为定点数。如果阶码可以取不同的值，则称这种数的表示方法为浮点表示，称这样的数为浮点数。

定点数中的阶码固定不变，小数点被约定在固定的位置，因而阶码隐去不表示出来。小数点约定在符号位之后，数值表示成纯小数，称为定点小数。小数点约定在最低位之后，数值表示成整数，称之为定点整数。

一个浮点数有 4 个部分，阶码符号 E_S、阶码 E、数符 S、尾数 M。在计算机内表示的一种方法如下。

E_S	E	S	M

为了提高所表示数的精度，充分利用尾数的有效位数，浮点数采用了规格化表示的方法，即当尾数不为 0 时，应修改阶码，以保证尾数数值部分的最高位必定为有效数字 1，这样的浮点数称为规格化数。

1.3.3　计算机中的字符编码

1. ASCII 码

计算机中用二进制表示字母、数字、符号及控制符号，目前主要用 ASCII 码（American Standard Code for Information Interchange），即美国标准信息交换码，已被国际标准化组织（ISO）定为国际标准。

ASCII 码有 7 位 ASCII 码和 8 位 ASCII 码两种。

7 位 ASCII 码称为基本 ASCII 码，是国际通用的，这是 7 位二进制字符编码，表示 128 种字符编码，包括 34 种控制字符，52 个英文大小写字母，0,1,…,9 共 10 个数字，32 个字符和运算符（详见表 1-2）。用一个字节（8 位二进制位）表示 7 位 ASCII 码时，最高位为 0，它的范围为 00000000B ~ 01111111B。

8 位 ASCII 码称为扩充 ASCII 码。是 8 位二进制字符编码，其最高位有些为 0，有些为 1，它的范围为 00000000B ~ 11111111B，因此可以表示 256 种不同的字符。其中 00000000B ~ 01111111B 为基本部分，范围为 0 ~ 127，共 128 种；10000000B ~ 11111111B 为扩充部分，范围为 128 ~ 255，也有 128 种。尽管对扩充部分的 ASCII 码美国国家标准信息协会已给出定义，但在实际中多数国家都将 ASCII 码扩充部分规定为自己国家语言的字符代码，如中国把扩充 ASCII 码作为汉字的机内码，如表 1-2 如示。

表 1-2　ASCII 码表

低位 \ 高位 键名	0000	0001	0010	0011	0100	0101	0110	0111
0000	【Ctrl+@】	【Ctrl+P】	空格	0	@	P	`	p
0001	【Ctrl+A】	【Ctrl+Q】	!	1	A	Q	a	q
0010	【Ctrl+B】	【Ctrl+R】	"	2	B	R	b	r
0011	【Ctrl+C】	【Ctrl+S】	#	3	C	S	c	s
0100	【Ctrl+D】	【Ctrl+T】	$	4	D	T	d	t
0101	【Ctrl+E】	【Ctrl+U】	%	5	E	U	e	u
0110	【Ctrl+F】	【Ctrl+V】	&	6	F	V	f	v
0111	【Ctrl+G】	【Ctrl+W】	'	7	G	W	g	w
1000	Backspace（退格）	【Ctrl+X】	(	8	H	X	h	x
1001		【Ctrl+Y】	)	9	I	Y	i	y

续表

键名 低位 ＼ 高位	0000	0001	0010	0011	0100	0101	0110	0111
1010	【Ctrl+J】	【Ctrl+Z】	*	:	J	Z	j	z
1011	【Ctrl+K】	【Esc】	+	;	K	[	k	{
1100	【Ctrl+L】	【Ctrl+/】	,	<	L	\	l	|
1101	（回车）	【Ctrl+]】	_	=	M	]	m	}
1110	【Ctrl+N】	【Ctrl+6】	.	>	N	^	n	~
1111	【Ctrl+O】	【Ctrl+-】	/	?	O	-	o	DEL

说明：表中的高位是指 ASCII 码二进制的前 4 位，低位是指 ASCII 码二进制的后 4 位，由高位和低位合起来组成一个完整的 ASCII 码。例如：数字 0 的 ASCII 码可以这样查：高位是 0011，低位是 0000，合起来组成的 ASCII 码为 00110000（二进制），转换成十进制数为 48。

2. 汉字输入码

汉字输入码，又称"外部码"，简称"外码"，指用户从键盘上输入代表汉字的编码。根据所采用输入方法的不同，外码大体可分为数字编码（如区位码）、字形编码（如五笔字型）、字音编码（如各种拼音输入法）和音形码等几大类。如汉字"啊"采用五笔字型输入时编码为"kbsk"，用区位码方式输入时编码为"1601"，那么这里的"kbsk"和"1601"就称为外码。

区位码是一种最通用的汉字输入码。它是根据国家标准 GB 2312-1980（《信息交换用汉字编码字符集》），将 6 763 个汉字和一些常用的图形符号，分为 94 个区，每区 94 个位的方法将它们定位在一张表上，成为区位码表。其中 1～9 区分布的是一些符号；16～55 区为一级字库，共 3 755 个汉字，按音序排列；56～87 区为二级字库，共 3008 个汉字，按部首排列；88~94 区为用户定义字库。

区位码表中，每个汉字或符号的区位码由两个字节组成，第一个字节为区码，第二个字节为位码，区码和位码分别用一个两位的十进制数来表示，这样区码和位码合起来就形成了一个区位码。如"啊"字位于 16 区第 01 位，则"啊"字的区位码为：区码+位码，即 1601。

国家标准 GB 2312-1980 中的汉字代码除了十进制形式的区位码外，还有一种十六进制形式的编码，称为国标码，国标码是在不同汉字信息系统间进行汉字交换时所使用的编码。需要注意的是，在数值上，区位码和国标码是不同的，国标码是在十进制区位码的基础上，其区码和位码分别加十进制数 32。

3. 汉字机内码

汉字机内码又称"汉字 ASCII 码""机内码"，简称"内码"，由扩充 ASCII 码组成，指计算机内部存储、处理加工和传输汉字时所用的由 0 和 1 符号组成的代码。输入码被接收后就由汉字操作系统的"输入码转换模块"转换为机内码，与所采用的键盘输入法（汉字输入码）无关。

机内码是汉字最基本的编码，不管是什么汉字系统和汉字输入方法，输入的汉字外码到机器内部都要转换成机内码，才能被存储和进行各种处理。我们通常所说的内码是指国标内码，即 GB 内码。GB 内码用两个字节来表示（即一个汉字要用两个字节来表示），每个字节的高位为 1，以确保 ASCII 码的西文与双字节表示的汉字之间的区别。

机内码与区位码的转换过程是：将十进制区位码的区码和位码部分首先分别转换成十六进制，再在其区码和位码部分分别加上十六进制数 A0 构成，如图 1-3 所示。

图 1-3　区位码与 GB 内码转换关系

内码的形式也有多种，除 GB 内码外，还有如 GBK、BIG5、UNICIDE 等等。无论采用何种外码输入，计算机均将其转换成内码形式加以存储、处理和传送。

4．汉字字模和汉字字库

（1）字形存储码

也称汉字字形码，是指存放在字库中的汉字字形点阵码。点阵的点数越多时一个字的表达质量也越高，也就越美观。不同的字体有不同的字库，如黑体、仿宋体、楷体等是不同的字体，一般用于显示的字形码是 16×16 点阵的，每个汉字在字库中占 16×16/8 = 32 个字节；一般用于打印的是 24×24 点阵字型，每个汉字占 24×24/8 = 72 个字节；一个 48×48 点阵字型，每个汉字占 48×48/8 = 288 个字节。

只有在中文操作系统环境下才能处理汉字，操作系统中有实现各种汉字代码间转换的模块，在不同场合下调用不同的转换模块工作。汉字以某种输入方案输入时，就由与该方案对应的输入转换模块将其转换为机内码存储起来。汉字运算是一种字符串运算，用机内码进行，从主存到外存的传送也使用机内码。在不同汉字系统间传输时，先要把机内码转换为传输码，然后通过接口送出，对方收到后再转换为它自己的机内码。输出时先把机内码转换为地址码，再根据地址在字库中找到字形存储码，然后根据输出设备的型号、特性及输出字形特性使用相应转换模块把字形存储转换为字型输出码，把这个码送至输出设备输出。

（2）汉字字库

一个汉字的点阵字形信息称为该字的字形。字形又称字模（沿用铅字印刷中的名词），两者在概念上没有严格的区分，常混为一谈。存放在存储器中的常用汉字和符号的字模的集合就是汉字字形库，又称汉字字模库，或称汉字点阵字库，简称汉字库。

（3）汉字字库容量的大小

字库容量的大小取决于字模点阵的大小（见表 1-3）。

表 1-3　常用的汉字点阵字库情况

类　型	点阵	每字所占字节数	字数	字库容量
简易型	16×16	32	8 192	256 KB
普及型	24×24	72	8 192	576 KB
提高型	32×32	128	8 192	1 MB
	48×48	288	8 192	2.25 MB
精密型	64×64	512	8 192	4 MB
	256×256	8 192	8 192	64 MB

16×16 点阵汉字虽然品质较低，但字库小可放在计算机内存中，用于显示和要求不高的打印输出。24×24 点阵汉字字型较美观，多为宋体字，字库容量较大，在要求较高时使用，例如在高分辨率的显示器上用作显示字模，可满足事务处理的打印，也可用于一般报刊、书籍的印刷。32×32 点阵汉字，可更好地体现字型风格，表现笔锋，字库更大，在使用激光打印机的印刷排版系统上采用。64×64 以上的点阵字（最高可达 720×720），属于精密型汉字，表现力更强，字体

更多，但字库十分庞大，所以只有在要求很高的书刊、报纸及广告等的出版工作中才使用。实际使用的字库文件，16×16 点阵的 CCLIB 文件大小为 237 632B，24×24 点阵的 CLIB24 文件大小为 607KB。

汉字库可分为软字库和硬字库两种，一般用户多使用软字库。

5. 汉字处理流程

汉字通过输入设备将外码送入计算机，再由汉字系统将其转换成内码存储、传送和处理，当需要输出时再由汉字系统调用字库中汉字的字形码得到结果，这个过程参见图 1-4。

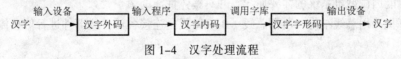

图 1-4　汉字处理流程

1.4　微型计算机硬件系统

1.4.1　微型计算机硬件系统构成

微型计算机的组成及工作原理与其他各类数字计算机一样，实质上依然属于冯·诺依曼原理。硬件系统由控制器、运算器、存储器、输入设备和输出设备五大部分组成。遵循"存储程序"原理工作，是一种能按照程序对各种数据和信息进行预定加工和处理的自动机。

微型计算机由微处理器（Microprocessor）、存储器、各种输入/输出接口电路，以及系统总线（Bus）组成。微型机一方面将运算器和控制器两个功能部件组合在一起，另一方面支持整个机器各功能部件之间的相互关系转化为面向总线的单一关系。后者可以说是微型计算机在结构上简化的关键。它不仅为微型机的生产和组成提供了方便，而且为微型机在产品的标准化、系列化以及通用性方面打下了基础，微型机的组成原理结构如图 1-5 所示。

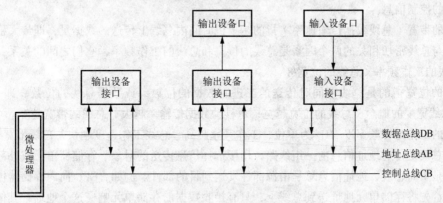

图 1-5　微型计算机原理结构图

微处理器也就是传统计算机的中央处理器，即 CPU。它是一个大规模集成电路器件。微处理器包含内部通用寄存器、算术逻辑运算部件、控制电路以及为微型机正常工作提供的定时信号和时钟电路。微处理器在内部结构的形式上采用内部总线方式，内部各功能单元均挂在同一组内部数据总线上，可减少内部连线所占的面积以提高集成度，提高产品的可靠性。

微型机的存储器用于存放程序和数据。为了满足存储容量和存取速度的需要，计算机采用分级存储方式：速度较高的半导体存储器作为主存（内存），主存可分为随机存储器（RAM）和只读存储器（ROM），RAM 的主要特点是存储容量小、速度快，切断电源后信息随即丢失。容量大、速度相对较低、切断电源后信息不会丢失的磁表面存储器作为辅助存储器（外存）。在微型机中内存用于存放系统软件、用户程序及数据，辅助存储器以外围设备的方式连接到计算机系统中，存放容量、暂时不用或需变换的外部软件或数据。

输入/输出接口（简称 I/O 接口）是微型机与外围设备连接的逻辑控制部件，也可以说是计算机与外围设备进行信息传递的桥梁，根据信息传递的方式不同又分为并行接口和串行接口。微型计算机系统的处理能力不单取决于微处理器的能力，还与所配置的外部设备密切相关。因此，接口的设备与性能因微型机系统的需要而异，并对整体性能的影响较大。

微型计算机采用总线结构。所谓总线（Bus），就是连接各器件或部件进行信息传递的一组公共传输线路。

在 CPU 内部的逻辑器件之间传递数据的总线称为内总线，将 CPU 的各功能单元通过一组数据总线连接起来，或者说各功能单元挂在一组数据总线上，构 CPU 内部的数据传递通路。CPU 采用内部总线结构可以减少内部连线所占的面积以提高集成度，也可大大提高生产过程中产品的可靠性。

在 CPU 之外，将 CPU 与存储器、外部设备接口进行连接的总线称为外部总线。外部总线按所传输信息的内容又可分为数据总线 DB（Data Bus）、地址总线 AB（Address Bus）、控制总线 CB（Control Bus）。

数据总线用于在总线上各器件、设备之间传送数据信息。数据总线都具有双向传送功能，亦称为双向总线。它既可供 CPU 送出数据，也可供其他部件将数据送至 CPU。数据总线上是由许多导线组成，数据总线上数据线的多少通常与微型机的字长相一致。例如，16 位机的数据总线由 16 根线组成，32 位机的数据总线则包括 32 根线。在计算机中，"数据"有比较广的含义，在具体工作过程中，数据总线上所传送的信息并不一定完全是数值数据，它可能是指令代码、某些状态信息或相关的控制信息。

总线的带宽（总线数据传输速率）指的是单位时间内总线上传送的数据量，即最大稳态数据传输率。与总线密切相关的两个因素是总线的位宽和总线的工作频率，它们之间的关系：总线的带宽=总线的工作频率×总线的位宽/8

总线的位宽指的是总线能同时传送的二进制数据的位数，或数据总线的位数，即 32 位、64 位等总线宽度的概念。总线的位宽越宽，每秒钟数据传输率越大，总线的带宽越宽。

总线的工作时钟频率以 MHz 为单位，工作频率越高，总线工作速度越快，总线带宽越宽

地址总线是传送地址信息的一组线路，用于选择信息传送的对象、存储器单元或外部设备。地址总线是单向总线，地址信息总是由源部件发送到目的部件。例如，CPU 向内存储器传送数据时，必须首先将存储单元地址送到总线上，只有接收数据的存储单元响应这个地址，其他存储单元或设备不响应。地址总线的宽度（位数）将决定微处理器与存储器的容量相对应。若存储器的容量为 64 K，地址总线的位数应为 16（2^{16}=65 536），20 根地址线可表达内在储器的存储单元寻址范围为 1 M。一般来说，若地址总线为 n 位，则可寻址空间为 2^n 位。

地址总线的宽度，随可寻址的内存元件大小而变，决定有多少的内存可以被存取。比喻一个 16 位元件宽度的位址总线达 2^{16}= 65 536 = 64 K 的内存位址，而一个 32 位单元位址总线可以寻址到 4 294 967 296 = 4 G 的位址。但现在很多计算机内存已经大于 4 GB（Windows XP x32 位系统最大只能识别 3.29 GB，所以要使用 4 GB 以上大内存就要用 Windows 64 位系统）。所以目前主流的

计算机都是 64 位的处理器也就是说可以寻址到 2^{64} 的位址，在很长一段时间内这个数字是用不完的。

控制总线是传递计算机中控制信号的一组线，用于发布控制命令和实现对设备的控制和监视功能。控制总线通常都是单向线，有从 CPU 发送出去的，也有从外围设备发送出去的。例如，CPU 与内存之间传送数据时，在地址总线传送地址信息选中存储单元后，CPU 通过控制总线发出"读"或"写"命令到内存储器，启动内存执行读操作或写操作。同时通过控制总线监视内存送来的回答信号，判断内存的工作是否已完成。

设置系统总线是计算机外部结构上的一个特点。采用这种结构方式，不仅可以使计算机在系统结构上具有简单、规整和易于扩展的特点，而且使整个系统中各组成部件之间的相互关系变为面向总线的单一关系。为了应用开发的需要，计算机系统使用两种总线标准：一种是并行总线标准，另一种是串行总线标准。只要符合总线规范的功能部件就可接到总线上。

1.4.2　中央处理器

计算机的中央处理器（CPU）主要由运算器和控制器组成，在计算机上中央处理器通常是一块超大规模的集成芯片，主要负责执行对信息的处理与控制，是整个计算机的核心。除了功能强大的处理器芯片外，还有配套的辅助芯片，计算机制造厂商可以方便地选用这些芯片组成微型计算机主机。

1. 运算器

运算器是计算机中用于信息加工的部件，又称执行部件。它对数据编码进行算术运算和逻辑运算。

算术运算是按照算术规则进行的运算，如加、减、乘、除及它们的复合运算；逻辑运算一般泛指非算术性运算，例如，比较、移位、逻辑加、逻辑乘、逻辑取反及逻辑异或操作等。

运算器通常由算术逻辑部件（ALU）和一系列寄存器组成。ALU 是具体完成算术与逻辑运算的部件。寄存器用于存放运算操作数。累加器除存放运算操作数外，在连续运算中，还用于存放中间结果和最后结果，累加器由此而得名。寄存器与累加器的数据均从存储器取得，累加器的最后结果也存放到存储器中。

寄存器、累加器及存储单元的长度应与 ALU 的字长相等或者是它的整数倍。现代计算机的运算器有多个寄存器，如 8 个、16 个或 32 个不等，称之为通用寄存器组。设置通用寄存器组可以减少存储器的个数，提高运算器的速度。

2. 控制器

控制器是全机的指挥中心，它使计算机各部件自动协调地工作。控制器工作的实质就是解释程序，它每次从存储器读取一条指令，经过分析、译码，产生一串操作命令，发向各个部件，控制各部件动作，使整个机器连续且有条不紊地运行。

计算机中有两股信息在流动：一股是控制信息，即操作命令，它分散流向各个部件；一股是数据信息，它受控制信息的控制，从一个部件流向另一个部件，边流动边加工处理。

控制信息的发源地是控制器。控制器产生控制信息的依据来自以下三个方面：

一是指令，它存放在指令寄存器中，是计算机操作的主要依据。二是各部件的状态触发器，其中存放反映机器运行状态的有关信息。机器在运行过程中，根据各部件的即时状态，决定下一步操作是按顺序执行下一条指令，还是转移执行其他指令，或者转向其他操作。三是时序电路，它能产生各种时序信号，使控制器的操作命令被有序地发送出去，以保证整个机器协调地工作，不至于造成操作命令间的冲突或先后次序上的错误。

3. CPU 的主要功能

计算机的工作过程就是运行程序。程序在机器内部表现为指令序列，故运行程序就是执行指令序列。CPU 运行程序时，按指令的存储地址从主存储器（内存）中取出一条指令，通过译码解释成一组控制信号送到相应的部件，按一定的节拍定时启动所要执行的操作。与此同时，要修改指令地址，给出后续指令在主存中的位置，以便自动地、逐条在执行指令直到指令序列全部执行完毕。还要计算出数据的传输或存储地址，以控制数据在 CPU、主存储器与输入/输出设备之间的流动，实现对数据的加工处理。

如果运行程序时，出现电源故障或外设请求等异常情况，CPU 就要暂停执行正在运行的主程序，自动转到处理该事件的服务子程序，我们称之为"中断"。执行中断服务子程序即转移到一个新的地址（中断服务子程序入口地址）重新逐条自动地读取指令、解释、执行，直到中断服务子程序执行完毕，再返回到主程序中止的地方重新运行主程序。因此不管计算机在正常运行程序或处理中断时，CPU 都在自动地、逐条地读指令、解释、执行指令。由此可见，CPU 的主要功能可归纳如下：

（1）指令执行顺序的控制，不断修改指令的存储地址，保证 CPU 可以逐条自动地读取、解释、执行指令。

（2）指令操作的控制，将指令解释为一组控制信号，控制执行部件完成指令要求的操作。

（3）时序控制，CPU 的每个控制信号都是严格地按照一定的时序节拍进行的。时序控制产生时序信号按规定的时间顺序启动各种操作。

（4）数据的加工处理，对数据进行算术运算或逻辑运算，并将数据在各部件间进行传递。

1.4.3　内存储器

微型计算机的存储器都是大规模集成电路。在计算机内部，直接与 CPU 联系的存储器称为内存或主存储器。其存取速度快，容量相对呈逐步增大趋势，PC 的基本内存一般为 2 GB、4 GB、8 GB，有些微机还可扩充到 16 GB，甚至更多。由于计算机软件越来越大，要处理的数据也日益增多，内存的容量有限制，因此，将暂时不用的软件、数据存放到外存储器中，外存储器也称为辅助存储器，它的存储容量相对来说比内存大得多，但存取周期较长（速度慢）。

内存按存储器的工作方式分为随机访问存储器（Random Access Memory，RAM）和只读存储器（Read Only Memory，ROM）。

1. 随机存储器

随机存储器允许随机的按任意指定地址向内存单元存入或从该单元取出信息，对任一地址的存取时间都是相同的。RAM 中的信息可以随时地读出或写入，读出 RAM 中存储的信息不影响 RAM 原有的内容，当对 RAM 写入新信息时，则改变存储单元中内容，称为更新，由于信息是通过电信号写入存储器的，所以断电时 RAM 中的信息就会消失，再次通电也不能恢复。计算机工作时使用的程序和数据等都存储在 RAM 中，如果对程序或数据进行了修改之后，应该将它存储到外存储器中，否则关机后信息将丢失。通常所说的内存大小就是指 RAM 的大小，一般以 KB 或 MB 为单位。

2. 只读存储器

只读存储器是只能读出而不能随意写入信息的存储器。ROM 中的内容是由厂家制造时用特殊方法写入的，或者要利用特殊的写入器才能写入。与 RAM 不同，ROM 中存储的信息在断电后能保持不丢失，当计算机重新被加电后，其中的信息保持不变，仍可被读出。它通常存放微机的引导程序、诊断程序。ROM 中的信息只能读出不能写入。ROM 有两种形式，即可编程的只读存储器（PROM），这种存储器由用户把成熟的程序一次性写入，一旦写入后，就不能再更改；可改写的只读存取器（EPROM），用户自行装入程序后需要更改时，可先用紫外线灯光照射将其内容擦除，然后再写入新的程序。ROM 适宜存放计算机启动的引导程序、启动后的检测程序、系统最基本的输入/输出程序、时钟控制程序以及计算机的系统配置和磁盘参数等重要信息。

3. 存储器的工作原理

主存储器由存储体加上一些辅助电路构成。其工作原理如图 1-6 所示。

存储单元为存放信息的基本单元，为了能按指定位置对存储单元进行访问（存取），必须给每个存储单元进行编号（称为存储单元的地址）。每个存储单元的地址是唯一的，要读或写一个数据，必须先给出相应存储单元的地址。地址缓冲寄存器的作用是接收来自 CPU 地址总线的地址信息，经地址译码部件将地址代码转换成对应存储单元被选中工作的控制信号。读写控制接收从 CPU 发来的读命令或写命令，并转换成使存储器协调工作的时序信号，准确地完成读或写操作。需要从存储器读出的信息或需要写入到存储器的信息都暂存到数据缓冲寄存器，使存储器与 CPU 之间传递信息同步、协调。

一个存储器中存储单元的总数称为存储器的容量，简称存储容量。占用的存储单元数量也称为存储空间，通常用"字节"数来表示存储空间的大小。

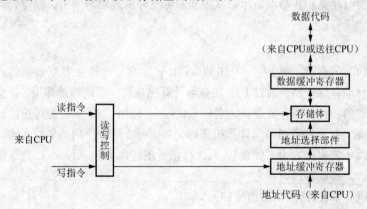

图 1-6　存储器的工作原理图

1.4.4　外存储器

计算机常用的外存储器有磁盘、U 盘、光盘等。下面介绍几种主流外存储器。

1. 硬盘存储器

计算机的硬盘存储器通常简称为硬盘（Hard Disk），常用的硬盘存储器采用的是温彻斯特技术（Winchester），通常简称为温氏硬盘。温彻斯特技术的精髓是："密封、固定并高速旋转的镀磁盘片，磁头沿盘片径向移动，并且悬浮在高速转动的盘片上方，而不与盘片直接接触。"1973 年，IBM 公司制造出了第一台采用温彻斯特技术的硬盘，从此硬盘技术的发展有了正确的结构基础，现在使用的硬盘大多是此技术的延伸。

硬盘存储系统由硬盘机和硬盘控制器两部分组成。

硬盘机又称硬盘驱动器，简称为 HDD。它是由主轴系统、空气净化系统、磁头驱动定位系统及接口和控制系统组成的。

① 主轴系统。它用来安装盘片或盘组，并驱动它们以额定转速稳定旋转。

② 空气净化系统。由于磁盘的记录密度越来越高，头面间隙极小，即使是微小的灰尘颗粒，一旦混进盘体内，必将严重影响浮动性能，损坏磁头，擦伤盘面，造成信息丢失。因此必须进行清扫、通风和过滤空气。

③ 磁头定位系统。驱动磁头在读写之前找到所要求的柱面或磁道。

④ 接口和控制系统。接口是磁盘驱动器和磁盘控制之间的界面，一方面接收磁盘控制器发来的指令和数据，另一方面将从驱动器读出的数据、鼠标、区标和状态信息送往控制器。

硬盘控制器是控制磁盘操作的独立部件。它通过通道与计算机连接，通过接口与磁盘驱动器连接，构成硬盘子系统。硬盘控制器的主要功能包括接收并执行计算机发出的有关指令、控制主机与磁盘之间的数据传送、反映磁盘及控制器的状态信息等。

硬盘机的性能指标有盘径、接口类型、磁头数、柱面数、每磁道扇区数、数据传输率、平均寻址时间、平均访问时间、磁盘转速、电源和重量等。由于每扇区的大小为 512 字节，根据以上各项指标即可计算出硬盘的容量。

总容量=512×磁头数×柱面数×每磁道扇区数。

由于硬盘从性能、可靠性和价格比等方面都要优于软盘，而且随着软件技术的发展也越来越依赖于大容量硬盘才能运行，硬盘已经愈来愈重要。在平时的保养中，要特别注意保持硬盘使用环境的清洁，拆装时注意防止静电，尽量减少和避免意外的震动与冲击，保持合理的使用温度，以确保系统的正常运行。

2. U 盘

U 盘，全称 USB 闪存盘，英文名"USB Flash Disk"。它是一种使用 USB 接口的无须物理驱动器的微型高容量移动存储产品，通过 USB 接口与计算机连接，实现即插即用。U 盘的称呼最早来源于朗科科技生产的一种新型存储设备，名曰"优盘"，使用 USB 接口进行连接。U 盘连接到计算机的 USB 接口后，U 盘的资料可与计算机进行交换。而之后生产的类似技术的设备由于朗科已进行专利注册，而不能再称之为"优盘"，而改称谐音的"U 盘"。后来，U 盘这个称呼因其简单易记而广为人知，是移动存储设备之一。

U 盘的组成很简单：外壳+机芯组成的。

机芯：机芯包括一块 PCB+USB 主控芯片+晶振+贴片电阻、电容+USB 接口+贴片 LED（不是所有的 U 盘都有）+Flash（闪存）芯片。

外壳：按材料分类，有 ABS 塑料、竹木、金属、皮套、硅胶、PVC 软件等；按风格分类，有卡片、笔型、迷你、卡通、商务、仿真等；按功能分类，有加密、杀毒、防水、智能等。

对一些特殊外形的 PVCU 盘，有时会专门制作特定配套的外包装。

相较于其他可携式存储设备，U 盘有许多优点：占空间小，通常操作速度较快（USB1.1、2.0、3.0 标准），能存储较多数据，并且性能较可靠（由于没有机械设备），在读写时断开而不会损坏硬件，只会丢失数据。这类的磁盘使用 USB 大量存储设备标准，在近代的操作系统如 Linux、Mac

OS X、UNIX 与 Windows 2000、Windows XP、Windows 7 中皆有内置支持。

　　U 盘通常使用 ABS 塑料或金属外壳，内部含有一张小的印刷电路板，让 U 盘尺寸小到像钥匙圈饰物一样能够放到口袋中，或是串在颈绳上。只有 USB 连接头突出于保护壳外，且通常被一个小盖子盖住。大多数的 U 盘使用标准的 Type-A USB 接头，这使得它们可以直接插入个人计算机上的 USB 端口中。

　　要访问 U 盘的数据，就必须把 U 盘连接到计算机，无论是直接连接到计算机内置的 USB 控制器或是一个 USB 集线器，只有当被插入 USB 端口时，U 盘才会启动，而所需的电力也由 USB 连接供给。然而，有些 U 盘（尤其是使用 USB 2.0 标准的高速 U 盘）可能需要比较多的电源，因此若接在像是内置在键盘或屏幕的 USB 集线器，这些 U 盘将无法工作，除非将它们直接插到控制器（也就是电脑本身提供的 USB 端口）或是一个外接电源的 USB 集线器上。

3. 光盘存储器

　　光盘是利用激光原理进行读、写的设备，是迅速发展的一种辅助存储器，可以存放各种文字、声音、图形、图像和动画等多媒体数字信息。它分成两类，一类是只读型光盘，其中包括 CD-Audio、CD-Video、CD-ROM、DVD-Audio、DVD-Video、DVD-ROM 等；另一类是可记录型光盘，它包括 CD-R、CD-RW、DVD-R、DVD+R、DVD+RW、DVD-RAM、Double layer DVD+R 等各种类型。

　　根据光盘结构，光盘主要分为 CD、DVD、蓝光光盘等几种类型，这几种类型的光盘，在结构上有所区别，但主要结构原理是一致的。

　　光盘存储器的主要性能指标有：存储容量、存取时间、数据传输率、误码率、介质寿命等，此外还有体积、重量、功耗、可靠性及成本等。

　　光盘的存储原理：光盘盘片是指由基片、记录介质经保护层封装后的一个整体。因为光盘对激光应具有较高的灵敏度，所以对基片、记录介质和保护层都有特殊的要求。基片材料目前一般都采用聚甲基-丙烯酸甲酯，是一种耐热的有机玻璃。基片尺寸有 10 英寸（1 英寸=2.45 cm）、8 英寸、5.25 英寸和 3.5 英寸等几种规格；记录介质都是采用金属合成，或稀土-金属化合物。

　　光盘的记录原理是利用有光存储介质，在激光照射时，温度升高；而在照射后温度下降，使晶体结构或大小发生变化，导致介质膜的光学性质（折射率或反射率）发生变化。用这种状态变化或不变来代表二进制的"1"或"0"，这样就可在光盘上记录信息了。对于可改写光盘的记录，可以同样用激光对记录介质上微小区域进行加热，其受热区域的光学特性（反射率和折射率）发生变化，用变化了的区域特性代表"1"，没变化的代表"0"。这样就将信息记录在光盘上了。

　　随着多媒体技术的推广，光盘以其容量大、寿命长、成本低的特点，很快受到人们的欢迎，普及相当迅速。目前，用于计算机系统的光盘分不可擦写光盘，如 CD-ROM、DVD-ROM 等；可擦写光盘，如 CD-RW、DVD-RAM 等。下面对 DVD 光盘存储器做简单介绍：

　　数字多功能光盘，简称 DVD（Digital Versatile Disc），是一种光盘存储器，通常用来播放标准电视机清晰度的电影，高质量的音乐与作大容量存储数据用途。DVD 与 CD 的外观极为相似，它们的直径都是 120mm 左右。最常见的 DVD，即单面单层 DVD 的资料容量约为 VCD 的 7 倍，这是因为 DVD 和 VCD 虽然是使用相同的技术来读取深藏于光盘片中的资料（光学读取技术），但是由于 DVD 的光学读取头所产生的光点较小（将原本 0.85μm 的读取光点大小缩小到 0.55μm），因此在同样大小的盘片面积上（DVD 和 VCD 的外观大小是一样的），DVD 资料储存的密度便可提高。目前市场中的 DVD 刻录机能达到的最高刻录速度为 16 倍速，对于 2~4 倍速的刻录速度，每秒数据传输量为 2.76~5.52MB，刻录一张 4.7 GB 的 DVD 盘片需要 15~27min 的数据量，而采用 8 倍速刻录则只需要 7~8min，只比刻录一张 CD-R 的速度慢一点，但考虑到其刻录的数据量，8 倍速的刻录速度已达到了很高的程度。DVD 刻录速度是购买 DVD 刻录机的首要因素，如果在资金充足的情况下，尽可能选择高倍速的 DVD 刻录机。

最大 DVD 读取速度是指光存储产品在读取 DVD-ROM 光盘时，所能达到最大光驱倍速。该速度是以 DVD-ROM 倍速来定义的。目前 DVD-ROM 驱动器的所能达到的最大 DVD 读取速度是 16 倍速；DVD 刻录机所能达到的最大 DVD 读取速度也是 16 倍速；目前商场中 Combo 产品所支持的最大 DVD 读取速度主要有 8 倍速和 16 倍速两种。

DVD 复写速度是指 DVD 刻录机在刻录相应规格的 DVD 刻录光盘，在光盘上存储数据时，对其进行数据擦除并刻录新数据的最大刻录速度。

平均寻道时间是衡量光存储产品的一项重要指标，是指光存储产品查找一条位于光盘可读取区域中的数据道所花费的平均时间，单位是毫秒。平均寻道时间是购买光存储产品的关键参数之一，平均寻道时间较小可以提供更高的数据传输速度。

4．移动硬盘

移动硬盘（Mobile Hard Disk）是以硬盘为存储介质，计算机之间交换大容量数据，强调便携性的存储产品。市场上绝大多数的移动硬盘都是以标准硬盘为基础的，而只有很少部分的是以微型硬盘（1.8 英寸硬盘等），但价格因素决定着主流移动硬盘还是以标准笔记本硬盘为基础。因为采用硬盘为存储介质，移动硬盘在数据的读写模式与标准硬盘是相同的。移动硬盘多采用 USB、IEEE 1394 等传输速率较快的接口，可以较高的速度与系统进行数据传输。

1.4.5　外围设备

输入/输出设备，通常简称 I/O 设备，即计算机与人之间进行信息交换的设备装置。人们通常应用数字、符号、图形、声音、视频等来表达信息。各种各样的信息都可以在计算机内存储和处理，而机内表示它们的方法只有一个，那就是采用基于符号"0"和"1"的数字化信息编码。因此，将信息及程序转变成计算机所能识别的二进制代码输入计算机的设备称为输入设备。反之，将计算机处理、加工后的数以人们所能识别的信息打印，显示出来的设备则称为输出设备。

由于计算机应用范围的扩大，I/O 设备的含义也随之扩大，有时对输/入输出设备、外围设备不加以区分。在计算机系统中，除计算机外，凡直接或间接与计算机进行信息交换，并改变信息形态的装置都称为外围设备。因此，广义地讲，它包括输入/输出设备，外存储器、数据通信与终端设备，以及计算机控制系统中的采样、检测设备，A/D 及 D/A 转换器，各种控制对象中与计算机相关联的仪表装置。从狭义上理解，通常把输入/输出设备与外存储器看作是外围设备。

外围设备按其自身功能以及在计算机系统中的作用可分为三大类，即输入设备、输出设备及外存储设备。

1．输入设备

输入设备负责信息的采集，并提交 CPU 处理，即指向主机输入程序、原始数据和操作命令等信息的设备。由于记录在载体上的信息可以是数字、符号、语言及图形、图像等，因此，输入设备的种类繁多。依照输入信息的形态不同，可将它分为字符（包括汉字）输入、图形输入、图像输入及语音输入设备。常见的输入设备有键盘、鼠标、光笔、数字化仪、自动扫描仪、操纵杆、触摸屏语音输入设备、纸带及卡片读入机等。通常，根据计算机系统功能大小和性能高低来配置某主机的输入设备。例如，在微型机系统中，一般将键盘、鼠标作为主要输入设备，在多媒体微型计算机系统中基本的输入设备包括键盘、鼠标、语音输入及数字接口卡，还可能配有专门的图形输入设备，如数字化仪、扫描仪等。

（1）键盘

键盘是计算机中使用频率最高的输入设备。它由键开关、编码器、盘架及接口电路组成。键盘是按一定规则组装在一起的按键装置。键盘上一般排有一百个左右的按键，可以通过按下按键而使相应的键开关动作，其作用是完成两个端点间的通断。用键盘的按键开关来输入信息，实际上就是把机械信号转变为电信号。键盘上的字符由键盘按键的位置来确定，通过编码器能够迅速将该键开关对应的编码通过接口电路输送到计算机的键盘缓冲器中，由 CPU 进行识别处理。

键盘根据不同的需要有不同的外形。键盘采用的字符及按键在键盘上的位置布局均有国际标准和国家标准。图 1-7 绘出了 101 键标准键盘的平面布局。根据按键的功能可分为四个区，打字键区，功能键区，编辑键区，小键盘区。此外，各种专用键盘（如用于汉字输入、工业控制的键盘）将根据具体的情况设计成不同键数和不同的外形。101 标准键盘示意图如图 1-8 所示。

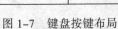

功　能　键　区	指　示　灯
打　字　键　区	编　辑 小键盘区 键　区

图 1-7　键盘按键布局

图 1-8　101 键标准键盘示意图

打字键区除 26 个英文字母键、数字键和一些标点符号键外，还有下列一些特殊功能键：

① 空格键【Space】。位于键盘下方最长的键，它的作用是在当前光标位置上产生空格，并且光标右移一个字符的位置。

② 换挡键【Shift】。在打字键区的左右各有一个，它们作用相同。键盘的许多键面上都有上下两个符号，例如：【[ ]和【] 】键等。要输入键上方的特殊字符时，必须按下换挡键【Shift】，同时按下所要输入的键，如按住【Shift】键不放，再按【8】键，就可以得到星号"*"。

③ 控制键【Ctrl】。该键不能单独使用，它一般与其他键配合使用，起特殊的功能控制作用。

④ 变换键【Alt】。该键也必须与其他键配合使用。在 Windows 中，【Alt+F4】组合键用于关闭当前的应用程序窗口。

⑤ 大写字母锁定键【Caps Lock】。这是一个开关键，在该键起作用时，键盘右边的指示灯（Caps Lock）会亮，这时所有的打字键区处于大写字母状态。再按一次该键又回到小写状态。

⑥ 制表键【←→】。用于制表定位，此外该键可用于快速移动光标，并且将该位置的字符删除，其后的字符跟着前移。它与空格键在编辑时起相反的作用。

⑦ 退格键【←Backspace】。按一次该键，光标左移回退一个字符，并且将该位置的字符删除，其后的字符跟着前移。它与空格键在编辑时起相反的作用。

⑧ 回车键【Enter】。在通常情况下，每输入一条命令后，必须按【Enter】键，计算机才开始执行你刚才输入的命令，否则计算机是不动作的。此外计算机用于处理文本或文字，按一下该键编辑时，光标移至下一行的开头。

功能键区的各键功能如下：

① F1~F12。其功能在不同的软件中有不同的作用。此外，经常与【Ctrl】键组合使用，完成某些特别的功能。

② 返回键【Esc】。一般用来使系统退出当前的状态，在菜单选择中返回上一级菜单。

③ 屏幕打印键【Print Screen】。在进行屏幕打印时使用。

④ 滚动锁定键【Scroll Lock】。由于 IBM ROM BIOS 不支持其功能，故在 DOS 及大多数应用软件中都没有作用，该键一般不用。

编辑区主要提供各种光标移动功能和插入删除操作：

① 光标移动键。键区下边的四个箭头键在被按下时，使光标分别向上、下、左、右四个方向移动一个位置。它们不同于删除键【Del】和退格键【Backspace】，只起到移动光标而不进行删除的作用。

② 插入键【Insert】。这是一个开关键，用于插入和改写两种功能的切换。

③ 删除键【Del】。删除光标处的一个字符，同时后面的字符跟着前移。

④ 【Home】和【End】、【Home】键是使光标移至行首，【End】是使光标移至行尾。一般说来，它们与首、尾有关。

⑤ 【Page Up】和【Page Down】键。此两键一般用作翻页，即使光标一次移动一个屏幕或一个页面（一般为 18~25 行不等）。【PageUp】键向前翻页，【PageDown】键则向后翻页。

数字/编辑键区，其编辑功能对应于编辑键区的各键，数字键与打字键区的数字键完全一样。其中【Num Lock】为数字锁定键，当它锁定时，指示灯亮，此时该键区提供数字输入；当它不锁定时提供编辑功能。

键盘通过一根五芯电缆或 USB 接口连接主机的键盘插座内，其内部有专门的微处理器和控制电路，当操作者按下任一键时，键盘内部的控制电路产生一个代表这个键的二进制代码，然后将此代码送入主机内部，操作系统就知道用户按下了哪个键。

现在的键盘通常有 101 键键盘和 104 键键盘两种，目前较常用的是 104 键键盘。

（2）鼠标

① 鼠标的功能。鼠标（Mouse）是一种控制计算机显示屏幕光标移动的设备，也是目前除键盘外应用范围最广的输入设备。由于它能在屏幕上实现快速、精确的光标定位，所以它具有可方便的选择菜单、绘制图形等特殊功能。因此，鼠标属于输入设备之列。

鼠标的鼻祖于 1968 年出现，美国科学家道格拉斯·恩格尔巴特（Douglas Englebart）在加利福尼亚制作了第一只鼠标。1982 年 Mouse System 公司推出第一个用于 IBM PC 的鼠标产品，1983 年两按钮鼠标正式投入使用。如图 1-9 所示，随着计算机应用"所见即所得"环境越来越普及，鼠标几乎成为微型机系统的必配输入设备。

那么，鼠标是如何工作的呢？关键就在于如何控制光标的移动。大体来说，用户首先将鼠标的移动距离和方向变为脉冲信号，传送给计算机。计算机系统再把脉冲转换成显示器的光标的坐标数据，就可达到指示位置的目的。现在大部分软件也都支持鼠标工作。鼠标按其工作原理的不同分为机械鼠标和光电鼠标，现在机械鼠标已经淘汰，光电鼠标又可分为有线鼠标和无线鼠标。

光电鼠标：红外线散射的光斑照射粒子带发光半导体及光电感应器的光源脉冲信号传感器。

无线鼠标：利用 DRF 技术把鼠标在 X 或 Y 轴上的移动、按键按下或抬起的信息转换成无线信号并发送给主机。

图 1-9　鼠标示意图

鼠标的主要性能指标是分辨率。鼠标拭去分辨率是指它每移动一英寸所能检测出的点数（ppi）。现在鼠标的分辨率一般为 200~400 ppi。

② 鼠标的使用。鼠标的使用主要涉及以下几个问题：鼠标的接口。在微机上常用的鼠标接口有三种：总线接口、串行接口和特殊端口。现在多数鼠标均采用串行接口，它可以直接插入主机箱后面 COM1 和 COM2 的 RS-232 门，不需要任何接口板或其他外部电路。

鼠标的驱动程序。使用鼠标需要有驱动程序。操作系统通过调用鼠标驱动程序，就可以得到鼠标的移动和按钮信息。

鼠标按键的选择。使用鼠标时，通常是移动鼠标使屏幕上的光标移到某一指定位置，然后按一个键或两个键来完成指定的功能。但各按键的功能由所用的软件来决定。软件不同，各键的功能有可能相异。

鼠标的维护。主要注意两点，即鼠标的移动平面应当平整和清洁。

2. 输出设备

输出设备执行 CPU 发出的指令，即将计算机处理得到的二进制代码信息转换成人们能识别的形式，如数字、符号（包含汉字）、图形、图像以及声音等，输出信息供人们使用或分析。目前，常用的输出设备有显示设备、打印输出设备、绘图仪、纸带穿孔机、声音输出设备等。

显示设备能把计算机输出的信息直接在屏幕上以字符、图形、图像、动画等方式显示出来，具有直观性好、可修改与清除方便等优点，但无法保存。它已成为微型计算机、工作站等计算机系统必配的输出设备。打印输出设备包括击打式打印输出设备和非击打式打印输出设备。它能将计算机输出的信息以字符、图形等形式印刷在纸上，可以分为单色和彩色打印设备。由于打印机的输出是记录在纸质载体上，能够长久保留，故又被称为硬拷贝设备。

（1）显示设备

显示器是计算机系统最常用的输出设备，如图 1-10 所示，它的类型很多，根据显像管的不同可分为三种类型：阴极射线管（CRT）、发光二极管（LED）显示器和液晶（LCD）显示器。

图 1-10　CRT 显示器和 LCD 显示器

衡量显示器好坏主要有两个重要指标：一个是分辨率；另一个是像素点距。在以前，还有一个重要指标是显示器的颜色数。

① CRT 显示器。CRT 为阴极射线管的英文缩写。CRT 器件的显示器技术比较成熟，驱动方式简单，可靠性高，有较好的性能价格比。

② LED 显示器。发光二极管显示器有三种形式：单个的发光二极管显示器件、七段发光二极管显示器件、点阵发光二极管器件。单个的发光二极管主要用来显示状态，其他两种则可用来显示数字、字母和符号，大型的点阵发光二极管显示器件还可用来显示动画图形。

LED 又分为共阳极和共阴极两种结构，在共阳极结构中，输入端的有效电位为低电位有效，即当某个输入端接入低电位则该段二极管发光。在共阴极结构中，高电位有效。

利用 LED 的数码管可以组合表示 0~9 这 10 个数字和 A~F 这 6 个字母，所以可以方便地表示 2、8、10、16 进制数。LED 通常是由并行接口来进行控制，数字代码通过 8 条输出线与 LED 的 8 根输入线相连接，这样通过输出不同的数字编码来控制电位，从而使 LED 显示不同的数字。

LED 的技术进步是扩大市场需求及应用的最大推动力。最初，LED 只是作为微型指示灯，在计算机、音响和录像机等高档设备中应用，随着大规模集成电路和计算机技术的不断进步，LED 显示器正在迅速崛起，逐渐扩展到证券行情股票机、数码相机、PDA 以及手机领域。

LED 显示器集微电子技术、计算机技术、信息处理于一体，以其色彩鲜艳、动态范围广、亮度高、清晰度高、工作电压低、功耗小、寿命长、耐冲击和工作稳定可靠等优点，成为最具优势的新一代显示媒体，LED 显示器已广泛应用于大型广场、商业广告、体育场馆、信息传播、新闻发布、证券交易等，可以满足不同环境的需要。

③ 液晶显示器 LCD。液晶是液态晶体的简称。液晶显示器是一种非发光器件，它利用环境光的反射或背面装有光源的透射而显示字符或图形。

（2）打印机

打印机也是计算机系统中常用的输出设备。打印机将计算机内部以二进制代码形式输出的结果转换成人们能识别的形式，如字符、图形等在纸质载体上呈现。利用它可以获得硬拷贝输出，进行永久性保存。依照不同的标准，可将打印机分成不同的类型。

按照工作方式，可将它分为串行式打印机、行式打印机和页式打印机三种。串行复印机就是逐字打印字符；行式打印机每次输出一行，明显比串行式打印机速度快；页式打印机则以页为单位进行打印。

按照印字原理，可将打印机分为击打式和非击打式两种。击打式打印机是利用机械作用击打活字载体上的字符，使色带和纸相撞击而打出字符，或是利用打印钢针击打色带和纸打印出点阵组成字符或图形。非击打式打印机是利用光、电、磁、喷墨等物理、化学的方法来印刷出字符，其中有激光打印机、静电打印机和喷墨打印机等。

按构成字符的方式，可将其分为字模式打印机和点阵式打印机两种；按打印纸宽度不同，可将打印机分为宽行打印机和窄行打印机；按输出效果分类，可分为单色打印机和彩色打印机两种；按照功能的不同，可将其分普通打印机和特种打印机。在每一类中，又有各种不同的类型或型号。目前我们常用的打印机有点阵式打印机、喷墨打印机和激光打印机三种。

3. 外存储器设备

外存储器设备是指那些读取速度较慢、容量比内存大、通常用来存放暂时不用的程序和数据的存储设备。随着计算机的功能不断加强和处理速度不断提高，软件对计算机硬件环境，特别是对存储容量的要求越来越高。尽管内存读取速度快，但在其容量不可能无限增加的情况下，外存储器势必成为一种不可或缺的设备。

除了上述分类外，还有一些设备兼有输入/输出的性能，既可作为计算机的输入设备，也可作为计算机的输出设备。例如，由键盘和 CRT 显示器组成的计算机显示终端，它不仅能够完成显示控制与显示存储工作，同时还能完成键盘管理、通信控制及简单的编辑操作等功能。终端设备有很多类型，如为大、中型计算机配置的汉字显示终端、远程终端及智能终端等。此外还有键盘与打字机组合成的一台设备，如电传打字机、控制台打字机。声音识别器与声音合成器通常也组合在一起构成声音输入/输出设备。

1.5　计算机软件系统

1.5.1　计算机软件系统

1. 软件的定义

（1）软件

简单说来，软件是指计算机系统中的程序及文档。其中程序是计算机任务的处理对象和处理规则的描述。文档是为了便于人们了解程序所需的各种解释性资料。程序必须装入计算机内，并变换为机器指令或某种代码形式才能执行。文档一般是供人阅读，并不要求装入计算机。近几年人们常常将软件文档以 Help 文件、Readme 文件形式供用户在机器上随时查阅，以免除用户随身携带资料之不便。程序作为一种具有严密逻辑结构的信息，能精确而完整地描述计算任务中的处理对象和处理规则，这一描述还必须通过相应的实体才能体现，记载上述信息的实体就是计算机硬件。

从不同角度看，软件具有不同的意义。从其内涵来看，软件是指计算机系统中的程序及其文档；从计算机系统的组成来看，软件是指计算机系统中除物理设备外的所有成分。

（2）软件与硬件的关系和区别

计算机软件和计算机硬件是现代计算机系统不可缺少的两个重要方面。二者既有分工，又有合作。硬件是计算机的物质基础，软件承担指挥功能。软件的发展以硬件为基础，其发展也促进了硬件技术的发展，它们在社会信息化和人类文化的发展中均具有重要的作用。

软件是计算机系统结构设计的重要依据。为了方便用户，也为了使计算机系统具有较高的总体效益，在设计计算机系统时，必须全面考虑软件与硬件的分工、协调与衔接等问题。

软件是用户与硬件之间的接口界面。如前所述，现代计算机的使用，不仅涉及硬件，还必须涉及软件。要开发应用，既要选择硬件，又要编制软件。不论是使用计算机，还是开发应用，都要通过软件与计算机进行交互。软件是计算机系统中的指挥者，它确定了计算机系统中的工作，包括各项任务内部的工作内容和工作流程，以及各项任务之间的调度与协调。软件还是计算机系统中的灵魂，是计算机系统能否发挥良好作用和提高效率的关键。计算机是否好用，其应用是否广泛和有效，很大程度上取决于软件。

在维护方面，软件与硬件的内容和要求是不同的。硬件维护主要是解决物理设备的损坏问题，要求它恢复到故障以前的状态。

软件维护主要是指三个方面的问题：

① 修正在软件研制过程中无法预测，或因疏忽而遗漏的错误。

② 为满足新的需求而进行的改进。

③ 在软件正式投入运行之后新增的功能。

与计算机早期发展特征不同，当今软件技术正越来越多地发挥着重要作用，甚至部分取代硬件完成一些功能，成为计算机系统中起主导作用的技术。据 1995 年的统计，在计算机产业的利润中，软件已占 70%左右，而主机与外设个各占 15%左右。

2．软件系统的组成

按照计算机系统平台及其应用的观点，软件可分为系统软件和应用软件两类。

（1）系统软件

系统软件是计算机系统中最接近硬件的一层软件。其他软件一般都通过系统软件实现开发和运行。系统软件与具体应用领域无关。在任何计算机系统的设计中，系统软件都比其他软件优先考虑。最典型的系统软件是操作系统，它是计算机系统必不可少的组成部分。操作系统控制和管理计算机系统中各类硬件和软件资源，合理地组织计算机工作流程，控制用户程序的运行，为用户提供各种服务和方便。著名的操作系统有：UNIX、DOS、Windows、OS/2、Netware 等。

编译程序、汇编程序等软件也经常被认为是系统软件。编译程序将程序员用高级语言编写的源程序翻译成与之等价的、机器上可执行的低级语言程序。汇编程序则将程序员用汇编语言书写的源程序翻译成与之等价的机器语言程序。当前最流行的高级语言有 FORTRAN、BASIC、C、PASCAL 和数据库语言等。其他典型高级语言还有军用语言 ADA、逻辑语言 PROLOG、函数语言 LISP、面向对象语言 Smalltalk 和网络语言 Java，汇编语言因计算机而异。如 PC 上的宏汇编语言为 MASM，VAX–11 机上的宏汇编语言为 Macro。

（2）应用软件

应用软件是人们为了解决某些领域的实际问题而开发编制的计算机程序，它们往往需要相关领域的知识积累，并依赖于系统软件而运行。通常除了系统软件以外的所有软件都称为应用软件。随着计算机应用在不同领域的深入发展，应用软件的类型也不断增多，如各种计算机软件包、文字处理软件、电子表格软件、图像处理软件、网络通信软件、CAD 软件、CAI 软件、CAM 软件等。

1.5.2 系统软件

系统软件是负责管理、监控和维护计算机资源（包括硬件和软件）的软件。它通常紧靠硬件，直接控制和协调计算机及其外围设备，来给用户提供一个良好的界面，并充分发挥计算机各种设备的作用。它主要包括计算机操作系统、计算机的各种管理程序、监控程序、各种语言的编译或解释程序、数据库管理系统以及系统服务程序等。

1．操作系统

操作系统是计算机系统中的一个系统软件，是一些程序模块的集合——这些程序模块可以有效合理地组织和管理计算机的软硬件资源，合理地组织计算机的工作流程，控制程序的执行并向用户提供各种服务功能，使得用户能够灵活、方便、有效地使用计算机，使整个计算机系统能高效地运行。

操作系统主要包含作业管理、进程管理、存储管理、文件管理、设备管理等功能模块。

根据任务处理方式，操作系统可以分为单任务操作系统、多任务操作系统、单用户操作系统、多用户操作系统、分时操作系统、实时操作系统、批处理操作系统等。

根据计算机的形态，操作系统可以分为个人计算机操作系统、工作站操作系统、网络操作系统、主机操作系统等。

2. 程序设计语言

人们用以同计算机交流的语言叫程序设计语言，它的发展经历了机器语言、汇编语言和高级语言三代。随着计算机技术的不断进步，新一代的程序设计语言也正在发展中。

第一代：机器语言。

机器语言就是一组由二进制编码写的指令代码，一条指令就是机器语言的一个语句，机器指令的格式就是语言的语法规则。这是计算机唯一能够识别并直接执行的语言，执行效率高，但在不同类型的计算机之间不能通用，而且编程费时费力，十分不便。

第二代：汇编语言。

汇编语言是符号化了的机器语言，它用一些常见的英文缩写和数字符号来代替机器指令，使得每条指令都有了较为明显的特征，便于人们记忆和使用。但用汇编语言编写的程序（汇编语言源程序）计算机并不能直接识别，必须将该程序"翻译"为对应的机器指令（目标程序）才能得到执行。这个翻译过程由事先存放在机器里的"汇编程序"完成的，称为汇编过程。

汇编语言较机器语言容易记忆和使用，同时执行速度也比高级语言快，但它仍不是一种真正意义上的"高级语言"，它是面向机器的一种语言，因此很难在不同类型的计算机间移植。此外，要记住汇编语言的各种指令含义，并用该语言进行程序编写和维护，对程序员来说都是比较困难的。

第三代：高级语言。

高级语言是一种用来表达各种意义的"词"和"数学公式"按照一定的"语法规则"编写程序的语言，也称高级程序设计语言或算法语言。高级语言是面向用户的语言，它的构成和语法规则与人类的自然语言十分接近（主要是英语），便于记忆和使用，从而大大提高了编程的效率。高级语言独立于机器之外，从而使得不同类型计算机之间的程序移植成为可能。目前流行的高级语言主要有 C、C++、BASIC、Java 等。

用高级语言编写的程序称为高级语言源程序，计算机无法直接识别，必须把它翻译成机器语言后，计算机才能执行。把高级语言源程序翻译成机器语言程序的方法有"解释"和"编译"两种。"解释"是指在运行程序时对程序语句逐条解释，逐条执行，不保留解释后的可执行机器代码，下次运行时，重新解释；"编译"是指将高级语言源程序全部翻译为机器语言程序，然后经过"连接装配"程序，形成可执行程序，并加以执行。目前流行的高级语言一般都采用编译的方法。

3. 系统测试软件

计算机软件是基于计算机系统的一个重要组成部分，软件开发完毕后应与系统中其他成分集成在一起，此时需要进行一系列系统集成和确认测试。在系统测试之前，应完成下列工作：

① 为测试软件系统的输入信息设计出错处理通路。

② 设计测试用例，模拟错误数据和软件界面可能发生的错误，记录测试结果，为系统测试提供经验和帮助。

③ 参与系统测试的规划和设计，保证软件测试的合理性。

系统测试应该由若干个不同测试组成，目的是充分运行系统，验证系统各部件是否都能正常工作并完成所赋予的任务。下面简单讨论几类系统测试。

① 恢复测试主要检查系统的容错能力。当系统出错时，能否在指定时间间隔内修正错误并重新启动系统。恢复测试首先要采用各种办法强迫系统失败，然后验证系统是否能尽快恢复。对于自动恢复需验证重新初始化（Reinitialization）、检查点（Checkpointing Mechanisms）、数据恢复（Data Recovery）和重新启动（Restart）等机制的正确性；对于人工干预的恢复系统，还须估测平均修复时间，确定其是否在可接受的范围内。

② 安全测试检查系统对非法侵入的防范能力。

③ 强度测试检查程序对异常情况的抵抗能力。强度测试总是迫使系统在异常的资源配置下运行。

对于那些实时和嵌入式系统，软件部分即使满足功能要求，也未必能够满足性能要求，虽然从单元测试起，每一测试步骤都包含性能测试，但只有当系统真正集成之后，在真实环境中才能全面、可靠地测试运行性能系统性能测试是为了完成这一任务。性能测试有时与强度测试相结合，经常需要其他软硬件的配套支持。

4. 语言编译程序

众所周知，计算机硬件系统只能执行机器指令程序，而通常的应用程序都是用高级程序设计语言编写的。因此，要想使高级程序设计语言编写的能够被计算机识别并运行，必须有这样一种程序，它能够把用汇编语言或高级程序设计语言编写的程序转换成等价的机器语言程序，把这种转换程序统称为翻译程序（Translator）。其中，完成从高级程序设计语言编写的程序到等价的机器语言程序的转换任务的翻译程序称为编译程序（Compiler），简称为编译器。

高级程序设计语言的实现通常有三种方式。

（1）编译方式

编译程序的输入是高级程序设计语言程序，称为源程序（Source Program），输出是低级程序设计语言程序，称为目标程序（Target Program），其功能如图 1-11 所示。

（2）解释方式

解释方式的输入是源程序和程序的输入数据，其方法是边翻译边执行，当翻译结束时，计算结果也会随之计算出来，其功能如图 1-12 所示。

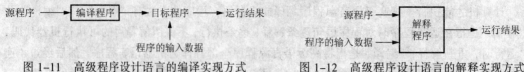

图 1-11　高级程序设计语言的编译实现方式　　　图 1-12　高级程序设计语言的解释实现方式

（3）转换方式

假如要实现 L 语言，现在有 L'语言的编译程序，就可以先把 L 语言程序转换成 L'语言的程序，再利用 L'语言的编译程序实现 L 语言。

在这三种实现方式中，编译方式和解释方式最为常见。在编译方式下，源程序的执行是分阶段进行的。一般情况下，首先进行"翻译"，把用高级语言或汇编语言编写的程序翻译成与之等价的机器语言程序，然后再运行机器语言程序，最终得到运行结果。前一阶段的翻译工作由翻译程序（编译程序或汇编程序）来完成，后一阶段的运行计算需要有运行程序来配合完成。

1.5.3 应用软件

应用软件是指为特定应用领域编写的专用的软件。例如，人口普查软件、财会软件、银行业务软件、股票行情分析软件、电子邮件管理软件、人事档案软件、学籍管理软件等。

对于具体的应用领域，应用软件的质量往往成为影响实际效果的重要因素。如微软公司的Office 软件和我国的 WPS 软件大大提高了办公效率。应用软件的推广使用推动了计算机（尤其是软件）的发展。20 世纪 70 年代出现的嵌入式应用，其相应软件复杂，开发工作量大，此点促进了对软件的研究。又如模拟应用促使模拟语言和模拟软件的出现和发展。

有的软件，如数据库管理系统、网络软件和应用软件三者的开发技术基本相同。它们之间既有分工，又有结合，往往不能截然分开。

丰富多彩、声图并茂的计算机软件，使计算机不仅成为用户的学习工具、实验设备、事务助手和娱乐电器，而且将成为他们科学研究和创新活动的装置。下面将当今计算机中常见的应用软件做一个简单分类介绍。

1．字处理软件

字处理软件是我国使用频率最高的应用软件。它主要代替了传统的笔和橡皮的作用，方便人们书写信件、作业、说明书、报告、总结、讲稿和著作等。DOS 平台上使用最多的字处理软件为WPS（约占 53%），其次是 CCED（约占 15%）。WPS 已从最初的单一文稿方式，发展为当今集编辑、排版、打印为一体的超文本方式。Windows 平台上使用最多的是多功能字处理软件 Word 中文版（约占 71%）。

2．电子表格软件

其主要功能是表格制作和数据库报表打印。DOS 平台上的典型代表为 CCED（约占 39%）。CCED 将字处理、画线制表和数据加工融为一体。Windows 平台上的典型代表为 Excel（约占 65%）。

3．数据库软件

该软件旨在帮助用户在磁盘上建立大量相关数据的集合，并为用户访问（检索、插入、删除和修改）数据提供支持。DOS 平台上的典型代表为 FoxBase（约占 36%）。Windows 平台上的典型代表为 FoxPro（约占 73%）和 Access（约占 13%）。

4．资料库软件

它为用户提供多种的资料。当今稍大一些的软件都自带 Help、Readme 等文件，以介绍该软件的特点、使用等信息。如 DOS 的 MSD 命令可以报表形式显示或打印计算机各种软件详细的技术性能指标。MEM 命令则显示内存状况（如内存已分配和待分配区域及当前内存中的信息）。

5．文件与磁盘管理软件

此类软件是对文件和磁盘进行管理的有利工具。通常包含三方面的功能：一是文件功能（如复制、移动、比较、查找、删除、更名、校验等、编辑、排序、显示、打印等）；二是磁盘功能（如查询、映射、定位、格式化、优化、诊断、修复等）；三是特殊功能（如目录维护、磁头复位、提供系统信息等）。

6．病毒防治软件

用于查找和消除计算机病毒的软件。目前 Windows 平台上的典型代表有 360 杀毒软件、金山杀毒软件、还有诺顿杀毒软件等。

7．压缩软件

该软件将文件代码所占的存储空间进行压缩（需要时可以还原），以达到节省硬件资源和加快信息传递速度的目的。Windows 平台上的典型代表有 WinRAR。

8．CAI 软件

计算机辅助教学软件主要用于帮助人们学习、练习、复习和实习，如学习键盘指法、Windows 和 C 语言程序设计等的 CAI 软件等。

9．图像处理软件

用于二维、三维图像和动画的设计、演示和绘制的软件。如 Windows 平台上 Office 软件中的 PowerPoint，以及具有建立三维物体模型、动画处理和后期剪辑制作等功能的多功能三维动画软件 3D Studio Max。

10．通信软件

用于网络环境。主要应用有"点对点"文件传送。

11．休闲娱乐软件

供人们休闲娱乐的一系列软件，包括一些音乐教育、体育运动、游戏等供娱乐的软件。

1.6　多媒体计算机

1.6.1　多媒体技术概述

多媒体技术的出现是现代科学技术发展的结果。多媒体技术的应用是当代计算机设备的时代特征，是计算机和信息世界的一个新的应用领域。多媒体计算机技术是集电子技术、计算机技术、工程技术于一体，能够完成数据计算、信息、图像、声音处理及控制的一项新技术。应用多媒体计算机可以表现一些在普通条件下无法完成或无法观察到的科学实验过程；可以利用人们丰富的想象力把抽象的思维与现实存在的画面有机地结合在一起；可以制作或完成一些能反映物质结构的三维动画；可以进行工业、商业等方面新产品的设计；还可以实现人与机器的对话。

1．多媒体技术的应用

（1）感觉媒体

感觉媒体直接作用于人的感官，使人能直接产生感觉。例如，人类的各种语言、音乐，自然界的各种声音、图形，静止或运动的图像，计算机系统中的文件、数据和文字等。

（2）表示媒体

表示媒体是指各种编码，如语音编码、文本编码、图像编码等。这是为了加工、处理和传输感觉媒体而人为地进行研究和构造出来的一类媒体。

（3）表现媒体

表现媒体是感觉媒体与计算机之间的界面，如键盘、摄像机、激光笔、话筒、显示器、喇叭、打印机等。

（4）存储媒体

存储媒体用于存放表示媒体，即存放感觉媒体数字化后的代码。存放代码的存储媒体有软盘、硬盘和 CD-ROM 等。

（5）传输媒体

传输媒体是用来从一处传送到另一处的物理载体，如双绞线、同轴电缆、光纤等。

2．多媒体技术的特点

多媒体技术是指利用计算机技术把文本、声音、图形和图像等多种媒体综合一体化，使它们建立起逻辑联系并能进行加工处理的技术。这里所说的"加工处理"主要是指对这些媒体的录入、对信息进行压缩和解压缩、存储、显示、传输等。多媒体技术具有以下一些特点：

（1）集成性

多媒体计算机既是各硬件的集合，如高速 CPU、大容量的硬盘和内存，性能优良的数据、图形处理器、声音压缩卡及显示器等；又是软件的集合，如各种系统操作软件，数据、文字、图形、图像和声音处理软件等。多媒体技术的集成性是指将多种媒体有机地组织在一起，共同表达一个完整的多媒体信息，使声、文、图像一体化。

（2）交互性

交互性是指通过操作多媒体计算机，可以非常灵活地调用处理和显示文字、图形、图像、声音等教学内容；通过各种互联网络方便地调用自己所需要的各种信息资源，使人和计算机能"对话"，以便进行人工干预控制。交互性是多媒体技术的关键特征。

（3）数字化

多媒体计算机对各种信息的采集、处理、存储、传输和显示全部实现数字化，包括图像和声音，是个智能化的终端。经过数字技术处理过的信号无论是从质量上还是数据处理上都远远超过传统的模拟技术的处理。

（4）实时性

多媒体技术是多种媒体集成的技术，在这些媒体中，有些媒体（如声音和图像）是与时间密切相关的，这就决定了多媒体技术必须要支持实时处理。

多媒体技术是基于计算机技术的综合技术，它包括数字信号处理技术、音频和视频技术、计算机硬件和软件技术、人工智能和模式识别技术、通信和图像技术等。它是正处于发展过程中的一门跨学科的综合性高新技术。

1.6.2　多媒体计算机系统

1．硬件系统

（1）多媒体计算机的硬件标准

1990 年 Microsoft 等公司筹建了多媒体 PC 市场协会（Multimedia PC Marketing Council），并在 1991 年 10 月 8 日发表了第一代多媒体 MPC 的规格，在 1993 年 5 月接着发表了 MPC 2.0 的技术规格，又在 1996 年发表了 MPC 4.0 的技术规格。随着计算机技术的不断发展，MPC 的标准也在提高。就现在来说，普通 MPC 的配置已经完全超过了这一标准，支持 DVD、支持通用串行总线 USB、具有 TV 功能、全立体声、多监视器、集成化网络接口卡等。

（2）多媒体计算机的硬件组成

一个多媒体计算机（MPC）系统最基本的硬件是声频卡（Audio Card）、CD-ROM 光盘机（CD-ROM）、视频卡（Video Card），如图 1-13 所示。在个人计算机上加上声频卡、视频卡和 CD-ROM，就构成了目前人们所称谓的多媒体计算机。当然，在实际应用中，还应配置必要的其他硬件设备（如摄像机、扫描仪、触摸屏、打印机、影碟机、音响设备等）以及相应的软件，才能构成一个多媒体系统。

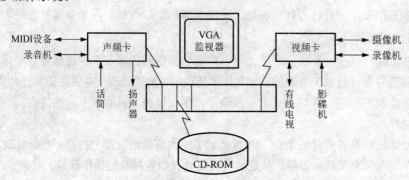

图 1-13　多媒体个人计算机的基本硬件组成

下面简单介绍一下组成多媒体计算机的声频卡、视频卡和 CD-ROM。

① 声频卡（简称声卡，下同）。声卡的种类很多，目前国内外市场上至少有上百种不同型号，不同性能和不同特点的声卡。典型的声卡组成框图如图 1-14 所示。

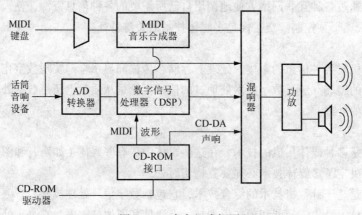

图 1-14　声卡组成框图

声卡是用来处理音频信息的硬件设备。它可以把话筒、唱机（包括激光唱机）、录音机、电子乐器等输入的声音信息进行模数转换、压缩处理，也可以把经过计算机处理的数字化的声音信号通过还原（解压缩）、数模转换后用扬声器放出或记录下来。声卡和多媒体计算机中所处理的数字化声音信息通常有多种不同的采样频率和量化精度可以选择，以适应不同应用场合的质量要求。采样频率越高，量化位数越多，质量越高。

MIDI 是声卡功能的另一个重要组成部分。MIDI 是 Musical Instrument Digital Interface 的缩写，它规定了不同的电子乐器和计算机连接方案和设备间数据传输的协议，通过 MIDI 可进行乐曲创作以及提供多种乐器声音的效果。

② 视频卡。视频卡处理的是静止或运动的图像信号，技术上难度较大，但发展相当迅速，主要有电视采集卡、JPEG/MPEG/H.261 图像压缩卡、VGA 到 NTSC/PAL 电视信号转换盒等。通过视频卡和由它组成的多媒体计算机，可以对原有的图像进行降噪、编辑（如放大、缩小、定格、着色、剪贴等）、制式转换（NTSU、PAL、SECAM 等制式）、帧同步等处理；还能进行三维动画、特技效果产生等多种功能的使用与创作。一个典型的视频卡组成框图如图 1-15 所示。

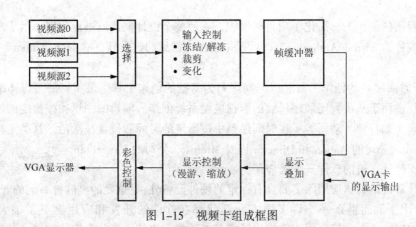

图 1-15　视频卡组成框图

这里需要指出的是，平时大家所说的解压卡并不是视频卡。解压卡对编码压缩后的视频或音频信号只有解压缩的功能，也即只是将数字化的图像或声音信号还原为模拟信号，以便能用普通的电视机或音响设备播放出来。而视频卡则如上所述，它可以将模拟信号变为编码压缩的数字信号，又能将编码压缩的数字信号还原为模拟信号，并能与计算机一起具有前述多种处理功能。

另外，需要说明的是：视频卡与声卡必须要有相应的软件系统，并能与计算机的其他硬件和软件相配合，才能进行各方面的多媒体技术的运用。

③ CD-ROM。CD-ROM 或 DVD-ROM 是组成多媒体计算机系统的基本部件。一张光盘可存储大约 54 000 帧视频信息，从它的任何地方读取所需的信息等待时间不超过 2 s，这样的能力使得多媒体系统对教学非常有用。通常 CD-ROM 是指包括光盘和可以驱动光盘的驱动器等一整套设备。

2. 软件系统

与多媒体计算机结合在一起的多媒体软件大致可分四类：

（1）支持多媒体功能的操作系统，如 Windows 2000、Windows XP、Windows 7、iOS 系列等。

（2）多媒体素材制作软件，它们用来完成声音录制编辑、图像扫描输入与处理、视频采集与压缩编码、动画制作与生成等。下面列举的是一些常用的声音制作与编辑软件：

① Windows 中的 Sound Recorder 程序为声音的录制与编辑提供了一个基本工具。

② Creative Wave Studio 是一个在 Windows 下用于录制、播放和编辑波形文件的应用软件程序，它有很强的功能。它支持 Windows 的 MIDI。

③ Windows Multimedia Developer Kit 带有一个简单的编辑器 Wave Edit, Wave Edit 可以做些简单的编辑。

（3）多媒体创作软件。多媒体创作软件是用来编制与生成各种多媒体应用软件的。多媒体创作软件是处理和统一管理文本、图形、声音、天色态图像、视频图像和动画等多种媒体信息的一个或一套编辑、制作工具，也称多媒体开发平台。不同类型的开发平台有不同的功能特点，根据其创作特点可分为三种：

① 基于描述语言或描述符号的创作工具。这类工具需提供一套脚本描述语言或描述符号，设计者用这些语句或符号像写程序那样组织、控制各种媒体元素的呈现、播放。为了便于创作通常将脚本按页（Page）或卡片（Card）进行组织。常见的软件有 Macintosh 上的 HyperCard（超卡）及 Asymetrix 公司的 Multimedia ToolBook。

② 基于流程图的创作工具。在这类创作工具中，多媒体元素的相互作用及数据流程控制都在一个流程图（Flow Chart）中进行安排，即流程图为主干构造结构框图或过程。

　　基于流程图的创作工具简化了项目的组织，并使整个设计框架通过流程图一目了然，因此这种编辑方式被称为 Visual Authoring，即可视化创作。常见的这类软件有 Icon Author、Authorware Professional。

　　③ 基于时间序列的创作工具。以时间序列为基础的创作工具是最常见的多媒体编辑软件，这类创作工具适用于从头到尾顺序播放的影视应用系统创作。编辑的图形帧按预定的速度播放，其他媒体元素（如音频、动画等）在时间序列中按给定的时间和位置被激活。这类工具的典型代表是 Macromedia 公司的 Action 和 Director 以及 Microsoft 公司的 PowerPoint。

　　（4）多媒体计算机的软件开发及应用

　　多媒体计算机的具体应用除了要具有一定的硬件设备外，更重要的是软件系统的开发和应用。自从多媒体计算机问世以来，许多国家和部门都在软件的开发和应用上下了很大的功夫。Microsoft、IBM 和 Apple 等公司相继推出了在基本功能上旗鼓相当的多媒体软件平台，而其特点又都是在已有的操作系统上追加实现多媒体功能的扩充模块而形成的，这就为用户提供了较为方便和实用的使用环境。在多媒体语言中，对存放在 CD-ROM 上的多媒体应用软件产品，称作多媒体 CD-ROM 节目（Multimedia CD-ROM Title）。在多媒体节目中包含了文本、图形、声音、动画和影视等视听媒体。这些多媒体节目大致上可分为下列几个方面的应用：教育、商业、电子出版、娱乐、游戏以及通信工程中的多媒体终端和多媒体通信系统。随着计算机网络技术和计算机多媒体技术的发展，可视电话、视频会议系统等已广泛地应用，这些技术为人类提供了更全面的信息服务。实际上，多媒体系统在现代商业、通信、艺术等人类工作和生活的各个领域，正改变着人类的生活和工作的方式，描绘着一个绚丽多彩的划时代的多媒体世界。

1.7　计算机信息安全

　　计算机信息安全涉及国家安全、社会公共安全、公民个人安全等领域，与人们的工作、生产和日常生活存在密切的关系。近年来随着计算机技术，网络技术的迅速发展与普及，计算机给人类带来的好处是显而易见的。然而计算机也有其负面的作用，如计算机数据的丢失、泄密等，目前计算机信息犯罪呈越来越严重的趋势，给计算机用户造成的损失也是不可估量的。

1.7.1　计算机信息安全的定义

　　人们从不同的角度对信息安全给出了不同的定义。从信息安全所涉及层面的角度进行描述，计算机信息安全定义为，保障计算机及其相关配套的设备、设施（网络）的安全，运行环境的安全，信息安全，计算机功能的正常发挥，以及计算机信息系统的安全。从信息安全所涉及的安全属性的角度进行描述，计算机信息安全涉及信息的机密性、完整性、可用性、可控性。综合起来说，就是要保障电子信息的有效性。

1.7.2　计算机信息系统安全的影响因素

　　影响信息系统安全因素很多，主要有：

　　（1）计算机信息系统的使用与管理人员。包括普通用户、数据库管理员、网络管理员、系统管理员等，其中各级管理员对系统安全承担重大的责任。

　　（2）信息系统的硬件部分。包括服务器、网络通信设备、终端设备、通信线路和个人使用的计算机等。信息系统的硬件部分的安全性主要包括两个方面：物理损坏和泄密。物理损坏直接造成信息丢失且不可恢复，而通信线路、终端设备可能成为泄密最主要的通道。

（3）信息系统的软件部分。主要包括计算机操作系统、数据库系统和应用软件。软件设计不完善（如存在操作系统安全漏洞，软件后门接口等）以及各种危险的计算机应用程序和病毒程序也是造成信息系统不安全的重要因素。例如，利用软件漏洞和后门避开信息系统的防范系统，网络黑客实施和犯罪等。

1.7.3　计算机信息安全的威胁来源

主要来源有以下几种：

（1）自然灾害、意外事故。受自然灾难或意外事故的影响，信息系统的硬件部分遭受某种毁灭性的破坏。

（2）计算机犯罪。出于某种目的更改信息数据，比如进行非法银行转账。

（3）人为错误，内部操作不当或管理不严。信息系统用户的操作失误，特别是系统管理员的操作失误，可给系统安全带来很大的损失，有些损失甚至是无法挽回的。有时，系统管理员不严格遵守安全管理规程，都将对信息安全造成威胁。

（4）"黑客"行为。黑客（Hacker）一词，原指热心于计算机技术，水平高超的计算机专家，尤其是程序设计人员。但到了今天，黑客一词已用来泛指那些利用各种手段闯过为信息系统设置的各种安全机制，进行破坏或恶作剧的人员。

（5）信息间谍。计算机间谍与黑客的共同特点是都能闯过为信息系统设置的各种安全机制，但黑客一般并没有明确的功利目的，而信息间谍则有明确的目的，信息系统被黑客光顾可能只是一种潜在的威胁，被信息间谍光顾可能就有很现实的危险。

（6）电子谍报，比如信息流量分析、信息窃取等。

（7）网络协议自身缺陷，例如 TCP/IP 协议的安全问题。TCP/IP 协议数据流采用明文传输，因此攻击者采用源地址欺骗或 IP 欺骗等手段很容易实现对信息传输过程进行篡改或伪造。

1.7.4　计算机信息安全的保障机制

先进的信息安全技术是计算机安全的根本保证。用户对自身面临的威胁进行风险评估，决定其所需要的安全服务种类，选择相应的安全机制，然后集成先进的安全技术，形成一个全方位的安全系统。主要技术有：

（1）信息加密技术

采用某种加密变换算法对信息原文进行加密，以密文的形式存储和发送重要的信息，使攻击者即使窃取了相关信息，也无法对描述这些信息的数据进行正确解释，从而保证了信息的安全。

（2）访问控制技术

拒绝非授权用户对计算机信息的访问，对授权用户限制其访问方式，只允许其执行与规定权限相符的操作。

（3）数字签名技术

数字签名采用一种数据封装机制，即在一个文件正文后附加一个与全文相关的计算信息，并把信息正文和附加信息封装成一个整体并进行一种只有发文者才知道的加密运算后（解密运算方法文件接收者知道）发出，接收者从文件加密方法上可以确认发文者的身份，由此防止了伪造和抵赖，接收者不能篡改文件内容，否则无法和附加信息项匹配，因此防止了篡改行为的发生。数字签名机制是解决信息发送者和接收者之间争端的基础。

（4）数据完整性技术

数据完整性包括数据单元的完整性和整个数据的完整性两方面的内容。数据单元的完整性可用数字签名机制保证，而整个数据的完整性需要借助于每个数据单元提供的一种连接顺序号，保证没有遗失、新增数据单元且数据单元间没有顺序混乱。如果数字签名信息是对整个数据文件的，那么签名信息也可以验证整个数据文件的完整性。

（5）鉴别交换技术

两个通信主体通过交换信息的方式确认彼此的身份，并且只有当彼此的身份确认后才开始通信过程，以防止把机密信息泄露给第三者。可作为鉴别身份的一般方式有口令和密码技术两种。

（6）公证机制

在两方或多方进行通信时，找一个公信的第三方作为鉴证，以对彼此的通信内容进行公证，并在通信双方发生争端后做出客观证明。作为公证机制的第三方要有为大家所接受的公信力，同时要能接受通信双方的通信数据。

1.7.5　计算机病毒

1．计算机病毒的概念

计算机病毒（Computer Virus）在《中华人民共和国计算机信息系统安全保护条例》中被明确定义，病毒指"编制者在计算机程序中插入的破坏计算机功能或者破坏数据，影响计算机使用并且能够自我复制的一组计算机指令或者程序代码"。与医学上的"病毒"不同，计算机病毒不是天然存在的，是某些人利用计算机软件和硬件所固有的脆弱性编制的一组指令集或程序代码。它能通过某种途径潜伏在计算机的存储介质（或程序）里，当达到某种条件时即被激活，通过修改其他程序的方法将自己的精确拷贝或者可能演化的形式放入其他程序中，从而感染其他程序，对计算机资源进行破坏。

2．计算机病毒的特点

计算机病毒有以下几种征：

（1）繁殖性

计算机病毒可以像生物病毒一样进行繁殖，当正常程序运行的时候，它也进行自身复制。是否具有繁殖、感染的特征是判断某段程序为计算机病毒的首要条件。

（2）破坏性

计算机中毒后，可能会导致正常的程序无法运行，把计算机内的文件删除或受到不同程度的损坏。通常表现为：增、删、改、移等。

（3）传染性

计算机病毒不但本身具有破坏性，更有害的是具有传染性，一旦病毒被复制或产生变种，其速度之快令人难以预防。传染性是病毒的基本特征。在生物界，病毒通过传染从一个生物体扩散到另一个生物体，在适当的条件下，它可得到大量繁殖，并使被感染的生物体表现出病症甚至死亡。同样，计算机病毒也会通过各种渠道从已被感染的计算机扩散到未被感染的计算机，在某些情况下造成被感染的计算机工作失常甚至瘫痪。与生物病毒不同的是，计算机病毒是一段人为编制的计算机程序代码，这段程序代码一旦进入计算机并得以执行，它就会搜寻其他符合其传染条件的程序或存储介质，确定目标后再将自身代码插入其中，达到自我繁殖的目的。只要一台计算机染毒，如不及时处理，那么病毒会在这台电脑上迅速扩散，计算机病毒可通过各种可能的渠道，如软盘、硬盘、移动硬盘、计算机网络去传染其他的计算机。当您在一台机器上发现了病毒时，往往曾在这台计算机上用过的软盘已感染上了病毒，而与这台机器相联网的其他计算机也许也被该病毒染上了。是否具有传染性是判别一个程序是否为计算机病毒的最重要条件。

（4）潜伏性

有些病毒像定时炸弹一样，让它什么时间发作是预先设计好的。比如黑色星期五病毒，不到预定时间一点都觉察不出来，等到条件具备的时候一下子就爆炸开来，对系统进行破坏。一个编制精巧的计算机病毒程序，进入系统之后一般不会马上发作，因此病毒可以静静地躲在磁盘或磁带里呆上几天，甚至几年，一旦时机成熟，得到运行机会，就又要四处繁殖、扩散，继续危害。潜伏性的第二种表现是指，计算机病毒的内部往往有一种触发机制，不满足触发条件时，计算机病毒除了传染外不做什么破坏。触发条件一旦得到满足，有的在屏幕上显示信息、图形或特殊标识，有的则执行破坏系统的操作，如格式化磁盘、删除磁盘文件、对数据文件做加密、封锁键盘以及使系统死锁等。

（5）隐蔽性

计算机病毒具有很强的隐蔽性，有的可以通过病毒软件检查出来；有的根本就查不出来；有的时隐时现、变化无常，这类病毒处理起来通常很困难。

（6）可触发性

病毒因某个事件或数值的出现，诱使病毒实施感染或进行攻击的特性称为可触发性。为了隐蔽自己，病毒必须潜伏，少做动作。但如果完全不动，一直潜伏的话，病毒既不能感染也不能进行破坏，便失去了杀伤力。病毒既要隐蔽又要维持杀伤力，它必须具有可触发性。病毒的触发机制就是用来控制感染和破坏动作的频率的。病毒具有预定的触发条件，这些条件可能是时间、日期、文件类型或某些特定数据等。病毒运行时，触发机制检查预定条件是否满足，如果满足，启动感染或破坏动作，使病毒进行感染或攻击；如果不满足，使病毒继续潜伏。

3．计算机病毒的分类

计算机病毒的分类方法很多，根据病毒存在的媒体，病毒可以划分为网络病毒、文件病毒、引导型病毒。网络病毒通过计算机网络传播感染网络中的可执行文件；文件病毒感染计算机中的文件（如：COM，EXE，DOC 等）；引导型病毒感染启动扇区（Boot）和硬盘的系统引导扇区（MBR）。还有这三种情况的混合型，例如：多型病毒（文件和引导型）感染文件和引导扇区两种目标。根据病毒传染的方法可分为驻留型病毒和非驻留型病毒。按病毒破坏的能力又可分为，无害型、无危险型、危险型和非常危险型。无害型，除了传染时减少磁盘的可用空间外，对系统没有其他影响；无危险型，这类病毒仅仅是减少内存、显示图像、发出声音及同类音响；危险型，这类病毒在计算机系统操作中造成严重的错误；非常危险型，这类病毒删除程序、破坏数据、清除系统内存区和操作系统中重要的信息。

4．计算机病毒的表现特征

计算机感染了病毒常常有如下的一些表现特征：

① 计算机系统运行速度减慢。

② 计算机系统经常无故发生死机。

③ 计算机系统中的文件长度发生变化。

④ 计算机存储的容量异常减少。

⑤ 系统引导速度减慢。

⑥ 丢失文件或文件损坏。

⑦ 计算机屏幕上出现异常显示。

⑧ 计算机系统的蜂鸣器出现异常声响。

⑨ 系统不识别硬盘。

⑩ 对存储系统异常访问。

⑪ 键盘输入异常。

⑫ 文件的日期、时间、属性等发生变化。

⑬ 文件无法正确读取、复制或打开。

⑭ 命令执行出现错误。

⑮ 虚假报警。

⑯ 换当前盘。有些病毒会将当前盘切换到 C 盘。

⑰ 时钟倒转。有些病毒会命名系统时间倒转，逆向计时。

⑱ Windows 操作系统无故频繁出现错误。

⑲ 系统异常重新启动。

⑳ 一些外部设备工作异常。

5. 计算机病毒的预防

（1）建立良好的安全习惯

对一些来历不明的邮件及附件不要打开、不要浏览一些不太了解的网站、不要执行从 Internet 下载后未经杀毒处理的软件等，这些必要的习惯会使您的计算机更安全。

（2）关闭或删除系统中不需要的服务

默认情况下，许多操作系统会安装一些辅助服务，如 FTP 客户端、Telnet 和 Web 服务器。这些服务为攻击者提供了方便，而又对用户没有太大用处，删除它们，能大大减少被攻击的可能性。

（3）经常升级安全补丁

据统计，有 80% 的网络病毒是通过系统安全漏洞进行传播的，像蠕虫王、冲击波、震荡波等，所以我们应该定期下载最新的安全补丁，防范未然。

（4）使用复杂的密码

有许多网络病毒就是通过猜测简单密码的方式攻击系统的，因此使用复杂的密码，将会大大提高计算机的安全系数。

（5）迅速隔离受感染的计算机

当您的计算机发现病毒或异常时应立刻断网，以防止计算机受到更多的感染，或者成为传播源，再次感染其他计算机。

（6）了解一些病毒知识

了解一些病毒知识，这样就可以及时发现新病毒并采取相应措施，在关键时刻使自己的计算机免受病毒破坏。如果能了解一些注册表知识，就可以定期看一看注册表的自启动项是否有可疑键值；如果了解一些内存知识，就可以经常看看内存中是否有可疑程序。

（7）最好安装专业的杀毒软件进行全面监控

在病毒日益增多的今天，使用杀毒软件进行防毒，是越来越经济的选择，不过用户在安装了反病毒软件之后，应该经常进行升级，将一些主要监控经常打开（如邮件监控、内存监控等），遇到问题要上报，这样才能真正保障计算机的安全。

（8）用户还应该安装个人防火墙软件进行防黑

由于网络的发展，用户电脑面临的黑客攻击问题也越来越严重，许多网络病毒都采用了黑客的方法来攻击用户电脑，因此，用户还应该安装个人防火墙软件，将安全级别设为中、高，这样才能有效地防止网络上的黑客攻击。

习　　题

一、填空题

1. 世界上第一台计算机是_____年制造的，名字为_____。
2. 计算机系统是由_____和_____构成。
3. 计算计的软件系统通常分成_____软件和_____软件。
4. 字长是计算机_____次能处理的_____进制位数。
5. 1KB=_____B；1MB=_____KB。
6. 计算机中，中央处理器 CPU 由_____和_____两部分组成。
7. 每个汉字机内码至少占_____个字节，每个字节最高位为_____。
8. 两个二进制数进行算术加运算，10100+111=_____。
9. 计算机的硬件主要包括：_____、存储器、输出设备和_____。
10. 计算机病毒具有繁殖性、_____、隐蔽性、_____、潜伏性和激发性等主要特点。

二、单选题

1. 下列叙述中，正确的是（　　　）
    A. 计算机的体积越大，其功能越强
    B. CD－ROM 的容量比硬盘的容量大
    C. 存储器具有记忆功能，故其中的信息任何时候都不会丢失
    D. CPU 是中央处理器的简称
2. 下列字符中，其 ASCII 码值最小的一个是（　　　）。
    A. 控制符　　　　　B. 9　　　　　C. A　　　　　D. a
3. 一条指令必须包括（　　　）
    A. 操作码和地址码　　　　　　　　B. 信息和数据
    C. 时间和信息　　　　　　　　　　D. 以上都不是
4. 以下哪一项不是预防计算机病毒的措施？
    A. 建立备份　　　B. 专机专用　　　C. 不上网　　　D. 定期检查
5. 计算机操作系统通常具有的 5 大功能是（　　　）。
    A. CPU 的管理、显示器管理、键盘管理、打印机管理和鼠标器管理
    B. 硬盘管理、软盘驱动器管理、CPU 的管理、显示器管理和键盘管理
    C. CPU 的管理、存储管理、文件管理、设备管理和作业管理
    D. 启动、打印、显示、文件存取和关机
6. 微机上广泛使用的 Windows 2007 是（　　　）。
    A. 多用户多任务操作系统　　　　　B. 单用户多任务操作系统
    C. 实时操作系统　　　　　　　　　D. 多用户分时操作系统
7. 为了提高软件开发效率，开发软件时应尽量采用（　　　）。
    A. 汇编语言　　　B. 机器语言　　　C. 指令系统　　　D. 高级语言

8. CPU 能够直接访问的存储器是

    A. 软盘　　　　　　　B. 硬盘　　　　　　C. RAM　　　　　　D. CD - ROM

9. 下列各存储器中，存取速度最快的一种是（　　　）。

    A. Cache　　　　　　　　　　　　B. 动态 RAM（DRAM）

    C. CD-ROM　　　　　　　　　　　D. 硬盘

10. SRAM 指的是（　　　）。

    A. 静态随机存储器　　　　　　　　B. 静态只读存储器

    C. 动态随机存储器　　　　　　　　D. 动态只读存储器

11. 一般而言，硬盘的容量大概是内存容量的（　　　）。

    A. 40 倍　　　　　　B. 60 倍　　　　　C. 80 倍　　　　　D. 100 倍

12. 影响一台计算机性能的关键部件是（　　　）。

    A. CD - ROM　　　　B. 硬盘　　　　　C. CPU　　　　　D. 显示器

13. 在计算机硬件技术指标中，度量存储器空间大小的基本单位是（　　　）。

    A. 字节（Byte）　　B. 二进位（bit）　C. 字（Word）　　　D. 双字（Double Word）

14. 一张软磁盘上存储的内容，在该盘处于什么情况时，其中数据可能丢失？

    A. 放置在声音嘈杂的环境中若干天后

    B. 携带通过海关的 X 射线监视仪后

    C. 被携带到强磁场附近后

    D. 与大量磁盘堆放在一起后

15. 计算机病毒是指能够侵入计算机系统，并在计算机系统中潜伏、传播、破坏系统正常工作的一种具有繁殖能力的（　　　）。

    A. 流行性感冒病毒　　　　　　　　B. 特殊小程序

    C. 特殊微生物　　　　　　　　　　D. 源程序

16. 操作系统对磁盘进行读/写操作的单位是（　　　）。

    A. 磁道　　　　　　　B. 字节　　　　　C. 扇区　　　　　D. KB

17. 下列叙述中，正确的是（　　　）。

    A. 内存中存放的是当前正在执行的应用程序和所需的数据

    B. 内存中存放的是当前暂时不用的程序和数据

    C. 外存中存放的是当前正在执行的程序和所需的数据

    D. 内存中只能存放指令

18. 把硬盘上的数据传送到计算机内存中去的操作称为（　　　）。

    A. 读盘　　　　　　　B. 写盘　　　　　C. 输出　　　　　D. 存盘

19. 在计算机中，每个存储单元都有一个连续的编号，此编号称为（　　　）。

    A. 地址　　　　　　　B. 住址　　　　　C. 位置　　　　　D. 序号

20. 在计算机的硬件技术中，构成存储器的最小单位是（　　　）。

    A. 字节（Byte）　　　　　　　　　B. 二进制位（bit）

    C. 字（Word）　　　　　　　　　　D. 双字（Double Word）

第 2 章 操作系统

操作系统是管理计算机软硬件资源，控制程序运行，改善人机界面和为应用软件提供运行环境的系统软件。操作系统通过对处理器、存储器、文件和设备的管理来实现对计算机的管理。

操作系统是随着计算机系统结构和使用方式的发展而逐步产生的。常用的操作系统有 DOS、Windows、UNIX、Linux 等，其中 Windows 系列是微软公司推出的基于图形用户界面的操作系统，是目前世界上应用最广泛的操作系统。本章将主要介绍操作系统的概念、功能、分类、Windows 7 的基本概念、有关操作、系统维护及常用工具软件。

2.1 操作系统概述

2.1.1 操作系统的概念

操作系统（Operating System，OS）是管理计算机软、硬件资源，控制程序运行，改善人机界面和为应用软件提供运行环境的系统软件。从用户角度看，操作系统可以看成是对计算机硬件的扩充；从人机交互方式来看，操作系统是用户与机器的接口；从计算机的系统结构看，操作系统是一种层次、模块结构的程序集合，属于有序分层法，是无序模块的有序层次调用。操作系统在设计方面体现了计算机技术和管理技术的结合。

操作系统是计算机中最重要的系统软件。它在计算机系统中的作用，大致可以从两方面体会：对内，操作系统管理计算机系统的各种资源，扩充硬件的功能；对外，操作系统提供良好的人机界面，方便用户使用计算机，它在整个计算机系统中具有承上启下的地位。

2.1.2 操作系统的功能

操作系统通过对处理器、存储器、文件和设备的管理来实现对计算机的管理。操作系统通常包括下列五大功能模块：

① 处理器管理。当多个程序同时运行时，解决处理器（CPU）时间的分配问题。

② 作业管理。完成某个独立任务的程序及其所需的数据组成一个作业。作业管理的任务主要是为用户提供一个使用计算机的界面使其方便地运行自己的作业，并对所有进入系统的作业进行调度和控制，尽可能高效地利用整个系统的资源。

③ 存储器管理。为各个程序及其使用的数据分配存储空间，并保证它们互不干扰。

④ 设备管理。根据用户提出使用设备的请求进行设备分配，同时还能随时接收设备的请求（称为中断），如要求输入信息。

⑤ 文件管理。主要负责文件的存储、检索、共享和保护，为用户提供文件操作的方便。

2.1.3　操作系统的分类

根据操作系统的使用环境和功能特征的不同，大致可分为五种类型。

① 批处理操作系统。批处理是指用户将一批作业提交给操作系统后就不再干预，由操作系统控制它们自动运行。这种采用批量处理作业技术的操作系统称为批处理操作系统。它的工作方式是：用户将作业交给系统操作员，系统操作员将许多用户的作业组成一批作业，之后输入到计算机中，在系统中形成一个自动转接的连续的作业流，然后启动操作系统，系统自动、依次执行每个作业，最后由操作员将作业结果交给用户。

② 分时系统。分时是指多个用户分享使用同一台计算机、多个程序分时共享硬件和软件资源。分时操作系统是指在一台主机上连接多个带有显示器和键盘的终端，同时允许多个用户通过主机的终端，以交互方式使用计算机，共享主机中的资源。分时操作系统是一个多用户交互式操作系统，主要分为三类：单道分时操作系统、多道分时操作系统、具有前台和后台的分时操作系统。分时操作系统将 CPU 的时间划分成若干个片段，称为时间片。操作系统以时间片为单位，轮流为每个终端用户服务，由于时间间隔很短，每个用户的感觉就像他独占计算机一样，它的特点是可以有效增加资源的利用率。

③ 实时操作系统。实时操作系统是指使计算机及时响应外部事件的请求，在规定的严格时间内完成对该事件的处理，并控制所有实时设备和实时任务协调一致地工作的操作系统，它是为实时计算机系统配置的操作系统。其主要特点是资源的分配和调度首先要考虑实时性然后才是效率，此外，它应有较强的容错能力。

④ 网络操作系统。网络操作系统是为计算机网络配置的操作系统。在其支持下，网络中的各台计算机能互相通信和共享资源。其主要特点是与网络的硬件相结合来完成网络的通信任务。

⑤ 分布式操作系统。分布式操作系统是指配置在分布式系统上的操作系统。它能直接对分布式系统中的各种资源进行动态分配，并能有效地控制和协调分布式系统中各任务的并行执行，同时还向用户提供了一个方便、透明地使用整个分布式系统的界面。分布式操作系统除了需要包括单机操作系统的主要功能外，还应该包括分布式进程通信、分布式文件系统、分布式进程迁移、分布式进程同步和分布式进程死锁等功能。

2.1.4　常用操作系统简介

1．DOS（Disk Operating System）

DOS 是 1981 年推出的应用于个人计算机的磁盘操作系统。由于早期的 DOS 系统是由微软公司为 IBM 的个人电脑（Personal Computer）开发的，故而即称之为 PC-DOS，又以其公司命名为 MS-DOS。DOS 是字符界面的操作系统，用户使用键盘命令控制计算机的使用。

2．Windows 操作系统

Windows 操作系统是由美国微软公司开发的窗口化操作系统。采用了图形化操作模式。Windows 操作系统是目前世界上使用最广泛的操作系，最新的版本是 Windows 8。

1985 年 11 月，微软发布第一款图形用户界面 Windows 1.0；Windows 2.0 完全支持图标和重叠式窗口，除了用户界面外，Windows 2.0 还获得了一些重要应用软件的支持；1990 年，微软发布了 Windows 3.0，它是一个全新的 Windows 版本，借助全新的文件管理系统和更好的图形功能，Windows PC 终于成为了 Mac 的竞争对手，Windows 3.0 拥有全新外观，而且保护和增强模式还能够更有效地利用内存；Windows 3.11 是对 Windows 3.0 的优化，支持 TrueType 字体、多媒体功能和对象连接与嵌入功能；Windows 95 使得 PC 和 Windows 真正实现了平民化，是非常有意义的一款产品。由于捆绑了 IE，Windows 95 成为用户访问互联网的"门户"，Windows 95 还首次引进了"开始"按钮和任务栏；Windows 98 提高了 Windows 95 的稳定性，并非一款新版操作系统，它支持多台显示器和互联网电视，新的 FAT32 文件系统可以支持更大容量的硬盘分区。2000 年 2 月发布的 Windows 2000 是 Windows NT 的升级产品，也是首款引入自动升级功能的 Windows 操作系统；Windows ME 被戏称为"错误的版本"（Mistake Edition），遭遇了许多问题，其中包括稳定性问题，但与 Windows 98、Windows 2000，甚至当时尚未发布的 XP 相比，Windows ME 的图形用户界面都有不小的改进。2001 年发布的 Windows XP 集 NT 架构与 Windows 95/98/ME 对消费者友好的界面于一体。尽管安全性遭到批评，但 Windows XP 在许多方面都取得了重大进展，例如文件管理、速度和稳定性。Windows Vista 在 2007 年 1 月高调发布，采用了全新的图形用户界面，但软、硬件厂商没有及时推出支持 Vista 的产品，有关它的负面消息满天飞，销售也受到了严重影响，许多 Windows 用户仍然坚持使用 Windows XP。Windows 7 在 Windows Vista 的基础上进行了修改，但是经过这一改把失败的 Vista 系统改成功了，Windows 7 包含有全新的搜索工具、任务栏和联网工具。目前，Windows 7 已经超过 Windows XP 成为全球市场份额最高的操作系统，它有六个常见版本。

（1）Windows 7 Starter

Windows 7 Starter 是简易版，可以加入家庭组（Home Group），任务栏有不小的变化，也有 JumpLists 菜单，但没有 Aero。缺少的功能：航空特效功能、家庭组（Home Group）创建功能、完整的移动功能等。可用范围：仅在新兴市场投放、仅安装在原始设备制造商的特定机器上，并限于某些特殊类型的硬件。忽略后台应用，比如文件备份实用程序，但是一旦打开该备份程序，后台应用就会被自动触发。不允许用户和 OEM 厂商更换桌面壁纸、主题颜色和声音方案，OEM 不得修改或更换 Windows 欢迎中心、登录界面和桌面的背景。

（2）Windows 7 Home Basic

Windows 7 Home Basic 是家庭基础版，是针对使用经济型电脑用户的入门级版本，用于访问互联网并运行基本的办公软件。它和 Vista 一样，仅用于新兴市场国家，主要新特性有无限应用程序、实时缩略图预览、增强视觉体验（仍无 Aero）、高级网络支持（ad-hoc 无线网络和互联网连接支持 ICS）、移动中心（Mobility Center），缺少航空特效功能、实时缩略图预览、Internet 连接共享功能。

（3）Windows 7 Home Premium

Windows 7 Home Premium 是家庭高级版，是针对个人用户的主流版本，提供了基于最新硬件设备的全部功能，易于联网，并提供丰富的视觉体验环境，有 Aero Glass 高级界面、高级窗口导航、改进的媒体格式支持、媒体中心和媒体流增强（包括 Play To）、多点触摸、更好的手写识别等等。包含功能：航空特效功能、多触控功能、多媒体功能（播放电影和刻录 DVD）、组建家庭网络组等。

（4）Windows 7 Professional

Windows 7 Professiona 是专业版，适合于小型企业及家庭办公的商业用户使用，面向拥有多台电脑或服务器的企业用户，它所包含的功能特性可以满足企业高级联网、备份和安全等需求。它提供一系列企业级增强功能：BitLocker，内置和外置驱动器数据保护；AppLocker，锁定非授权软件运行；DirectAccess，无缝连接基于 Windows Server 2008 R2 的企业网络；BranchCache，Windows Server 2008 R2 网络缓存等。包含功能：Branch 缓存、DirectAccess、BitLocker、AppLocker、Virtualization Enhancements（增强虚拟化）、Management（管理）、Compatibility and Deployment（兼容性和部署）、VHD 引导支持等。

（5）Windows 7 Enterprise

Windows 7 Enterprise 是企业版，它提供一系列企业级增强功能：BitLocker，内置和外置驱动器数据保护；AppLocker，锁定非授权软件运行；DirectAccess，无缝连接基于 Windows Server 2008 R2 的企业网络；BranchCache，Windows Server 2008 R2 网络缓存等等。包含功能：Branch 缓存、DirectAccess、BitLocker、AppLocker、Virtualization Enhancements（增强虚拟化）、Management（管理）、Compatibility and Deployment（兼容性和部署）、VHD 引导支持等。

（6）Windows 7 Ultimate

Windows 7 Ultimate 是旗舰版，是针对大中型企业和电脑爱好者的最佳版本，在专业版上新增了 Bitlocker 功能，同时拥有新操作系统所有的消费级和企业级功能，但消耗的硬件资源也是最大的。它包含之前介绍的版本的所有功能。

3．Unix/Xenix 操作系统

Unix 是一个多用户、多任务操作系统，具有简便性、通用性、可移植性和开放性等特点。它支持多种处理器架构，按照操作系统的分类，属于分时操作系统，最早由 KenThompson、DennisRitchie 和 DouglasMcIlroy 于 1969 年在 AT&T 的贝尔实验室开发。1980 年 UNIX 操作系统被移植到 80286 微机上，称为 Xenix，其特点是短小精悍、运行速度快等。

4．Linux 操作系统

Linux 是一套专门为个人计算机所设计的操作系统。Linux 操作系统具有开放性、多用户、多任务、良好的用户界面、设备的独立性、丰富的网络功能、可靠的系统安全和良好的可移植性等特点，并且可以自由传播，用户可以修改它的源代码。

Linux 是一个基于 POSIX 和 Unix 的多用户、多任务、支持多线程和多 CPU 的操作系统，它能运行主要的 Unix 工具软件、应用程序和网络协议，它支持 32 位和 64 位硬件。Linux 继承了 Unix 以网络为核心的设计思想，是一个性能稳定的多用户网络操作系统，它主要用于基于 Intel x86 系列 CPU 的计算机上。这个系统是由全世界各地的成千上万的程序员设计和实现的，其目的是建立不受任何商品化软件的版权制约的、全世界都能自由使用的 Unix 兼容产品。

Linux 以它的高效性和灵活性著称，Linux 模块化的设计结构，使得它既能在价格昂贵的工作站上运行，也能够在廉价的 PC 机上实现全部的 Unix 特性，具有多任务、多用户的能力。Linux 是在 GNU 公共许可权限下免费获得的，是一个符合 POSIX 标准的操作系统。Linux 操作系统软件包不仅包括完整的 Linux 操作系统，而且还包括了文本编辑器、高级语言编译器等应用软件。它还包括带有多个窗口管理器的 X-Windows 图形用户界面，如同我们使用 Windows 一样，允许我们使用窗口、图标和菜单对系统进行操作。

5．iOS 5 操作系统

iOS 5 是苹果公司于 2011 年 10 月推出的苹果移动操作系统。系统加入了约 200 余项新功能，其中包括：全新的通知功能、提醒事项、免费在 iOS 5 设备间发送信息的 iMessage、系统集成 Twitter、可以下载最新杂志报纸的虚拟书报亭等。在拍照功能上 iOS 5 可以让 iPhone 在锁屏状态下迅速进

入拍照界面，并用音量键加进行拍照，还能对照片进行裁切、旋转、增强效果并去除红眼。iOS 5 的邮件功能增加了更多文字格式和首行缩进控制；Safari 浏览器加入了阅读器和阅读列表模式，在 iPad 上还支持多标签浏览。iOS 5 新增的 PC Free 功能使 iOS 5 设备不需要连接电脑就能激活，此外也可以使 iOS 设备通过无线局域网和电脑的 iTunes 进行同步。而 iCloud 云服务是 iOS 5 最大的卖点之一，用户可以通过 iCloud 备份自己设备上的各类数据，并可以通过此功能查找自己的 iOS 设备以及朋友的大概位置。iCloud 能使用户在一台 iOS 上购买的应用、音乐、书籍无线同步出现在该用户的其他同账号 iOS 设备上，iPhone 拍摄的照片也能同步出现在 iPad 和安装了 iCloud 客户端的 PC 和 Mac 上。iCloud 的免费容量 5 GB，用户可以购买更大空间。

6. Android 操作系统

Android 是一种基于 Linux 的自由及开放源代码的操作系统，主要使用于便携设备，如智能手机和平板电脑。目前尚未有统一中文名称，中国大陆地区较多使用"安卓"或"安致"。Android 操作系统最初由 Andy Rubin 开发，主要支持手机。2005 年由 Google 收购注资，并组建开放手机联盟开发改良随后，逐渐扩展到平板电脑及其他领域上；2008 年 10 月第一部 Android 智能手机发布；2011 年第一季度，Android 在全球的市场份额首次超过塞班系统，跃居全球第一；2012 年 11 月数据显示，Android 占据全球智能手机操作系统市场 76% 的份额，中国市场占有率为 90%。

2.2　Windows 7 的新特性

Windows 7 是微软继 Windows XP、Vista 之后的操作系统，它相比之前版本增添了一些全新的功能和服务，具有很多新特性和优点。

1. 更快的速度和性能

微软在开发 Windows 7 的过程中，始终将性能放在首要的位置。Windows 7 不仅在系统启动时间上进行了大幅度的改进，并且对从休眠模式唤醒系统这样的细节也进行了改善，使 Windows 7 成为一款反应更快速、令人感觉清爽的操作系统。

2. 更个性化的桌面

在 Windows 7 中，用户能对自己的桌面进行更多的操作和个性化设置。首先，取消了原有的侧边栏，而原来依附在侧边栏中的各种小插件现在可以任用户自由放置在桌面的各个角落，不仅释放了更多的桌面空间，视觉效果也更加直观和个性化。此外，Windows 7 中内置主题包带来的不仅是局部的变化，更是整体风格的统一壁纸、面板色调，甚至系统声音都可以根据用户喜好选择定义。如果用户喜欢的桌面壁纸有很多，不用再为选哪一张而烦恼。用户可以同时选择多个壁纸，让它们在桌面上像幻灯片一样播放，还可以设置播放的速度。同时，用户可以根据需要设置个性的主题包，包括自己喜欢的壁纸、颜色、声音和屏保等。

3. 更强大的多媒体功能

Windows 7 具有远程媒体流控制功能，能够帮助用户解决多媒体文件共享的问题。它支持家庭以外的 Windows 7 个人计算机安全地从远程互联网访问家里 Windows 7 系统中的数字媒体中心，随心所欲地欣赏保存在家里计算机中的任何数字娱乐内容。有了这样的创新功能，用户可以随时随地享受自己的多媒体文件。而 Windows 7 中强大的综合娱乐平台和媒体库 Windows Media Center 不仅可以让用户轻松管理计算机硬盘上的音乐、图片和视频，更是一款可定制化的个人电视。只要将计算机与网络连接或是插上一块电视卡，就可以随时随地享受 Windows Media Center 上丰富多彩的互联网视频内容或者高清的地面数字电视节目，同时也可以将 Windows Media Center 与电视连接，给电视屏幕带来全新的使用体验。

4．Windows Touch 带来极致触摸操控体验

Windows 7 操作系统支持通过触摸屏来控制计算机。在配置有触摸屏的硬件上，用户可以通过自己的指尖来实现许许多多的功能。

5．Home groups 和 Libraries 简化局域网共享

Windows 7 则通过图书馆（Libraries）和家庭组（Home groups）两大新功能对 Windows 网络进行了改进。图书馆是一种对相似文件进行分组的方式，即使这些文件被放在不同的文件夹中。例如，用户的视频库可以包括电视文件夹、电影文件夹、DVD 文件夹及 Home Movies 文件夹。可以创建一个 Home group，它会让这些图书馆更容易地在各个家庭组用户之间共享。

6．全面革新的用户安全机制

用户账户控制这个概念由 Windows Vista 首先引人，虽然它能够提供更高级另别的安全保障，但是频繁出现的提示窗口让一些用户感到不便。在 Windows 7 中，微软对这项安全功能进行了革新，不仅大幅降低提示窗口出现的频率，用户在设置方面还拥有了更大的自由度。Windows 7 自带的 Internet Explore 8 也在安全性方面较之前版本提升不少，诸如 SmartScreen Filter、Inprivate Browsing 和域名高亮显示等新功能让用户在互联网上能够更有效地保障自己的安全。

7．超强的硬件兼容性

微软作为全球 IT 产业链中最重要的一环，Windows 7 的诞生便意味着整个信息生态系统将面临全面升级，硬件制造商们也将迎来更多的商业机会。目前，共有来自 10 000 多家公司的 32 000 多人参与到围绕 Windows 7 的测试计划当中，其中包括 5 000 个硬件合作伙伴和 5 716 个软件合作伙伴。全球知名的厂商（比如 Sony、ATI、NVIDIA 等）都表示能够确保各自产品对 Windows 7 正式版的兼容性能。据统计，目前适用于 Windows Vista SPI 的驱动程序中有超过 99%的驱动的程序已经能够运用于 Windows 7。

8．革命性的工具栏设计

进入 Windows 7 操作系统，用户会在第一时间注意到屏幕最下方经过全新设计的工具栏。这条工具栏从 Windows 95 时代沿用至今，终于在 Windows 7 中有了革命性的颠覆。工具栏上所有的应用程序都不再有文字说明，只剩下一个图标，而且同一个程序的不同窗口将自动群组。将鼠标移到图标上时会出现已打开窗口的缩略图，单击便会打开该窗口。在任何一个程序图标上右击，会出现一个显示相关选项的选单，微软称之为 Jump List。在这个选单中除了更多的操作选项之外，还增加了一些强化功能，可以让用户更轻松地实现精确导航并找到搜索目标。

2.3 Windows 7 基本概念与操作

2.3.1 Windows 7 的启动与关闭

1．Windows 7 的启动

开机后，等待系统自检和引导程序加载完毕后，Windows 7 系统将自动开始进入工作状态。

如果系统只有一个用户并且没有设置密码，则直接进入 Windows 7 系统；如果设置了密码，则在"密码"文本框中输入密码后登录到 Windows 7 系统；如果系统中建立了多个用户账户，则会进入选择用户的界面，选择所需的用户后进入 Windows 7 系统。

2．Windows 7 的关闭

单击屏幕左下角的"开始"按钮，在弹出的菜单中单击 关机 ▶ 按钮，即可关闭 Windows 7 系统。

2.3.2　Windows 7 桌面

桌面是打开计算机并登录到 Windows 7 之后看到的主屏幕区域。就像实际的桌面一样，它是您工作的平面。打开程序或文件夹时，它们便会出现在桌面上。还可以将一些项目（如文件和文件夹）放在桌面上，并且随意排列它们。从更广义上讲，桌面有时包括任务栏。任务栏位于屏幕的底部，显示正在运行的程序，并可以在它们之间进行切换。它还包含"开始"按钮，使用该按钮可以访问程序、文件夹和计算机设置。

Windows 7 默认的桌面只有一个回收站的图标，这样桌面看起来虽然整洁干净，但是用户在使用时却很不方便，希望能把经常使用的图标放到桌面上。在桌面空白处右击鼠标，在弹出的快捷菜单中选择"个性化"命令，或者在"开始"菜单中选择"控制面板"，在打开控制面板后选择"个性化"选项，然后在打开的窗口中单击"更改桌面"按钮进行更改。

启动 Windows 7 以后，直接进入到 Windows 7 的桌面，桌面上包括图标和任务栏等部分，如图 2-1 所示。

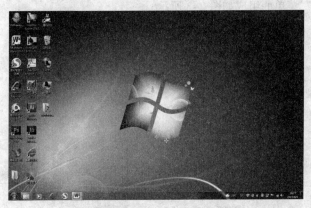

图 2-1　Windows 7 桌面

1．桌面图标

桌面上的小图片称为图标，它可以代表一个程序、文件、文件夹或其他项目。Windows 7 的桌面上通常有"计算机""回收站"等图标和其他一些程序文件的快捷方式图标。

"计算机"表示当前计算机中的所有内容。双击这个图标可以快速查看硬盘、CD-ROM 驱动器以及映射网络驱动器的内容。

"回收站"中保存着用户从硬盘中删除的文件或文件夹。当用户误删除或再次需要这些文件时，还可以从"回收站"中将其还原。

2．任务栏

任务栏是位于屏幕底部的水平长条。与桌面不同的是，桌面可以被打开的窗口覆盖，而任务栏几乎始终可见。它有六个部分："开始"按钮、快速启动区、任务按钮区、语言栏、通知区域和"显示桌面"按钮，如图 2-2 所示。

图 2-2　任务栏

① "开始"按钮：用于打开"开始"菜单。

② 快速启动区：常驻任务栏上的应用程序图标，单击其中的按钮可以快速启动相应的应用程序。

③ 任务按钮区：显示已打开的程序和文件，并可以在它们之间进行快速切换。单击任务按钮可以快速地在这些程序和文件中进行切换，也可在任务按钮上右击，通过弹出的快捷菜单对程序进行控制。

④ 语言栏：用于选择和设置所需的输入法。

⑤ 通知区域：包括时钟以及一些告知特定程序和计算机设置状态的图标。

⑥ "显示桌面"按钮：单击可以在当前窗口与桌面之间进行切换。

3. Windows 7"开始"菜单

"开始"菜单是计算机程序、文件夹和设置的主门户。之所以称之为"菜单"，是因为它提供一个选项列表，就像餐馆里的菜单那样。至于"开始"的含义，在于它通常是您要启动或打开某项内容的位置。开始"菜单的组成如图 2-3 所示。

图 2-3　"开始"菜单

若要打开"开始"菜单，请单击屏幕左下角的"开始"按钮，或按键盘上的 Windows 徽标键■。"开始"菜单分为以下三部分：

① 左窗格：用于显示计算机上程序的一个短列表。计算机制造商可以自定义此列表，所以其确切外观会有所不同。单击"所有程序"可显示程序的完整列表。

② 右窗格：提供对常用文件夹、文件、设置和功能的访问。在这里还可注销 Windows 7、关闭或重新启动计算机，也可以锁定系统或切换用户，还可以使系统休眠或睡眠。用户图标代表当前登录系统的用户，单击该图标，将打开"用户账户"窗口，以便进行用户设置。

③ 搜索框：通过输入搜索项可在计算机上查找程序和文件。

在 Windows 7 中，用户对出现在"开始"菜单上的程序和文件具有更多控制。"开始"菜单在本质上是一个白板，用户可以组织和自定义以适合自己的首选项。

2.3.3　Windows 7 窗口

1. Windows 7 窗口组成

每当打开程序、文件或文件夹时，它都会在屏幕上称为窗口的框或框架中显示（这是 Windows 操作系统获取其名称的位置）。虽然每个窗口的内容各不相同，但所有窗口都有一些共通点，一方面，窗口始终显示在桌面（屏幕的主要工作区域）上；另一方面，大多数窗口都具有相同的基本部分。下面以"计算机"窗口为例，介绍一下窗口的组成，如图 2-4 所示。

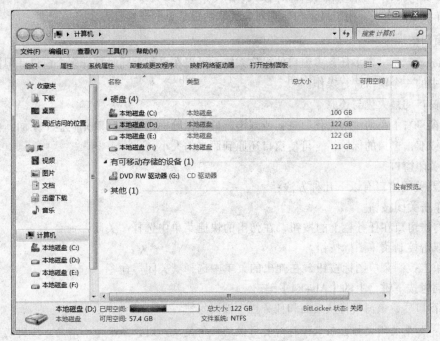

图 2-4　"计算机"窗口

窗口的各组成部分及其功能介绍如下：

① 标题栏：显示文档和程序的名称（或者如果正在文件夹中工作，则显示文件夹的名称）。

② 地址栏：在地址栏中可以看到当前打开窗口在计算机或网络上的位置。在地址栏中输入文件路径后，单击 ▸ 按钮，即可打开相应的文件。

③ 搜索栏：在"搜索"框中输入关键词筛选出基于文件名和文件自身的文本、标记以及其他文件属性，可以在当前文件夹及其所有子文件夹中进行文件或文件夹的查找，搜索的结果将显示在文件列表中。

④ 前进和后退按钮：使用"前进"和"后退"按钮导航到曾经打开的其他文件夹，而无须关闭当前窗口。这些按钮可与"地址"栏配合使用，例如，使用地址栏更改文件夹后，可以使用

"后退"按钮返回到原来的文件夹。

⑤ 菜单栏：包含程序中可单击进行选择的项目。单击每个菜单选项可以打开相应的子菜单，从中可以选择需要的操作命令。

⑥ 工具栏：提供一些工具按钮，可以直接单击这些按钮来完成相应的操作，以加快操作速度。

⑦ 控制按钮：单击"最小化"按钮 ▢ ，可以使应用程序窗口缩小成屏幕下方任务栏上的一个按钮，单击此按钮可以恢复窗口的显示；单击"最大化"按钮 ▢ ，可以使窗口充满整个屏幕。当窗口为最大化窗口时，此按钮便变成"还原"按钮 ▢ ，单击此按钮可以使窗口恢复到原来的状态；单击按钮 ✕ 可以关闭应用程序窗口。

⑧ 窗口边框：用于标识窗口的边界。用户可以用鼠标拖动窗口边框以调节窗口的大小。

⑨ 导航窗格：用于显示所选对象中包含的可展开的文件夹列表，以及收藏夹链接和保存的搜索。通过导航窗格，可以直接导航到所需文件的文件夹。

⑩ 滚动条：可以滚动窗口的内容以查看当前视图之外的信息。

⑪ 边框和角：可以用鼠标指针拖动这些边框和角以更改窗口的大小。

⑫ 详细信息面板：用于显示与所选对象关联的最常见的属性。

2. 窗口的操作

Windows 7 是一个多任务多窗口的操作系统，可以在桌面上同时打开多个窗口，但同一时刻只能对其中的一个窗口进行操作。

（1）窗口的最大化与还原

单击窗口右上角的"最大化"按钮或双击窗口的标题栏，可使窗口充满整个桌面。单击"还原"按钮或双击窗口的标题栏，可使窗口还原到原来的大小。

（2）关闭窗口

如果要关闭窗口有以下几种方法：

① 单击关闭按钮"✕"。

② 右击窗口在任务栏上的按钮，在弹出的快捷菜单中选择"关闭"命令。

③ 双击控制菜单图标按钮。

④ 单击控制菜单图标按钮，在弹出的菜单中选择"关闭"命令。

⑤ 同时按下键盘上的【Alt+F4】键。

关闭窗口后，该窗口将从桌面和任务栏中被删除。

注意：如果关闭文档，而未保存对其所做的任何更改，则会显示一条消息，给出选项以保存更改。

（3）隐藏窗口

隐藏窗口称为"最小化"窗口。如果要使窗口临时消失而不将其关闭，则可以将其最小化。若要最小化窗口，单击其"最小化"按钮，窗口会从桌面中消失，只在任务栏（屏幕底部较长的水平栏）上显示为按钮，单击该按钮，即可将窗口还原。

（4）调整窗口大小

将鼠标指向窗口的任意边框或角。当鼠标指针变成双箭头时，拖动边框或角可以缩小或放大窗口。已最大化的窗口无法调整大小，必须先将其还原为先前的大小才可以调整。

（5）移动窗口

方法一：将鼠标指向标题栏，按下鼠标左键不放，拖动窗口到目标位置，松开鼠标按钮即可。

方法二：单击"控制菜单"按钮，在弹出的菜单中选择"移动"命令，此时鼠标指针改变为四个箭头的形状"✛"，此时按下键盘的上、下、左、右光标移动键可移动窗口位置，按回车键结束。

（6）排列窗口

如果在桌面上打开了多个程序或文档窗口，那么，前面打开的窗口将被后面打开的窗口覆盖。在 Windows 7 操作系统中，提供了层叠显示窗口、堆叠显示窗口和并排显示窗口 3 种排列方式。

排列窗口的方法为：右键单击任务栏的空白处，从弹出的快捷菜单中选择一种窗口的排列方式，例如选择"并排显示窗口"命令，多个窗口将以"并排显示窗口"顺序显示在桌面上，如图 2-5 所示。

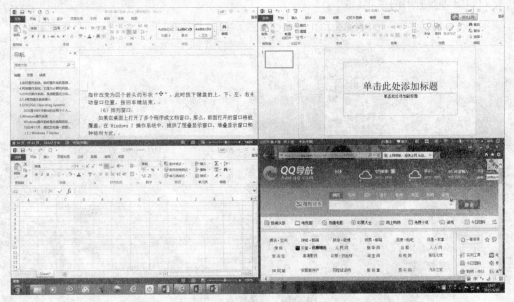

图 2-5　多个窗口并排显示

（7）多窗口预览和切换

如果打开了多个程序或文档，桌面会快速布满杂乱的窗口。通常不容易跟踪已打开了哪些窗口，因为一些窗口可能部分或完全覆盖了其他窗口。

方法一：通过窗口可见区域切换窗口。若要轻松地识别窗口，请指向其任务栏按钮，指向任务栏按钮时，将看到一个缩略图大小的窗口预览，无论该窗口的内容是文档、照片、甚至是正在运行的视频。如果无法通过其标题识别窗口，则该预览特别有用。

方法二：通过【Alt+Tab】键预览切换窗口。通过按【Alt+Tab】键可以切换到先前的窗口，或者通过按住 Alt 并重复按【Tab】键循环切换所有打开的窗口和桌面，释放【Alt】键可以显示所选的窗口。

方法三：通过【Win+Tab】键预览切换窗口。按住 Windows 徽标键的同时按【Tab】键可打开三维窗口切换。当按下 Windows 徽标键时，重复按【Tab】键或滚动鼠标滚轮可以循环切换打开的窗口，还可以按【→】或【↓】键向前循环切换一个窗口，或者按【←】或【↑】键向后循环切换一个窗口。释放 Windows 徽标键可以显示堆栈中最前面的窗口，或者单击堆栈中某个窗口的任意部分来显示该窗口。

方法四：使用任务栏切换窗口。任务栏提供了整理所有窗口的方式，每个窗口都在任务栏上具有相应的按钮。若要切换到其他窗口，只需单击其任务栏按钮。该窗口将出现在所有其他窗口的前面，成为活动窗口（即您当前正在使用的窗口）。

2.3.4　Windows 7 菜单

菜单是一种形象化的称呼，它是一张命令列表，用户可以从菜单中选择所需的命令来指示程序执行相应的操作。

主菜单是程序窗口构成的一部分，一般位于程序窗口的地址栏下，几乎包含了该程序所有的操作命令。常见的主菜单包括"文件""编辑""查看""工具""帮助"等，单击这些菜单选项，将会弹出下拉菜单，从而可以选择相应的命令。例如，在计算机窗口中单击"查看"菜单选项，即可打开如图 2-6 所示的菜单。

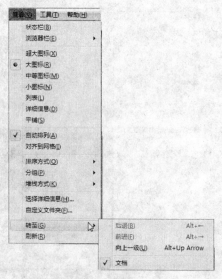

图 2-6　"查看"菜单

下面来认识菜单中各命令的含义。

① 勾选标记 ✓：如果某菜单命令前面有勾选标记，则表示该命令处于有效状态，单击此菜单命令将取消该勾选标记。

② 圆点标记 ●：表示该菜单命令处于有效状态，与勾选标记的作用基本相同。但 ● 是一个单选标记，在一组菜单命令中只允许一个菜单命令被选中，而 ✓ 标记无此限制。

③ 省略号标记 ⋯：选择此类菜单命令，将打开一个对话框。

④ 向右箭头标记 ▶：选择此类菜单命令，将在右侧弹出一个子菜单，如图 2-6 所示。

⑤ 字母标记：在菜单命令的后面有一个用圆括号括起来的字母，称为"热键"，打开了某个菜单后，可以从键盘输入该字母来选择对应的菜单命令。例如，打开"查看"菜单后，按下【L】键即可执行"列表"命令。

⑥ 快捷键：位于某个菜单命令的后面，如【Alt + →】组合键。使用快捷键可以在不打开菜单的情况下，直接选择对应的菜单命令。

2.3.5　Windows 7 对话框

对话框是特殊类型的窗口，可以提出问题，允许您选择选项来执行任务，或者提供信息。当程序或 Windows 需要您进行响应它才能继续时，经常会看到对话框。与常规窗口不同，多数对话框无法最大化、最小化或调整大小。但是它们可以被移动。简单的对话框只有几个按钮，而复杂的对话框除了按钮之外，还包括下述的一项或多项。

1. 文本框

文本框是一个用来输入文字的矩形区域。

2. 列表框

列表框中会显示多个选项，用户可以从中选择一个或多个。被选中的选项会加亮显示或背景变暗。

3. 下拉列表框

下拉列表框是一种单行列表框，其右侧有一个下三角按钮，单击该按钮将打开下拉列表框，可以从中选择需要的选项。

4. 命令按钮

单击对话框中的命令按钮，将开始执行按钮上显示的命令，如图 2-7 所示的"确定"按钮。单击"确定"按钮，系统将接受选择或输入的信息并关闭对话框。

5. 单选按钮

单选按钮用圆圈表示，一般提供一组互斥的选项，其中只能有一项被选中。如果选择了另一个选项，原先的选择将被取消。被选中的选项用带点的圆圈表示，形状为"◉"，如图 2-7 所示。

6. 选项卡

当对话框包含的内容很多时，常会采用选项卡，每个选项卡中都含有不同的设置选项。图 2-7 所示的是一个含有 3 个选项卡的对话框。实际上，每个选项卡都可以看成一个独立的对话框，但一次只能显示一个选项卡，要在不同的选项卡之间切换时，只要单击选项卡上方的文字标签即可。

7. 复选框

复选框带有方框标识，一般提供一组相关选项，可以同时选中多个选项。被选中的选项的方框中出现一个"√"，形状为"☑"，如图 2-7 所示。

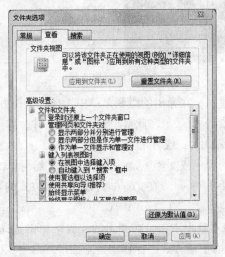

图 2-7 "文件夹选项"对话框

8. 数值微调框

用于设置参数的大小，可以直接在其中输入数值，也可以单击微调框右边的微调按钮来改变数值的大小。

9. 组合列表框

组合列表框好比是文本框和下拉列表框的组合，可以直接输入文字，也可以单击右侧的下三角按钮打开下拉列表框，从中选择所需的选项。

2.3.6　建立快捷方式

快捷方式是指向计算机上某个项目（例如文件、文件夹或程序）的链接。可以创建快捷方式，然后将其放置在方便的位置，例如桌面上或文件夹的导航窗格（左窗格）中，以便可以方便地访问快捷方式链接到的项目，而不是在"开始"菜单的多个级联菜单中去搜索查询，也不需要在文件夹里面去查找。快捷方式图标上的箭头可用来区分快捷方式和原始文件，用户可以在任何地方创建一个快捷方式，在桌面和开始菜单中创建快捷方式则最为常见。

1. 在桌面创建快捷方式，其操作步骤如下

右击桌面的任意空白处，弹出桌面快捷菜单，如图 2-8 所示。

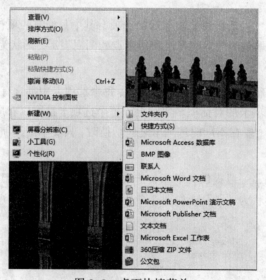

图 2-8　桌面快捷菜单

在快捷菜单中选择"新建"，在弹出的级联菜单中选择"快捷方式"，屏幕上立刻弹出"创建快捷方式"对话框，如图 2-9 所示。在此框中输入所需文件，如"C: \Program Files\Microsoft Office\OFFICE14\ WINWORD.EXE"，或者单击"浏览"按钮，在弹出的"浏览文件或文件夹"对话框中找到要建立快捷方式的程序或文档，如图 2-10 所示。然后单击"下一步"按钮，弹出"选择程序标题"对话框，如图 2-11 所示，在文本框内输入快捷方式的名称，单击"完成"。

创建桌面快捷方式的其他方法还有：

① 在要创建快捷方式的对象上右击，在弹出的快捷菜单中选择"创建快捷方式"命令，如图 2-12 所示，然后将已创建的快捷方式图标移动至桌面即可。

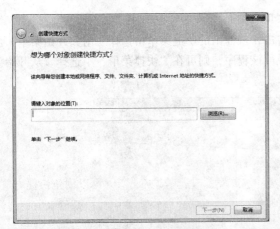

图 2-9　"创建快捷方式"对话框

图 2-10　"浏览文件或文件夹"对话框

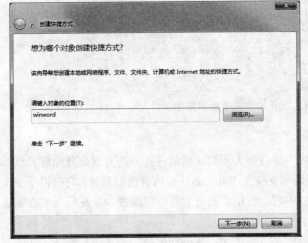

图 2-11　"选择程序标题"对话框

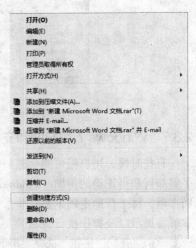

图 2-12　快捷菜单

② 在要创建快捷方式的对象上右击，从弹出的快捷菜单中选择"发送到"→"桌面快捷方式"命令，如图 2-13 所示。

图 2-13　"桌面快捷方式"快捷菜单

2．在开始菜单中添加程序，其操作步骤如下

打开程序所在文件夹，选择该程序然后右击，从弹出的快捷菜单中选择"附到开始菜单"命令，如图 2-14 所示。如果要从开始菜单中脱离该程序，则可在"快捷菜单"中选择"从开始菜单脱离"命令。

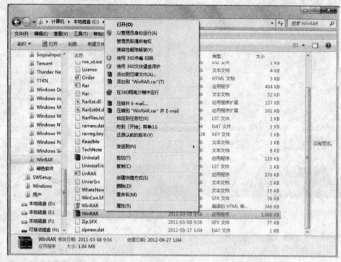

图 2-14　在开始菜单中添加程序

2.3.7　Windows 7 的帮助和支持

有些时候，用户很可能会遇到计算机问题或令人不知所措的任务。若要解决此问题，就需要了解如何获得正确的帮助。Windows 7 帮助和支持是 Windows 7 的内置帮助系统，它提供了多个帮助主题，每个帮助主题下都有非常丰富的内容。使用者通过它可以快速获取常见问题的答案、疑难解答提示以及操作执行说明。

单击"开始"按钮，选择"帮助和支持"命令，打开"Windows 帮助和支持"窗口，如图 2-15 所示。在这个窗口中会为用户提供帮助主题和其他支持服务。

图 2-15　"Windows 帮助和支持"窗口

获得帮助的最快方法是在搜索框中输入一个或两个词。例如，若要获得有关"开始菜单"的信息，请输入"开始菜单"，然后按回车键。将出现结果列表，其中最有用的结果显示在顶部，单击其中一个结果就可以阅读主题。

2.4　Windows 7 个性化设置

Windows 7 中可以通过更改计算机的主题、颜色、声音、桌面背景、屏幕保护程序、字体大小和用户账户图片进行个性化设置；还可以为桌面选择特定的小工具。

2.4.1　外观和主题设置

主题包括桌面背景、屏幕保护程序、窗口边框颜色和声音，有时还包括图标和鼠标指针。用户可以从多个 Aero 主题中选择使用主题，也可以通过分别更改图片、颜色和声音来创建自定义主题。还可以在 Windows 网站上联机查找更多主题。

桌面背景（也称为"壁纸"）是显示在桌面上的图片、颜色或图案。它为打开的窗口提供背景。用户可以选择某个图片作为桌面背景，也可以以幻灯片形式显示图片。

屏幕保护程序是在指定时间内没有使用鼠标或键盘时，出现在屏幕上的图片或动画。用户可以选择各种 Windows 屏幕保护程序。

1. 设置桌面壁纸

（1）使用"桌面背景"窗口

操作步骤如下：

① 在桌面空白区域右击，弹出快捷菜单，选择"个性化"选项，如图 2-16 所示。

② 打开"个性化"窗口，单击"桌面背景"超链接，如图 2-17 所示。

图 2-16　选择"个性化"选项

图 2-17　单击"桌面背景"超链接

③ 打开"桌面背景"窗口，在中间的列表框中可以选择系统自带的背景图片，这里单击"浏览"按钮，如图 2-18 所示。

④ 弹出"浏览文件夹"对话框，选择相应的文件夹，如图 2-19 所示，单击"确定"按钮。

⑤ 返回"桌面背景"窗口，在中间列表框中显示了目标图片所在文件夹中的所有图片，且目标图片呈被选择的状态，选择其中一张合适的图片，然后在"图片位置"列表框中选择"平铺"选项，如图 2-20 所示。

⑥ 单击"保存修改"按钮，返回"个性化"窗口，单击"关闭"按钮，返回桌面后即可看到桌面背景已经应用了选择的图片，如图 2-21 所示。

图 2-18　　"选择桌面背景"窗口

图 2-19　　"浏览文件夹"对话框

图 2-20　　"选择桌面背景"窗口

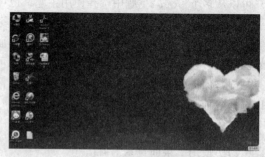

图 2-21　设置的桌面背景

（2）使用右键菜单

操作步骤如下：

打开资源管理器窗口，找到图片所保存的位置，选择需要的图标，右击，在弹出的快捷菜单中选择"设置为桌面背景"选项（如图 2-22 所示），则将所选图片设置为桌面背景，效果如图 2-23 所示。

图 2-22　选择 "设置为桌面背景"选项

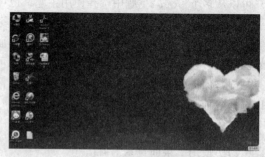

图 2-23　修改的桌面背景

（3）桌面壁纸连续切换

操作步骤如下：

在如图 2-17 所示的窗口中设置桌面壁纸时，还可在"场景"选项区中选择多张图片作为桌面壁纸，然后在"更改图片时间间隔"列表框中选择图片壁纸的切换时间，再单击"保存修改"就可以了。

2. 设置屏幕保护程序

设置屏幕保护程序的操作步骤如下：

在桌面空白区域右击，在弹出的快捷菜单中选择"个性化"选项，打开"个性化"窗口，如图 2-24 所示。单击"屏幕保护程序"超链接，弹出"屏幕保护程序设置"对话框，在"屏幕保护程序"选项组中，设置屏幕保护类型为"彩带"，在"等待"数值框中输入 1，如图 2-25 所示，单击"确定"按钮，完成屏幕保护程序的设置。

图 2-24　"个性化"窗口

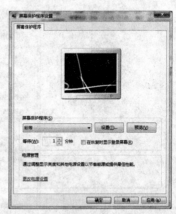

图 2-25　"屏幕保护程序设置"对话框

3. 修改显示设置

设置显示器的分辨率，其操作步骤如下：

① 在桌面空白区域右击，弹出快捷菜单，选择"个性化"选项，打开"个性化"窗口，单击"显示"超链接，打开"显示"窗口，如图 2-26 所示。

② 单击"调整分辨率"超链接，打开"屏幕分辨率"窗口，在"分辨率"列表框中，拖动滑块至所需分辨率位置，如图 2-27 所示，单击"确定"按钮，返回"显示"窗口，单击"关闭"按钮，关闭窗口，完成分辨率的调整。

如果还要设置显示器刷新频率，则通过"高级设置"完成。

图 2-26　"显示"窗口

图 2-27　"屏幕分辨率"窗口

2.4.2　自定义任务栏

1. 锁定或解锁任务栏

在任务栏空白处右击，弹出快捷菜单，选择"锁定任务栏"选项，则锁定任务栏。要解锁任务栏，再次选择"锁定任务栏"选项，以清除标记即可。

2．隐藏任务栏

① 在任务栏空白处右击，在弹出的快捷菜单中选择"属性"选项，弹出"任务栏和开始菜单属性"对话框，如图 2-28 所示。

② 选中"自动隐藏任务栏"复选框，取消"锁定任务栏"的选项，然后单击"确定"按钮，完成设置。

图 2-28　"任务栏和开始菜单属性"对话框

3．在任务栏上添加和删除图标

添加程序图标：找到想添加的程序，然后将其程序图标拖曳到任务栏上，这样就完成了添加。

删除程序图标：在任务栏上，右击想删除的程序图标，在弹出的快捷菜单中选择"将此程序从任务栏上解锁"选项，这样就完成了删除。

2.4.3　设置日期和时间

设置日期和时间操作步骤如下：

单击桌面右下角的日期和时间显示范围，然后单击"更改日期和时间设置…"按钮，则弹出"日期和时间"对话框，如图 2-29 所示。单击"更改日期和时间（D）…"按钮，在弹出的"日期和时间设置"对话框中可以修改日期和时间，如图 2-30 所示。用户也可通过控制面板设置日期和时间。

图 2-29　"日期和时间"对话框

图 2-30　"日期和时间设置"对话框

2.4.4　用户账户管理

1. 创建用户账户，其操作步骤如下

（1）通过控制面板进入"用户账户"窗口，如图 2-31 所示，单击"管理其他账户"按钮。

图 2-31　单击"管理其他账户"

（2）进入"选择希望更改的账户"页面，如图 2-32 所示，单击"创建一个新账户"按钮。

图 2-32　单击"创建一个新账户"

（3）进入"命名账户并选择账户类型"页面，输入用户名，选中"标准用户"单选按钮，如图 2-33 所示。

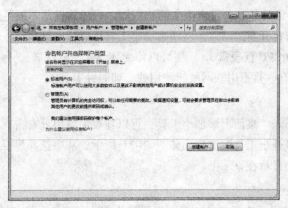

图 2-33　选中"标准用户"单选按钮

（4）单击"创建账户"按钮，这样就创建了一个新的用户账户，如图 2-34 所示。

图 2-34　创建的用户账户

2．设置用户账户

创建好用户账户后还可以对其进行设置，包括更改账户名称、更改账户图标、更改账户类型、创建密码和删除账户等。具体操作步骤是首先打开"管理账户"窗口，然后选择需要操作的账户，如图 2-35 所示，最后可依次完成更改账户名称、更改账户图标、更改账户类型、创建密码和删除账户等，如图 2-36 所示。

图 2-35　选择账户　　　　　　　　　　　图 2-36　更改 JAMESXKB 的账户

2.4.5　管理桌面小工具

Windows 7 桌面小工具是一些可自定义的小程序，它能够显示不断更新的标题、幻灯片图片或联系人等信息，无需打开新的窗口。一些桌面小工具可以让电脑用户查看时间、天气，一些可以了解电脑的情况（如 CPU 仪表盘），一些可以作为摆设（如招财猫）。有些小工具是联网时才能使用的（如天气等），有些是不用联网就能使用的（如时钟等）。

1．添加

如果想要在 Windows 7 桌面上添加小工具，可以在桌面空白处右击，在弹出的快捷菜单中选择"小工具"命令，打开小工具库窗口，如图 2-37 所示，从中选择想要添加的小工具，然后双击，被双击的小工具会显示在桌面上。

2．设置

用户可以根据你的需要来设置小工具，把鼠标拖到小工具上，然后单击像扳手那样的图标，就能进入设置页面，如图 2-38 所示。

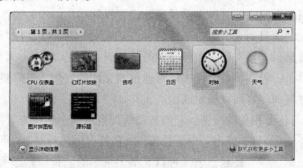

图 2-37　Windows7 桌面小工具库

3. 不透明

如果你觉得某个小工具不经常用但是又不想删掉，那可以更改不透明度。把鼠标移到你想设置不透明度的小工具上，右击，再移动鼠标到"不透明度"，单击你想要的不透明度。不透明度数字有：20%、40%、60%、80%、100%，如图 2-39 所示。

图 2-38　小工具设置页面

图 2-39　设置小工具不透明度

2.5　Windows 7 资源管理

2.5.1　Windows 7 资源管理器

资源管理器是 Windows 7 进行各种文件操作的场所。资源管理器主要由以下七部分组成，如图 2-40 所示。

图 2-40　Windows 7 资源管理器界面

① 地址栏当前文件夹图标代表当前文件夹，单击图标右侧的右三角前头弹出的菜单可定位计算机驱动器、控制面板、网络、文件夹；"库"代表样例层次结构的第 2 层，单击鼠标将显示库文件夹中其他可导航的项目列表，单击某项即可打开该文件夹；"文档"代表样例层次结构的第 3 层，单击右箭头将显示文档文件夹中可导航的项目列表。

②即时搜索框提供了一种在当前文件夹内快速搜索文件的方法，只需要输入文件名的全部或一部分，就会筛选文件夹的内容而仅显示匹配的文件。

③ 任务窗格包含与任务相关的按钮，它的按钮的配置依赖于正在查看的文件夹类型。

④"组织"按钮单击该按钮，弹出一个下拉菜单，在其中可执行基本文件的操作任务，如"剪切"、"复制"、"粘贴"等。还包括一个可以显示子菜单的"布局"选项，选择"菜单栏"选项，可以在任务窗格中显示传统 Windows 资源管理器的菜单；还可以通过切换详细信息面板、预览窗格和导航窗格来配置布局。

⑤"视图"按钮单击该按钮，可以更改文件夹视图。

⑥ 详细信息窗格提供了有关当前文件夹、文件的信息。

⑦ 导航窗格在"收藏夹链接"中提供了访问少量常用文件夹的链接，单击靠下方的"文件夹"，可以打开文件夹列表，从中可以导航计算机中的各目录。

2.5.2　文件、文件夹和库的基本概念

1. 文件

文件是按一定格式建立在外部存储器上的一组相关信息的集合。在计算机中，文本、表格、图片、动画和歌曲等都属于文件。任何一个文件都必须具有文件名，文件按名存取。文件名由主文件名和扩展文件名组成，其格式为："主文件名.扩展文件名"，扩展文件名用以标识文件的类型（通过文件图标也可以看出文件的类型）。常用的扩展文件名如表 2-1 所示。

Windows 7 支持长文件名，最多可用 255 个字符，文件名或文件夹命名中不能使用以下字符："\""/"":""*""?""""""<"">""|"。

表 2-1　常用扩展文件名

扩展文件名	文件类型	扩展文件名	文件类型
.exe	可执行文件	.docx	Word 文档文件
.com	命令文件	.bmp	位图文件
.txt	文本文件	.drv	设备驱动程序文件
.sys	系统文件	.html	超文本标记语言文件
.bat	批处理文件	.rtf	丰富文本格式文件
.xlsx	Excel 工作簿文件	.rar	WinRAR 压缩文件
.pptx	PowerPoint 演示文稿文件	.wav	声音文件
.ini	系统配置文件	.avi	影像文件
.mpg	mpg 格式影片文件	.wps	Wps 文件
.bak	备份文件	.hlp	帮助文件
.jpg	图像文件	.mp3	声音文件

2．文件夹

文件夹由文件夹图标和文件夹名称两部分组成。在计算机中，大量的文件分类后保存在不同名称的文件夹中，便于管理和查找。在 Windows 7 中，文件夹图标会根据文件夹中内容的不同而不同。

3．库

在以前版本的 Windows 中，管理文件意味着在不同的文件夹和子文件夹中组织这些文件。在 Windows 7 中，还可以使用库按类型组织和访问文件，而不管其存储位置如何。

库可以收集不同位置的文件，并将其显示为一个集合，而无需从其存储位置移动这些文件。有四个默认库（文档、音乐、图片和视频），但可以新建库用于其他集合。默认情况下，文档、音乐和图片库显示在"开始"菜单上。与"开始"菜单上的其他项目一样，可以添加或删除库，也可以自定义其外观。

库是用于管理文档、音乐、图片和其他文件的位置。可以使用与在文件夹中浏览文件相同的方式浏览文件，也可以查看按属性（如日期、类型和作者）排列的文件。在某些方面，库类似于文件夹。例如，打开库时将看到一个或多个文件。但与文件夹不同的是，库可以收集存储在多个位置中的文件，这是一个细微但重要的差异。库实际上不存储项目，它们监视包含项目的文件夹，并允许您以不同的方式访问和排列这些项目。例如，如果在硬盘和外部驱动器上的文件夹中有音乐文件，则可以使用音乐库同时访问所有音乐文件。

4．通配符

Windows 7 系统规定了两个通配符，即问号"？"和星号"*"。当用户查找文件或文件夹时，可以用它来代替一个或多个字符。通配符"？"代替任意一个字符，通配符"*"代替任意一串字符。例如 A?.DOCX 表示主文件名第一个字符为 A，第二个为任意字符，扩展名为 DOCX 的文件，如 A1.DOCX、AB.DOCX、AA.DOCX 等。又如*.DOCX 表示扩展名为 DOCX 的所有文件。

5．路径

路径是指找到所需文件或文件夹所经过的一条途径。要使用某一个文件或文件夹，应告诉文件或文件夹所在的驱动器（即盘符）、路径和文件名或文件夹名。驱动器由盘符和冒号构成，如 C: 表示 C 盘。对于每一个文件，其完整的文件名由 4 部分组成，其形式为：[D:][Path]filename[.ext]，其中 D: 表示驱动器，Path 表示路径，filename 表示主文件名，ext 表示扩展文件名，[]表示其内的项目可根据实际需要省略。

2.5.3　文件和文件夹的基本操作

1．选择文件或文件夹

对文件或文件夹进行任何操作前，必须先选择需要操作的文件或文件夹。

① 选择单个文件或文件夹：只需要单击某个文件或文件夹图标即可，被选择后的文件或文件夹呈浅蓝色状态。

② 选择多个连续的文件或文件夹：首先单击所要选择的第一个文件或文件夹，然后按住【Shift】键不放，再单击最后一个文件或文件夹。或在窗口空白处按住鼠标左键不放并拖曳鼠标光标，这时会拖出一个浅蓝色的矩形框，可通过该矩形框选需要选择的文件或文件夹。

③ 选择不连续的多个文件或文件夹：单击所要选择的第一个文件或文件夹，然后按住【Ctrl】键不放，再分别单击要选择的其他文件或文件夹。

④ 选择所有文件或文件夹：直接使用【Ctrl+A】组合键或单击"组织"按钮，在弹出的菜单中选择"全选"选项。

⑤ 反选文件或文件夹：可以先选择几个不需要的文件或文件夹，然后按下 Alt 键，调出菜单，再选"编辑"菜单中的"反向选择"命令进行操作。

⑥ 用复选框选择文件：Windows 7 为同时选择多个文件或文件夹提供了一个新选择——复选框。其操作步骤如下：

打开资源管理器，单击"工具"菜单中的"文件夹选项"命令。在弹出"文件夹选项"对话框中单击"查看"选项卡，在"高级设置"下拉列表框中选中"使用复选框以选择项"复选框，单击"确定"按钮完成设置。这时将鼠标移动到需要选择的文件的上方，文件的前边就会出现一个复选框，单击该复选框，文件就会被选中。如图 2-41 所示。

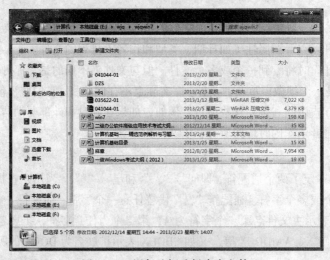

图 2-41　用复选框选择多个文件

2. 重命名文件或文件夹

有如下四种方法：

① 先在资源管理器选择需要重命名的文件或文件夹，然后单击"组织"按钮中的"重命名"命令或"文件"菜单中的"重命名"命令。

② 右击选择的文件或文件夹，在弹出的菜单中选择"重命名"命令。

③ 单击两次文件或文件夹的名称。

④ 按键盘上的【F2】快捷键。

使用以上操作后，文件名的文字处于选中状态，同时出现闪烁的光标，输入新名称后，按回车键即可完成重命名操作。

注意： 文件的扩展名不要随便修改，修改文件扩展名可能会导致该文件不可使用。如果确定需要修改文件扩展名，则首先应单击资源管理器"工具"菜单中的"文件夹选项"命令，再单击"查看"选项卡，在"高级设置中"去掉"隐藏已知文件类型的扩展名"前面的勾选，如图 2-42 所示。然后再进行重命名。

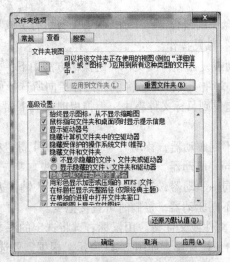

图 2-42　"文件夹选项"对话框

3. 认识"剪贴板"

"剪贴板"是从一个地方复制或移动并打算在其他地方使用的信息的临时存储区域。可以选择文本或图形，然后使用"剪切"或"复制"命令将所选内容移至剪贴板，在使用"粘贴"命令将该内容插入到其他地方之前，它会一直存储在剪贴板中。大多数 Windows 程序中都可以使用剪贴板。"剪贴板"上的内容可以多次粘贴，既可在同一文件中多处粘贴，也可以在不同目标中，甚至是不同应用程序创建的文档中粘贴。通过它可以实现 Windows 环境下运行的应用程序之间的信息交换。

（1）把选定信息复制到"剪贴板"

在资源管理器中选择要复制的对象后，单击"编辑"菜单中的"复制"或"剪切"命令。"复制"是将选定的内容放到"剪贴板"，原位置内容不变。"剪切"是将选定的内容移动到"剪贴板"，原位置内容删除。

（2）将整个屏幕或当前窗口画面复制到"剪贴板"

按键盘上的【PrintScreen】键，则复制整个屏幕的图像到"剪贴板"中。按【Alt+Print Screen】组合键，则复制当前活动窗口的图像到"剪贴板"中。

（3）从"剪贴板"中粘贴信息

将光标定位到要放置的位置上，单击"编辑"菜单中的"粘贴"命令。

"复制""剪切"和"粘贴"命令都有对应的快捷键，分别是【Ctrl+C】组合键、【Ctrl+X】组合键和【Ctrl+V】组合键。

4. 移动或复制文件或文件夹

移动或复制文件或文件夹有两种方法，一种是用命令的方法；另一种是用鼠标直接拖曳的方法。

（1）用命令方式移动或复制文件或文件夹的操作方法如下：

① 选择需要移动或复制的文件或文件夹。将选定的文件或文件夹剪切（移动时）或复制（复制时）到剪贴板，可按下面几种方法操作：

a. 单击"组织"按钮中的"剪切"命令或"复制"命令或单击编辑"菜单中的"剪切"命令或"复制"命令。

b. 在选定文件或文件夹图标上右击，在弹出的快捷菜单中选择"剪切"或"复制"命令。

c. 使用快捷键，按下键盘上的组合键：【Ctrl+X】（剪切时）或【Ctrl+C】（复制时）。

② 选择目标文件夹，执行粘贴操作。

（2）拖曳鼠标的方法移动或复制文件或文件夹的操作方法如下：

① 选择要移动或复制的文件或文件夹。将鼠标指针指向所选择的文件或文件夹，按住鼠标左键将选定的文件或文件夹拖曳到目标文件夹中，但拖曳时要视下面四种目标位置的不同情况进行不同的操作：

a. 目标位置与源位置为不同驱动器，移动时要按住【Shift】键进行拖曳。

b. 目标位置与源位置为同一驱动器，移动时可以直接拖曳。

c. 目标位置与源位置为同一驱动器，复制时要按住【Ctrl】键再进行拖曳。

d. 目标位置与源位置为不同驱动器，复制时可直接拖曳。

② 选择要移动或复制的文件或文件夹。用鼠标右键将选定的源文件或源文件夹拖动到目标文件夹后，释放鼠标，则弹出快捷菜单，如图 2-43 所示。根据需要选择 "复制到当前位置"或"移动到当前位置"操作。

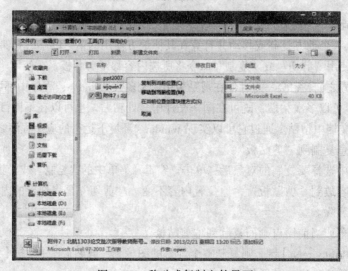

图 2-43　移动或复制文件界面

5. 新建文件夹

在新建文件夹之前，应先确定它的位置，即路径。新建文件夹的操作方法如下：

① 单击资源管理器"文件"菜单中的"新建"→"文件夹"按钮。

② 单击鼠标右键，在弹出的快捷菜单中，选择"新建"→"文件夹"按钮。

6. 删除文件或文件夹

删除文件或文件夹一般是将文件或文件夹放入回收站，也可以直接删除。放入回收站的文件或文件夹根据需要还可以恢复。删除文件或文件夹的方法有多种。

① 单击资源管理器 "文件"菜单中的"删除"命令。

② 右击所选文件或文件夹，在弹出的快捷菜单中，选择"删除"。

③ 按键盘上的【Delete】键。

④ 直接将选定的文件或文件夹，拖到回收站。

注意：如果按住【Shift】键的同时做删除，文件或文件夹将从计算机中直接删除，而不存放到回收站。这样删除后的文件或文件夹，就不能恢复了。

7. 发送文件或文件夹

在 Windows 7 中还可以通过"发送到"功能，直接把文件或文件夹发送到"移动盘""邮件收件人""桌面快捷方式"等，其操作方法如下：

① 选中要发送的文件或文件夹，单击"文件"菜单中的"发送到"按钮，在下级菜单中选择相应的目标项。

② 右击要发送的文件或文件夹，从弹出的快捷菜单中选择"发送到"按钮，在下级菜单中选择相应的目标项。

8. 设置文件或文件夹属性

在要设置属性的文件或文件夹上单击鼠标右键，在弹出的快捷菜单中选择"属性"命令，弹出"属性"对话框，在"常规"选项卡的"属性"栏中就可设置其属性，主要包括"只读"和"隐藏"属性，如图 2-44 所示。

只读：该文件或文件夹只能打开并阅读其内容，但不能修改其内容。

隐藏：设置隐藏属性后的文件或文件夹将被隐藏起来，打开其所在窗口不会被看见，但可通过其他设置显示隐藏的文件或文件夹。

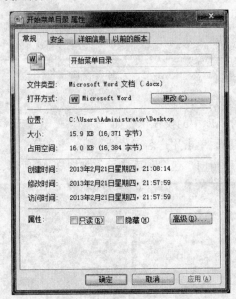

图 2-44　"文件属性"对话框

9. 搜索文件或文件夹

在 Windows 7 每个文件夹中，右上角都会出现搜索框。在搜索框中输入查找对象时，Windows 7 会根据输入的内容进行筛选。一般情况下只需输入文件名的一部分就可以快速找到要查找的内容。

如果用户知道要查找的文件存储在某个文件夹时，可通过 Windows 7 资源管理器提供的搜索功能，先选定这个文件夹，然后输入文件名的一部分快速查找指定文件，以提高工作效率。

2.5.4　库的基本操作

1．创建新库

创建新库的操作步骤如下：

① 单击"开始"按钮，单击用户名（这样将打开个人文件夹），然后单击左窗格中的"库"。

② 在"库"中的工具栏上，单击"新建库"。

③ 输入库的名称，然后按回车键确认，如图 2-45 所示。

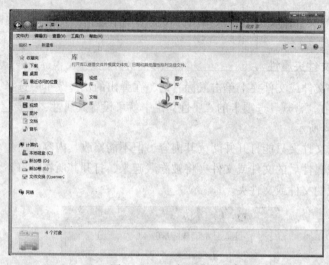

图 2-45　"库"窗口

2．将计算机上的文件夹包含到库中

将计算机上的文件夹包含到库中的操作步骤如下：

① 单击"开始"按钮，然后单击用户名。

② 右击要包含的文件夹，指向"包含到库中"，如图 2-46 所示，然后单击库。

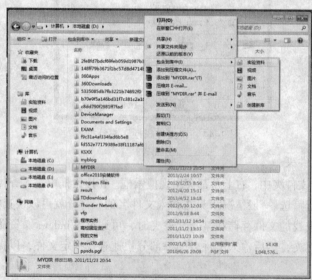

图 2-46　添加文件夹到"库"中

3. 将外部硬盘驱动器上的文件夹包含到库中

将外部硬盘驱动器上的文件夹包含到库中的操作步骤如下：

① 打开"Windows 资源管理器"，在导航窗格（左窗格）中，单击"计算机"，然后导航到要包含的外部硬盘驱动器上的文件夹。

② 右击该文件夹，指向"包含到库中"，然后单击库。

注意：无法将可移动媒体设备（如 CD 和 DVD）和某些 USB 闪存驱动器上的文件夹包含到库中。

4. 将网络文件夹包含到库中

将网络文件夹包含到库中的操作步骤如下：

① 打开"Windows 资源管理器"，在导航窗格（左窗格）中，单击"网络"，然后导航到要包含的网络上的文件夹。或者单击地址栏左侧的图标，输入网络的路径，按回车键，然后导航到要包含的文件夹。

② 右击该文件夹，指向"包含到库中"，然后单击库。

注意：如果未看到"包含到库中"选项，则意味着网络文件夹未加索引或在脱机时不可用。

5. 从库中删除文件夹

从库中删除文件夹的操作步骤如下：

① 打开"Windows 资源管理器"，在导航窗格（左窗格）中，单击要从中删除文件夹的库。

② 在库窗格（文件列表上方）中，在"包括"旁边，单击"位置"，如图 2-47 所示。

③ 在显示的对话框中，单击要删除的文件夹，如图 2-48 所示，单击"删除"选项，然后单击"确定"按钮。

图 2-47　库中文件夹位置窗口

图 2-48　"库位置"对话框

2.6　Windows 7 常用附件

2.6.1　便笺

便笺是 Windows 7 新添加的功能，它具有备忘录和记事本的特点。它的主要优点是方便使用者随手记录信息，也可以改变颜色，获得相应的提醒。

启动便笺的主要方法是选择"开始"→"所有程序"→"附件"→便笺"命令，如图 2-49 所示。单击便笺中间的空白区域即可输入信息，也可删除便笺，如图 2-50 所示。

图 2-49　便笺界面

图 2-50　确定是否关闭便笺

2.6.2　记事本

记事本是一个基本的文本编辑程序，最常用于查看或编辑文本文件。文本文件是通常由.txt 文件扩展名标识的文件类型。启动记事本的主要方法是选择"开始"→"所有程序"→"附件"→"记事本"命令。记事本程序窗口如图 2-51 所示。

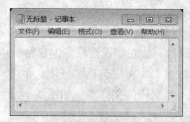

图 2-51　记事本窗口

2.6.3　写字板

写字板是一个可用来创建和编辑文档的文本编辑程序。与记事本不同，写字板文档可以包括复杂的格式和图形，并且可以在写字板内链接或嵌入对象（如图片或其他文档）。启动写字板的主要方法是选择"开始"→"所有程序"→"附件"→"写字板"命令。写字板程序窗口如图 2-52 所示。

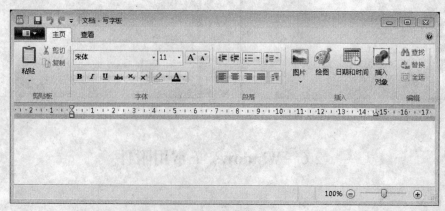

图 2-52　写字板窗口

2.6.4 画图程序

Windows 7 中除了能对文字进行编辑外，还能绘制图形图像并对其编辑。画图程序是 Windows 7 自带的集图形绘制与编辑功能于一身的软件。启动画图程序的主要方法是选择"开始"→"所有程序"→"附件"→"画图"命令。画图程序窗口如图 2-53 所示。

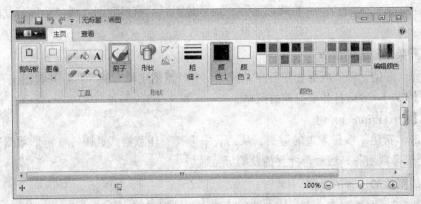

图 2-53　画图程序界面

2.6.5 计算器

Windows 7 中的计算器包括标准型、科学型、程序员和统计信息等四种模式，用户可以使用计算器进行如加、减、乘、除这样简单的运算。计算器还提供了编程计算器、科学型计算器和统计信息计算器的高级功能。打开计算器的主要方法是选择"开始""所有程序"→"附件"→"计算器"命令。计算器程序窗口如图 2-54 所示，切换到科学型计算器程序窗口如图 2-55 所示。

图 2-54　标准型计算器

图 2-55　科学型计算器

2.6.6 截图工具

截图工具是 Windows 7 新增的程序，它可以将 Windows 7 中的图像截取下来并保存为图片文件。捕获截图后，会自动将其复制到剪贴板和标记窗口。可在标记窗口中添加注释、保存或共享该截图。Windows 7 截图工具可以捕获以下任何类型的截图：

① 任意格式截图：围绕对象绘制任意格式的形状。

② 矩形截图：在对象的周围拖动光标构成一个矩形。

③ 窗口截图：选择一个窗口，例如希望捕获的浏览器窗口或对话框。

④ 全屏幕截图：捕获整个屏幕。

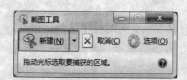

图 2-56　截图工具窗口

1．捕获截图的步骤

① 单击"开始"→"所有程序"→"附件"→"截图工具"按钮，打开截图工具窗口，如图 2-56 所示。

② 单击"新建"按钮旁边的箭头按钮，从列表中选择"任意格式截图""矩形截图""窗口截图"或"全屏幕截图"，然后选择要捕获的屏幕区域。

2．捕获菜单截图的步骤

① 选择"开始"→"所有程序"→"附件"→"截图工具"命令，打开截图工具窗口。

② 按【Esc】，然后打开要捕获的菜单。

③ 按【Ctrl+PrintScreen】。

④ 单击"新建"按钮旁边的箭头，从列表中选择"任意格式截图""矩形截图""窗口截图"或"全屏幕截图"，然后选择要捕获的屏幕区域。

3．给截图添加注释的步骤

捕获截图后，在标记窗口中执行在截图上或围绕截图书写或绘图操作可以给截图添加注释。

4．保存截图的步骤

捕获截图后，在标记窗口中单击"保存截图"按钮。在弹出的"另存为"对话框中输入截图的名称，选择保存截图的位置，然后单击"保存"按钮。

5．共享截图的步骤

捕获截图后，单击"发送截图"按钮上的箭头，然后从列表中选择一个选项可以共享截图。

习　题

一、填空题

1．操作系统的主要功能是处理器管理、作业管理、存储器管理、设备管理和_____。

2．操作系统（Operating System，OS）是方便用户、管理和控制计算机软硬件资源的_____。

3．在 Windows 7 中，要将整个屏幕作为一个图片复制到剪贴板，应该使用_____键。

4．Windows 7 排列窗口的命令有_____、_____和并排显示窗口。

5．为了减少文件传送时间和节省磁盘空间，可使用 WinRAR 软件对文件进行_____操作。

二、单项选择题

1．下列（　　）操作系统不是微软公司开发的操作系统。

　　A．Windows server 2012　　　　　　B．Windows 7

　　C．Linux　　　　　　　　　　　　　D．Windows XP

2．Windows 7 目前有（　　）版本。

　　A．3　　　　　　B．4　　　　　　C．5　　　　　　D．6

3．在 Windows 7 操作系统中，显示桌面的快捷键是（　　）。

　　A．【Win+D】　　　　　　　　　　B．【Win+P】

　　C．【Win+Tab】　　　　　　　　　D．【Win+Tab】

4. 通常，Windows 7 刚刚安装完毕后，桌面上只有（　　）项。

    A. 回收站　　　　　B. 计算机　　　　　C. 网络　　　　　D. 控制面板

5. 文件的类型可以根据（　　）来识别。

    A. 文件的用途　　　　　　　　　　B. 文件的大小

    C. 文件的存放位置　　　　　　　　D. 文件的扩展名

6. 在 Windows 7 中，当某个应用程序不能正常关闭时，可以（　　），在出现的窗口中选择"任务管理器"，以结束不响应的应用程序。

    A. 切断计算机主机电源　　　　　　B. 按【Alt+F10】组合键

    C. 按【Alt+Ctrl+Del】组合键　　　　D. 按【Power】键

7. 下列（　　）设置不是 Windows 7 中的个性化设置。

    A. 回收站　　　　　B. 桌面背景　　　　C. 窗口颜色　　　　D. 声音

8. 在 Windows 7 中，关于剪贴板，不正确的描述是（　　）。

    A. 剪贴板是内存中的一块临时存储区域

    B. 存放在剪贴板中的内容一旦关机，将不能保留

    C. 剪贴板是硬盘的一部分

    D. 剪贴板中存放的内容可以被不同的应用程序使用

9. 在 Windows 7 中，粘贴命令的快捷组合键是（　　）。

    A.【Ctrl+C】　　　B.【Ctrl+X】　　　C.【Ctrl+A】　　　D.【Ctrl+V】

10. 在 Windows 7 中，关于文件名，不正确的描述是（　　）。

    A. 在同一磁盘中，允许文件名完全相同的文件存在

    B. 在同一个文件夹中，允许文件名完全相同的文件存在

    C. 在根目录中，不允许文件名完全相同的文件存在

    D. 在同一个文件夹中，不允许文件名完全相同的文件存在

11. 下列不属于文件的属性是（　　）。

    A. 只读　　　　　　B. 隐藏　　　　　C. 存档　　　　　D. 只写

12. 在回收站上右击，不会出现的是（　　）。

    A. 清空回收站　　　B. 重命名　　　　C. 资源管理器　　　D. 打开

13. 彻底删除文件或文件夹的快捷组合键是（　　）。

    A.【Shift+Esc】　　　　　　　　　B.【Shift+Delete】

    C.【Ctrl+Delete】　　　　　　　　D.【Alt+Delete】

14. 在 Windows 7 中搜索文件时，如果输入 Z*.*，表示（　　）。

    A. 搜索所有文件

    B. 搜索扩展名为 Z 的所有文件

    C. 搜索主文件名为 Z 的所有文件

    D. 搜索主文件名第一个字符为 Z 的所有文件

15. Windows 7 中的用户账户 Guest（　　）。

    A. 是来宾账户　　　　　　　　　　B. 是受限账户

    C. 是无密码账户　　　　　　　　　D. 是管理员账户

16. 在 Windows 7 操作系统中，同一时刻（   ）。
    A. 只能有一个打开的窗口
    B. 可以有多个活动窗口
    C. DOS 应用程序窗口与 Windows 7 应用程序窗口不能同时打开着
    D. 可以有多个程序运行，但只有一个活动窗口

17. 关于任务栏，下列描述不正确的是（   ）。
    A. 可以改变其高度   B. 可以移动其位置
    C. 可以改变其长度   D. 可以将其隐藏

18. Windows 7 启动后，屏幕上显示的画面叫做（   ）。
    A. 桌面   B. 对话框   C. 工作区   D. 窗口

19. 下列关于"回收站"的叙述中，错误的是（   ）。
    A. "回收站"可以暂时或永久存放硬盘上被删除的信息
    B. 放入"回收站"的信息可以被恢复
    C. "回收站"所占据的空间是可以调整的
    D. "回收站"可以存放软盘或 U 盘上被删除的信息

20. 下列选项中，属于压缩软件的是（   ）。
    A. WinRAR   B. FlashGet   C. Adobe Reader   D. 360 杀毒软件

第 3 章　Word 2010 文字处理软件

Word 是由美国微软公司（Microsoft）开发的一个字处理软件，它和其他几个软件（Excel、PowerPoint、Outlook 和 Access 等）一起组成一个办公系列套件，即 Office。

Word 强大的交互式用户界面使得其操作简单、直观、快捷。许多操作都简化到了只要点一下鼠标按钮即可完成。Word 还提供了多种专用工具栏、快捷键及快捷菜单，许多命令可以有多种方法来实现。利用它，可以方便地编辑出图文并茂的一篇文章、一张报纸、一本书和发送电子邮件，编辑和处理国际互联网（Internet）上的主页等。

Microsoft Office 2010 是目前微软公司推出的最新的 Office 系列软件，是办公处理软件的代表产品。它不仅在功能上进行了优化，还增添了许多更实用的功能，且安全性和稳定性更得到了巩固。

Word 2010 是 Office 2010 系列办公组件之一，是目前世界上最流行的文字编辑软件。集文字录入、编辑、排版、打印于一身，屏幕上所显示出来的文档格式与打印效果一致，是真正的所见即所得。它强大的功能可以帮助用户创建高质量的文档，轻松实现协作并且随时随地访问自己的文件。Word 2010 还为用户提供最优秀的文档排版工具，并帮助用户更有效地组织和编写文档。用户使用 Word 2010 可以编排出精美的文档，方便地编辑和发送电子邮件，编辑和处理网页等。

Word 2010 不仅能处理文字，而且可以处理表格、图形、数学公式等；可以进行页面设置，而且可以在同一页面实现图文混排及多种分栏并存。Word 2010 与以前的版本相比较，界面更友好、更合理，功能更强大，为用户提供了一个智能化的工作环境。

3.1　文档的基本操作

本节主要介绍 Word 2010 的特点和基本操作，如打开、关闭、新建、保存等内容，为进一步使用 word 的高级功能打下基础。

3.1.1　Word 2010 特点与新增功能

Word 2010 是续 Word 2003、Word 2007 后的又一产品，其全新的功能开创了一个全新的办公空间。

1. Word 2010 的特点

（1）发现改进的搜索和导航体验

利用 Word 2010，可更加便捷地查找信息。现在，利用新增的改进查找体验，用户可以按照图形、表、脚注和注释来查找内容。改进的导航窗格为用户提供了文档的直观表现形式，可以对所需内容进行快速浏览、排序和查找。

（2）与他人同步工作

Word 2010 重新定义了人们一起处理某个文档的方式。利用共同创作功能，用户可以编辑论文，同时与他人分享用户的思想观点。对于企业和组织来说，与 Office Communicator 的集成，使用户能够查看与其一起编写文档的某个人是否空闲，并在不离开 Word 的情况下轻松启动会话。

（3）几乎可从在任何地点访问和共享文档

联机发布文档，然后通过计算机或基于 Windows Mobile 的 Smartphone 在任何地方访问、查看和编辑这些文档。通过 Word 2010，用户可以在多个地点和多种设备上获得一流的文档体验。当在办公室、住址或学校之外通过 Web 浏览器编辑文档时，不会削弱用户已经习惯的高质量查看体验。

（4）向文本添加视觉效果

利用 Word 2010，用户可以向文本应用图像效果（如阴影、凹凸、发光和映像）。用户也可以向文本应用格式设置，以便与用户的图像实现无缝混和。操作起来快速、轻松，只需单击几次鼠标即可。

（5）将用户的文本转化为引人注目的图表

利用 Word 2010 提供的更多选项，用户可将视觉效果添加到文档中。用户可以从新增的 SmartArt™ 图形中选择，以在数分钟内构建令人印象深刻的图表。SmartArt 中的图形功能同样也可以将点句列出的文本转换为引人注目的视觉图形，以便更好地展示用户的创意。

（6）向文档加入视觉效果

利用 Word 2010 中新增的图片编辑工具，无需其他照片编辑软件，即可插入、剪裁和添加图片特效。用户也可以更改颜色饱和度、色温、亮度以及对比度，以轻松将简单文档转化为艺术作品。

（7）恢复用户认为已丢失的工作

用户是否曾经在某文档中工作一段时间后，不小心关闭了文档却没有保存？没关系。Word 2010 可以让用户像打开任何文件一样恢复最近编辑的草稿，即使用户没有保存该文档。

（8）跨越沟通障碍

利用 Word 2010，用户可以轻松跨不同语言沟通交流。翻译单词、词组或文档。可针对屏幕提示、帮助内容和显示内容分别进行不同的语言设置。用户甚至可以将完整的文档发送到网站进行并行翻译。

（9）将屏幕快照插入到文档中

插入屏幕快照，以便快捷捕获可视图示，并将其合并到用户的工作中。当跨文档重用屏幕快照时，利用"粘贴预览"功能，可在放入所添加内容之前查看其外观。

（10）利用增强的用户体验完成更多工作

Word 2010 简化了用户使用功能的方式。新增的 Microsoft Office Backstage™ 视图替换了传统文件菜单，用户只需单击几次鼠标，即可保存、共享、打印和发布文档。利用改进的功能区，用户可以快速访问常用的命令，并创建自定义选项卡，将体验个性化为符合用户的工作风格需要。

2. Word 2010 的新增功能

（1）Word 2010 中使用功能区查找所需命令

选项卡都是按面向任务型设计的，每个选项卡中，都是通过组将一个任务分解为多个子任务，每个组中的命令按钮都执行一个命令或显示一个命令菜单。

（2）Word 2010 中使用新的"文档导航"窗格和"搜索"功能浏览长文档

在 Word2010 中，可以在长文档中快速导航，还可以通过拖放标题而非复制和粘贴来方便地重新组织文档。您可以使用增量搜索来查找内容，即使并不确切了解所要查找的内容也能进行查找。

（3）Word 2010 使用 OpenType 功能微调文本

Word 2010 提供了对高级文本格式设置功能的支持，包括一系列连字设置以及选择样式集和数字形式。可以将这些新增功能用于多种 OpenType 字体，实现更高级别的版式润色。

（4）点几下鼠标 Word 2010，即可添加预设格式的元素

通过 Word 2010，您可以使用构建基块将预设格式的内容添加到文档中。通过构建基块还可以重复使用常用的内容，帮助您节省时间。

（5）利用 Word 2010 极富视觉冲击力的图形更有效地进行沟通

新的图表和绘图功能包含三维形状、透明度、投影以及其他效果。

（6）向图像添加艺术效果

Word 2010 可以向图片应用复杂的"艺术"效果，使图片看起来更像草图、绘图或油画。这可以轻松地优化图像，而无需使用其他照片编辑程序。

（7）即时对文档应用新的外观

可以使用样式对文档中的重要元素快速设置格式，例如标题和子标题。样式是一组格式特征，例如字体名称、字号、颜色、段落对齐方式和间距。使用样式来应用格式设置时，在长文档中更改格式设置会变得更为容易。例如，只需更改单个标题样式而无需更改文档中每个标题的格式设置。

（8）添加数学公式

在 Word 2010 中向文档插入数学符号和公式非常方便。只需转到"插入"选项卡，然后单击"公式"按钮，即可在内置公式库中进行选择，使用"公式工具"上下文菜单可以编辑公式。

（9）轻松避免拼写错误

在编写让其他人查看的文档时，拼写检查器的新功能可以轻松避免拼写错误。

（10）在任意设备上使用 Word 2010

借助 Word 2010 可以根据需要在任意设备上使用熟悉的 Word 强大功能。可以从浏览器和移动电话查看、导航和编辑 Word 文档，而不会减少文档的丰富格式。

3.1.2　Word 2010 概述

Word 2010 软件主要用于文字处理方面的工作，可以用于制作通知、信函、广告、小报、论文等。

1. 启动 Word 2010

常用 Word 2010 启动方法有三种：

① 桌面上"开始"按钮中的"所有程序"，选择"Microsoft Office 2010"下的"Microsoft Word 2010"命令。

② 双击桌面上的 Word 快捷图标。

如果没有 Word 2010 快捷图标，可以新建 Word 2010 快捷图标。方法是单击桌面上"开始"

按钮中的"所有程序"选项，在"Microsoft Office 2010"下拉列表中选择"Microsoft Word 2010"命令，右击，在弹出的快捷菜单中单击"发送到"按钮，最后单击下拉列表中"桌面快捷方式"。

③ 通过打开已有的 Word 2010 文件，启动 Word 2010。

2. 熟悉 Word 2010 工作界面

打开 Word 2010 软件，用户看到一个文档窗口，如图 3-1 所示。文档窗口中主要有标题栏、快速访问工具栏、选项卡、选项组、文档编辑区、状态栏等。

（1）标题栏

位于窗口最上边一栏，左侧是快速访问工具栏，中间是标题，右侧是窗口控制按钮。

（2）快速访问工具栏

包含一组常用命令按钮，位于标题栏左侧，它是可自定义的工具栏，若要向快速启动工具栏添加命令按钮，右击某个按钮，选择快捷菜单"添加到快速启动工具栏"选项，在快速启动工具栏上将出现该按钮。这样，用户使用该按钮将更加方便快捷。

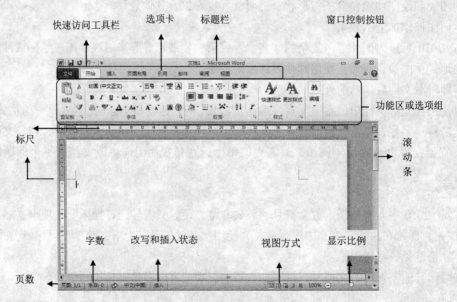

图 3-1　Word 2010 工作界面

（3）选项卡

Word 2010 中所有的命令以按钮的形式放在选项卡下，点击选项卡上的功能区按钮就可以执行相关的命令按钮。在 Word 2010 中包括文件、开始、插入、页面布局、引用、邮件、审阅和视图八大选项卡。

① "文件"选项卡：主要实现保存、另存为、打开、关闭、打印、新建文档、帮助等功能。

② "开始"选项卡：由剪切板、字体、段落、样式和编辑等选项组组成，主要用于文字编辑和字体和段落格式设置。

③ "插入"选项卡：由页、表格、插图、链接、页眉和页脚、文本以及符号等选项组组成，主要用于在文档中插入图、表格、页眉页脚等元素。

④ "页面布局"选项卡：由主题、页面设置、稿纸、页面背景、段落和排列等选项组组成，主要用于设置页面布局和打印设置等。

⑤ "引用"选项卡：由目录、脚注、引文与书目、题注、索引以及引文目录等选项组组成，主要用于插入目录、题注、脚注、尾注等高级应用。

⑥ "邮件"选项卡：由创建、开始邮件合并、编写和插入域、预览结果以及完成等选项组组成，主要用于邮件合并等操作。

⑦ "审阅"选项卡：由校对、语言、中文简繁转换、批注、修订、更改、比较和保护等选项组组成，主要用于文档的修订和校对方面的操作。

⑧ "视图"选项卡：由文档视图、显示、显示比例、窗口和宏等选项组组成，主要用于选择文档不同的视图的操作。

（4）选项组

在选项卡的功能区中，所有命令按钮都进行分组称选项组或称组，便于查找各种命令按钮。

（5）文档编辑区

位于窗口中间，用户编写文档的区域。

（6）状态栏

位于窗口最下边一栏，左侧是显示当前页数、总页数、总字数、语言地区、插入方式等，右侧是各种视图的按钮，还有显示比例栏，可以调整缩放比例。

3．退出 Word 2010

退出 Word 2010 可以避免 Word 占用过多的计算机内存空间，影响计算机速度。退出 Word 2010 的方法有五种。

① 选择"文件"选项卡中的"退出"或"关闭"命令。

② 单击窗口右上角的关闭按钮 ⊠ 。

③ 双击标题栏左侧控制菜单的 ◪ 图标。

④ 单击标题栏左侧控制菜单的 ◪ 图标，选其中"关闭"选项。

⑤ 将要关闭的窗口作为当前窗口，按【Alt+F4】组合键。

3.1.3 新建、保存与保护文档

1．新建文档

新建文档有两种，一种是新建空白文档；另一种是根据模板创建文档。

（1）新建空白文档

① 启动 Word 2010，Word 2010 将自动新建空白文档，命名为"文档 1"。

② 选择"文件"选项卡中的"新建"命令，在"可用模板"中单击"空白文档"，然后选右下角的"创建"按钮。如图 3-2 所示。

（2）根据模板创建文档

先选择"文件"选项卡中的"新建"命令，在"可用模板"中单击"样本模板"中间的"黑领结简历"按钮，最后，单击右下角的"创建"按钮。

2．保存文档

文档在编辑的同时要记得随时保存，防止电脑突然故障而丢失数据。文档只有保存，才能在日后使用。

保存新文档的方法有两种：

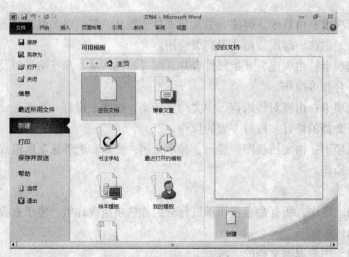

图 3-2　"新建文档"窗口

① 选择"文件"选项卡下"保存"命令，计算机按原来的文件名保存。

注意：如果当前文档是第一次保存，将出现"另存为"对话框。

② 选择"文件"选项卡下"另存为"命令，将出现"另存为"对话框，如图 3-3 所示。在"另存为"对话框中设置保存位置、文件名、保存类型，最后单击"保存"按钮。这是一种换重命名保存，原来的文档还在，而且内容不变，新内容将保存在新文件名中。

保存文档时，要注意设置好三个参数：保存位置、文件名、保存类型，特别注意文档的默认扩展名是.docx。用户可以把扩展名改为.doc，方法是选择在"另存为"对话框中"保存类型"下拉列表中"Word97-2003 文档"选项。这样，文档可以在 Word 2003 和 Word 97 中打开。

图 3-3　"另存为"对话框

3. 保存已有文档

保存已有文档，有四种方法：

① 单击"快速访问工具栏"中的"保存"按钮 。

② 单击"文件"选项卡下的"保存"按钮。

③ 按键盘组合键【Ctrl+S】。

④ 按键盘组合键【Shift+F12】。

4．自动保存文档

"自定义保存文档方式"可以设置文档默认文件位置，文档保存格式，文档保存间隔时间等信息。方法是先单击"文件"选项卡下"选项"按钮。这时，窗口右侧出现"Word 选项"窗口，选择左侧"保存"选项卡，根据需要进行设置，如"文档保存间隔"设置为 10 分钟，"将文件保存为此格式"设置为.doc 等信息，如图 3-4 所示。

图 3-4　　"Word 选项"窗口

5．保护文档

保护文档就是对文档进行各种保护，可以防止他人查看与修改内容。保护文档共有五种类型。

（1）标记最终状态

"标记为最终状态"指让读者知晓文档是最终版本，并将其设置为只读。如果文档被标记为最终状态，则状态属性将设置为"最终状态"，并且将禁用输入、编辑命令和校对标志。

（2）用密码进行加密

"用密码进行加密"指需要使用密码才能打开此文档。

（3）限制编辑

"限制编辑"指控制其他人可以对此文档所做的更改。用户可以限制对选定的样式设置格式，用户也可以设置在文档中进行如修订、批注等类型编辑；也可以设置不允许任何更改，即只读。

（4）按人员限制权限

"按人员限制权限"指授予用户访问权限，同时限制其编辑、复制和打印能力。

（5）添加数字签名

"添加数字签名"指通过添加不可见的数字签名来确保文档的完整性。

设置"用密码进行加密"的步骤如下：

① 选择"文件"选项卡中"信息"命令。

② 单击"保护文档"下方的下拉按钮，出现"保护文档"下拉列表，如图 3-5 所示。

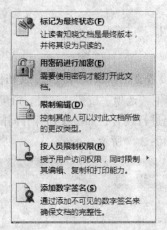

图 3-5　"保护文档"下拉列表

③ 在"保护文档"下拉列表单击"用密码进行加密"按钮。这时，将出现"加密文档"对话框。

④ 在"加密文档"对话框中，输入密码，再单击"确认"按钮，如图 3-6 所示。这时，将出现"确认密码"对话框。

⑤ 在"确认密码"对话框中，输入密码，再单击"确认"按钮，如图 3-7 所示。

注意：如果已设置了密码，而密码被丢失或遗忘，则无法将其恢复。

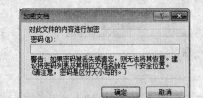

图 3-6　"加密文档"对话框

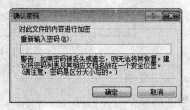

图 3-7　"确认密码"对话框

3.1.4　打开与关闭文档

1．打开文档

打开文档的方法通常有三种方法。

① 双击需要打开的 Word 文档图标。

② 在 Word 窗口中，"文件"选项卡下"打开"命令。

③ 在"文件"选项卡下选择"打开最近使用过的 Word 文档"命令，选择最近使用过的 Word 文档。

如果要求同时打开多个文档，先选"文件"选项卡下"打开"命令，再可用【Shift】键或【Ctrl】键加上鼠标单击，选择多个文件，然后单击"打开"按钮。

2．关闭文档

关闭文档的方法通常有四种方法。

① 单击标题栏中的"关闭"按钮 ▣ 。

② 选择"文件"菜单中的"关闭"命令。

③ 选择控制菜单中的"关闭"命令。

④ 按【Alt+F4】组合键。

3.1.5　输入文本

1．定位光标插入点

在文档编辑区中，有一个闪烁的粗竖线，称光标。可通过移动鼠标并单击，定位光标的位置。

2．输入文本内容

在文档编辑区中，先切换常用的输入法，然后在光标处输入文本内容。当输入完一行，光标自动换到下一行。当输入完一段，按【Enter】键确定一个段落，【Enter】键表示插入一个段落标记，输入满一页将自动分页。

如果要另起一行，而不另起一个段落，可以输入换行符"↓"。输入换行符方法有两种方法。

① 选择"页面布局"选项卡，在"页面设置"组中单击"插入分页符和分节符"按钮，在下拉列表中单击"自动换行符"按钮。

② 按键盘组合键【Shift+Enter】。

3．输入日期和时间

输入日期和时间的方法是选择"插入"选项卡，在"文本"组中单击"日期与时间"按钮。这时，出现"日期与时间"对话框，如图 3-8 所示。在"日期与时间"对话框中，选择"可用格式"中的一种样式，"语言"选择"中文（中国）"，单击"确定"按钮。

4．输入特殊符号

当用户需要使用一些特殊符号，而且符号是键盘上没有的符号如版权符号、商标符号、段落标记以及 Unicode 字符等，用户可以进行特殊符号的插入。

例如输入"⌘"符号，方法是选择"插入"选项卡，在"符号"组中单击"符号"右侧下拉按钮，选择下拉列表中的"其他符号"选项。这时，出现"符号"对话框，如图 3-9 所示。在"符号"对话框中选择"符号"选项卡，单击"⌘"符号，最后单击"插入"按钮。

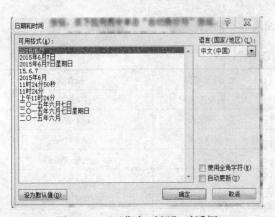

图 3-8　"日期与时间"对话框

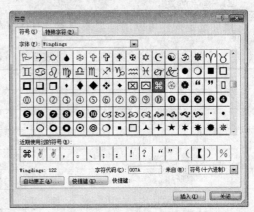

图 3-9　"符号"对话框

输入文本时要注意以下事项：

① 中英文切换可以用【Ctrl+Space】组合键。

② 中英文标点符号切换可以用【Ctrl+.】组合键。

③ 删除字符可以用【Delete】键来删除光标前的字符；用【Backspace】键来删除光标后的字符。

④ 插入和改写的切换可以用【Insert】键完成，观察状态栏上的插入，再按动【Insert】键，观察状态栏上的"插入"改成"改写"。改写状态下输入文字时，将会擦除光标后的文字。

⑤ 为了排版方便，在各行结尾处不要按【Enter】键，当一段结束时，按【Enter】键。

3.1.6   选定文本

在 Word 2010 中经常需要对文本内容进行编辑操作中，在操作前，要记住"先选定，后操作"原则。

1. 鼠标选定

如果选定一个字或词时，鼠标移动到该词上双击即可。或者在该单词的前面按住鼠标左键，然后在该单词上拖动鼠标，也可以选中该词。选中的文本将出现深蓝色的底纹。

如果选定一个行时，鼠标移动到窗口左侧选定区时，光标将变成向右箭头，然后在选定区中单击此行，表示选定一行。如果双击该段落任意行，可以选定一段；如果三击任一行，可以选定整个文档。具体操作如表 3-1 所示。

表 3-1　鼠标选定操作表

选择内容	操作方法	选择内容	操作方法
任意数量的文字	拖动这些文字	一个段落	在选定区，双击该段中的任意一行
一个单词	双击该单词	整篇文档	在选定区，三击任意一行
一个句子	按住 Ctrl 键，单击该句的任何位置	连续区域文字	单击开始处，然后按住 Shift 键，单击所选内容的结束处
一行文字	在选定区，单击该一行	不连续区域文字	单击开始处，然后按住 Ctrl 键，拖动鼠标
多行文字	在选定区，单击首行，向下拖动鼠标	不连续区域文字	按住 Alt 键，拖动鼠标

2. 键盘选定

鼠标选定操作可以用键盘来完成。具体操作如表 3-2 所示。

表 3-2　键盘选定操作表

选定范围	操作键	选定范围	操作键
右侧一个字符	Shift+→	到段落末尾	Ctrl+Shift+↓
左侧一个字符	Shift+←	到段落开头	Ctrl+Shift+↑
光标前一个单词	Ctrl+Shift+→	下一屏	Shift+Pgdn
光标后一个单词	Ctrl+Shift+←	上一屏	Shift+Pgup
到行末	Shift+End	到文档末尾	Ctrl+Shift+End
到行首	Shift+Home	到文档开头	Ctrl+Shift+Home
下一行	Shift+↓	整个文档	Ctrl+A
上一行	Shift+↑		

3.1.7　编辑文本

选定文本后，用户就使用"开始"选项卡或者快捷键来进行"移动""复制""粘贴"和"删除"等操作。

1. 移动文本

移动文本可以把文本从一个位置调整到另一个位置。移动文本通常有三种方法。

① 先选定文本后，单击"开始"按钮，在"剪贴板"组中单击"剪切"按钮，然后在适当位置单击"剪贴板"组中的"粘贴"按钮。

② 先选定文本后，按鼠标右键出现快捷菜单，单击"剪切"按钮，然后在适当位置按鼠标右键，出现快捷菜单，单击"粘贴"按钮。

③ 先选定文本后，按【Ctrl+X】组合键，然后在适当位置按【Ctrl+V】组合键。

2. 复制文本

复制文本可以创建重复出现的文本，提高工作效率。复制文本通常有三种方法。

① 先选定文本后，单击"开始"按钮，在"剪贴板"组中单击"复制"按钮，然后在适当位置单击"剪贴板"组中的"粘贴"按钮。

② 先选定文本后，按鼠标右键出现快捷菜单，单击"复制"按钮，然后在适当位置按鼠标右键，出现快捷菜单，单击"粘贴"按钮。

③ 先选定文本后，按【Ctrl+C】组合键，然后在适当位置按【Ctrl+V】组合键。

移动文本和复制文本是有区别的，主要区别是移动文本，指原来位置上的文本没有了，被移到新的位置上。复制文本，指原来位置上的文本还在，被复制一份到新的位置上。

3. 删除文本

删除文本可以删除多余的或无用的文本。删除文本通常有两种方法。

① 先选定文本后，按鼠标右键出现快捷菜单，单击"剪切"按钮。

② 先选定文本后，按【Delete】键。

注意：用这种方法时，剪切板上无删除的文本。

3.1.8　查找、替换和定位

查找、替换和定位命令都是 Word 2010 中非常实用的命令。用户可以快速完成查找、替换和定位工作。它们都放在"开始"选项卡下在"编辑"组中。

1. 查找

查找命令可以快速查找单词、词组或其他内容。例如在文中查找"江"字符，方法是先单击"开始"按钮，在"编辑"组中单击"查找"按钮【Ctrl + F】。这时，窗口右侧将出现"导航"窗格，输入"江"文字，按【Enter】键。用户将通过"导航"窗格快速定位到"江"，效果如图 3–10 所示。

2. 高级查找

如果查找特殊的字符，或特殊格式的单词和词组，可以用高级查找功能。

例如查找文中的"桂林"文字。方法是先单击"开始"按钮，在"编辑"组中单击"查找"边上右侧下拉按钮，单击"高级查找"按钮。这时，将出现"查找和替换"对话框，在"查找"

选项卡中输入文字"桂林"，"阅读突出显示"选择"全部突出显示"，单击"查找下一处"按钮。用户可以看到文中的"桂林"文字被突出显示，如图 3-11 所示。

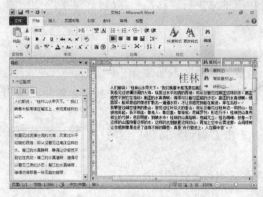

图 3-10　查找的"导航"窗格

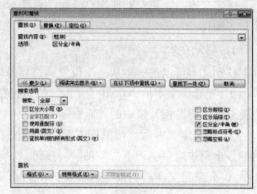

图 3-11　　"查找和替换"对话框

3. 替换

替换命令可以在全文中替换掉文档中某些写错的或不合适的文字。

例如用户发现文中"漓江"错写成了"离江"，现在要把全文中的"离江"替换成"漓江"，"漓江"格式改为红色字体，三号字，加粗，加下划线。具体步骤如下：

① 单击"开始"选项卡。

② 在"编辑"组中单击"替换"按钮或按【Ctrl+H】组合键。这时，将弹出"查找与替换"对话框。

③ 在"查找内容"对话框输入文字"离江"，在"替换为"对话框中输入文字"漓江"。

④ 光标停在"漓江"文字上，再单击"格式"按钮。这时，将出现"替换字体"对话框。

⑤ 在"替换字体"对话框中设置红色字体，三号字，加下画线。

⑥ 单击"确定"按钮。

4. 高级替换

如果用户要把网上下载的文档中多余的手动换行符删除。具体步骤如下：

① 单击"开始"按钮。

② 在"编辑"组中单击"替换"按钮。这时，将出现"查找与替换"对话框 1，如图 3-12 所示。

③ 在"查找与替换"对话框中，"查找内容"框中输入文字"^L^L"，在"替换为"对话框中输入文字"^L"。

④ 单击"全部替换"按钮。

注意文字"L"是"L"的小写字母，文字"^L"可以通过在"查找与替换"对话框 1 中单击"特殊格式"按钮，选择下拉列表中的"手动换行符"得到。

如果用户要把网上下载的文档中手动换行符↓替换成段落标记↵。具体步骤如下：

① 单击"开始"按钮。

② 在"编辑"组中单击"替换"按钮。这时，将出现"查找与替换"对话框 2，如图 3-13 所示。

③ 在"查找与替换"对话框中的"查找内容"对话框中输入文字"^L"，在"替换为"对话

框中输入文字"^P"。

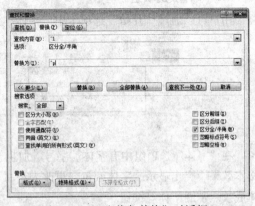

图 3-12　　"查找与替换"对话框 1　　　　　图 3-13　　"查找与替换"对话框 2

④ 单击"全部替换"按钮。

注意文字"L"是"L"的小写字母，文字"^L"可以通过在"查找与替换"对话框 2 中单击"特殊格式"按钮，选择下拉列表中的"手动换行符"得到，文字"^P"可以通过在"查找与替换"对话框中单击"特殊格式"按钮，选择下拉列表中的"段落标记"得到。

3.1.9　撤销和恢复

1. 撤销操作

撤销操作指撤销前面做过的操作。撤销操作通常有两种方法。

① 单击"快速访问工具栏"上的"撤销"按钮 。

② 按【Ctrl+Z】组合键。

如果要同时撤销多个操作，请单击"撤销"旁的箭头按钮，在列表中单击要撤销的操作。所有操作将撤销或还原。

2. 恢复撤销

恢复撤销指恢复撤销的操作，恢复撤销通常有两种方法。

① 单击"快速访问工具栏"上的"恢复"按钮 。

② 按【Ctrl+Y】组合键。

3.2　文档的编辑排版

当在文档中输入完文字后，用户就要对文字格式和段落格式进行设置，这是对文档美化的基本操作。

3.2.1　设置字符格式

Word 2010 中输入文字的默认字体是宋体五号字。用户可以改变文字的基本格式，包括字体、字号、字形、字体颜色和字体属性等，这是对文档字体格式的基本操作。

Word 2010 中，通常可以通过"字体"对话框和"开始"选项卡中的"字体"选项组两种方式设置文字格式。

1．"字体"选项组

用户可以通过"开始"选项卡中"字体"选项组，改变文字的基本格式，如图 3-14 所示。

图 3-14　"字体"选项组

在"字体"选项组中有字体、字号、加粗、斜体、加下划线、删除、上标、下标、清除格式、文本效果、突出显示、字体颜色、更改大小写、拼音指南、字符边框、增加字体、缩小字体、字体底纹、带圈字体等按钮。

2．"字体"对话框

在"字体"对话框中，除了可以设置文字的基本格式外，也可以为文字设置特殊效果，使版式更加完美。用户主要可以设置以下几种文字效果：添加删除线、添加着重符号、添加特殊效果。

例如设置"桂林山水"标题为红色，一号字。方法是：选择"开始"选项卡，在字体组中单击右下角的 按钮。这时，将出现"字体"对话框，如图 3-15 所示。在"字体"对话框中设置"字体颜色"为红色且"字号"为一号。

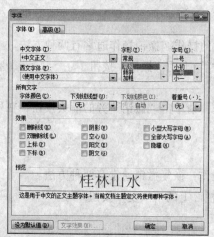

图 3-15　"字体"对话框

3．设置文字间距

设置文字间距是指对文档中字符之间的距离进行控制，用户可以改变字符间的缩放比例，还可以控制字符间的间距，以及字符在垂直方向上的位置。

例如用户设置"桂林山水"标题字符间距加宽，值为 5 磅。具体操作步骤是：选择"开始"选项卡，在字体组中单击右下角的 按钮。这时，将出现"字体"对话框。在"字体"对话框的"高级"选项卡中设置"字符间距"为加宽、5 磅。

4．复制字符格式

格式刷可以复制一个位置的字符格式，然后将其应用到其他位置上。方法：先将选中带格式的字符上，再单击"开始"按钮，在"剪贴板"组中单击"格式刷"按钮 ，用户可以发现光标前面有一把刷子，鼠标移到另一位置，在文本上拖动即可。这时，正在操作的文本和之前选中的文本有了相同的格式。如果之前选中的文本是红色、一号字，则正在操作的文本也将是红色、一号字。

　　注意：如果单击格式刷，拖动鼠标，将复制好的格式可以粘贴到一处文本上；如果双击格式刷，拖动鼠标，将复制好的格式可以粘贴到多处文本上，最后还要单击格式刷表示取消格式刷的复制。

3.2.2　设置段落格式

　　当用户输入内容完成一段时，按下【Enter】键就出现了段落标志符，形成了一个段落。段落标志就像一个字符，如果分段错了，用户可以把光标停在段落尾部，按【Delete】键，删除该段落标志符。

　　用户在文本编辑之后，就要对段落格式进行设置，主要设置段的对齐、段落的缩进、行间距及段间间距等。设置段落格式可以使文档层次鲜明、排列有序。段落的格式化操作只对光标所在的段落或选中的段落起作用。

1. 设置段落对齐方式

　　Word 2010 提供了五种常见的对齐方式：左对齐、右对齐、居中、两端对齐和分散对齐。左对齐指将文字左对齐；右对齐指将文字右对齐；居中指将文字居中；两端对齐将文字左右两端同时对齐，并根据需要增加字间距；分散对齐指段落两端同时对齐，并根据需要调整字符间距。

　　这些对齐方式在"开始"选项卡的"段落"选项组中设置。五种对齐的效果如图 3-16 所示。

图 3-16　"段落"选项组及其效果图

2. 段落缩进

（1）使用标尺缩进

　　标尺有两种水平标尺和垂直标尺。在文档窗口上部有水平标尺，水平标尺上有四个滑块分别表示首行缩进、悬挂缩进、左缩进、右缩进。如图 3-17 所示。

图 3-17　标尺

首行缩进指将段落的第一行从左向右缩进一定的距离，首行外的各行都保持不变。首行缩进便于阅读和区分文章整体结构。用户可以使用【Tab】键缩进，每按一次【Tab】键，该段的首行就缩进两个汉字。

悬挂缩进指段落的首行文本不变，而除首行外的各行缩进一定的距离。悬挂缩进是相对于首行缩进而言的。如果一个段落设置悬挂缩进，就不能再设置首行缩进。如果一个段落设置首行缩进，就不能再设置悬挂缩进。

左缩进指整个段落左端距页面左边界的距离。

右缩进指整个段落右端距页面右边界的距离。

注意：如果用户要使用标尺，而 Word 2010 文档窗口中没有显示标尺，用户可以设置显示标尺。方法是选择"视图"选项卡，在"显示"组中单击"标尺"复选框，选中复选框。

（2）使用"段落"对话框缩进

使用"段落"对话框缩进可以更精确地设置各个参数值，如首行缩进量、段前间距、段后间距、行距等值。

例如要设置某段首行缩进是 2 字符，左缩进和右缩进为 4 字符，段前间距 1 行，段后间距 2 行，行距 1.5 倍。具体步骤如下：

① 光标停在该段落上。

② 选择"开始"选项卡。

③ 在"段落"组单击右下角的 按钮。这时，出现"段落"对话框，如图 3-18 所示。

④ 在对话框中设置"首行缩进"为 2 字符，"缩进左侧"为 4 字符，"缩进右侧"为 4 字符，"段前"间距设置 1 行，"段后"间距设置 2 行，"行距"设置 1.5 倍行距。

⑤ 单击"确定"按钮。

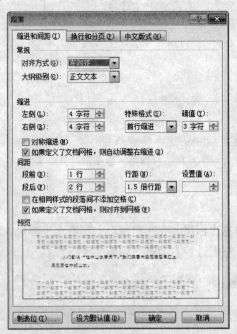

图 3-18 "段落"对话框

3.2.3　项目符号和编号

在文档中，用户对于按一定顺序或层次结构排列的项目，可以为其添加项目符号和编号。如果文本或段落添加了项目符号和编号，则文本间的结构和关系更清晰。

1. 项目编号

编号主要用于一定顺序的项目上。编号一般使用阿拉伯数字、中文数字或英文字母，以段落为单位进行标识。输入编号通常有两种方法。

① 先选择"开始"选项卡，在"段落"组中单击"编号"右侧下拉按钮 ∷▾。这时，出现"编号"下拉列表，在下拉列表中选中合适的编号类型。

在当前编号所在行输入内容，当按回车键时会自动产生下一个编号。如果连续按两次回车键将取消编号输入状态，恢复到 Word 2010 常规输入状态。

② 先选中准备编号的段落，再选择"开始"选项卡，在"段落"组中单击"编号"右侧下拉按钮 ∷▾，最后在打开的"编号"下拉列表中选择合适的编号，如图 3-19 所示。

如果要设置的编号样式在"编号库"中没有，可以用自定义编号进行设置。例如要设置像"第01 步骤：、第 02 步骤："等编号。步骤如下：

① 选中准备编号的段落。

② 选择"开始"选项卡。

③ 在"段落"组中单击"编号"右侧下拉按钮。

④ 在打开的"编号"下拉列表中选择"定义新编号格式……" 选项。这时，弹出"定义新编号格式"对话框，如图 3-20 所示。

图 3-19　"编号"下拉列表

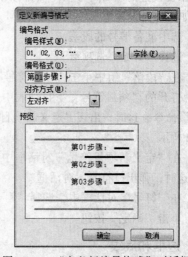

图 3-20　"定义新编号格式"对话框

⑤ 在"定义新编号格式"对话框中，"编号样式"框中选择"01，02，03……"，在"编号格式"框中输入其他字符如"第"和"步骤："文字。

⑥ 单击"确定"按钮。

2. 项目符号

项目符号主要用于区分文档中不同类别的文本内容，使用原点、星号等符号表示项目符号，并以段落为单位进行标识。

如果用户要输入项目符号"◆"的方法：先选中需要添加项目符号的段落，单击"开始"按钮，在"段落"组中单击"项目符号"右侧下拉按钮 ≣ ▾。在"项目符号"下拉列表中选择项目符号"◆"按钮。效果如图 3-21 所示。

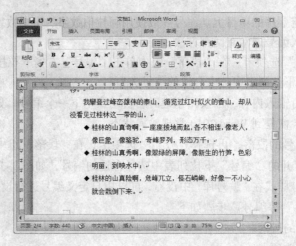

图 3-21　"项目符号"效果图

在当前项目符号所在行输入内容，当按下【Enter】键时会自动产生另一个项目符号。如果连续按两次【Enter】键将取消项目符号输入状态，恢复到 Word 常规输入状态。

如果要设置的项目符号在"项目符号库"中没有，可以用"定义新项目符号"进行设置。

例如用户要设置像"✐"等项目符号。步骤如下：

① 选中准备编号的段落。

② 选择"开始"选项卡。

③ 在"段落"组中单击"项目符号"右侧下拉按钮。

④ 打开的"项目符号"下拉列表中选择"定义新项目符号…"命令。这时，出现"定义新项目符号"对话框。如图 3-22 所示。

⑤ 在"定义新项目符号"对话框中，单击"符号…"按钮。这时，弹出"符号"对话框。

⑥ 在"符号"对话框中，选择"✐"符号。

⑦ 单击"确定"按钮。

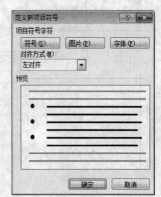

图 3-22　"定义新项目符号"对话框

3.2.4　边框和底纹

为了增加文档的生动感和实用性，使文档更加美观，或者为了突出显示一些重要文字或者段落对象，可以为需要的文字、段落、页面添加边框和底纹。

1. 字符边框和字符底纹按钮

字符边框指一组字符或句子周围应用边框。

如果用户要给文字"桂林山水"添加黑色边框，方法是先选中文字"桂林山水"，选择"开始"选项卡，在"字体"组中单击"字符边框"按钮 Ⓐ。

字符底纹指为文字添加底纹背景。

如果用户要给第一行文字添加灰色底纹，方法是先选中第一行文字，选择"开始"选项卡，在"字体"组中单击"字符底纹"按钮 A。

2. "边框和底纹"对话框

如果用户对边框和底纹的要求比较高，设置更加精确时，可以使用"边框和底纹"对话框设置。

假如用户要设置段落的红色边框，方法：先是选中某个段落，再选择"开始"选项卡，在"段落"组中单击"下框线"右侧下拉按钮 ，接着单击下拉列表中"边框和底纹……"选项。这时，出现"边框和底纹"对话框，如图 3-23 所示。

在"边框和底纹"对话框中，选择"边框"选项卡，在"设置"下选择"方框"样式，"颜色"选择"红色"，"应用于"选择"段落"，在"预览"区域，可以通过单击某个方向的边框按钮来确定是否显示该边框，最后，单击"确定"按钮。

图 3-23　"边框和底纹"对话框

3.2.5　分页符和分节符

为了保证版面的美观，用户可以对文档进行强制性分页。分页符指标记一页终止，并且开始下一页的点。

分节符是指节的结尾插入的标记。为了方便文档的处理，用户可以把文档分成若干节，然后再对每节进行单独设置，用户对当前节的设置不会影响到其他节。分节符包含节的格式设置元素，如页边距、页面的方向、页眉和页脚以及页码的顺序。

分页符和分节符不同点在于，分页符只是把文档分页，前页和后页还是同一节；分节符是把文档分节，可以同一页中有多个不同节，也可以对文档分节，同时又分页。

在页眉页脚与页面设置中分页符和分节符有很大差别：

① 文档编排中，某几页需要横排，或者需要不同的纸张、页边距等，那么将这几页单独设为一节，与前后内容不同节；

② 文档编排中，首页、目录等的页眉页脚、页码与正文部分需要不同，那么将首页、目录等作为单独的节；

③ 如果前后内容的页面编排方式与页眉页脚都一样，只是需要新的一页开始新的一章，那

么一般用分页符即可，或用分节符（下一页）。

1. 分页符

在文档输入文本或其他对象满一页时，Word 会自动进行换页，并在文档中插入分页符。

分页符有两种，手动分页符和自动分页符。自动分页符是当用户输入文字或其他对象满一页时，Word 会自动进行换页，并在文档中插入一个分页符。自动分页符在草稿视图方式下是以一条水平的虚线存在。

手动分页符是用户在文档的任何位置都可以插入的分页符。在页面视图方式下，Word 把分页符前后的内容分别放置在不同的页面中。插入手动分页符的方法有两种。

① 光标定位在要分页的位置，选择"插入"选项卡，在"页"组中单击"分页"按钮 分页。

② 先将光标定位要分页的地方，在"页面布局"组中单击"插入分页符和分节符"右侧下拉按钮，将出现"分页符和分节符"下拉列表。如图 3-24 所示。单击下拉列表中"分页符"按钮。

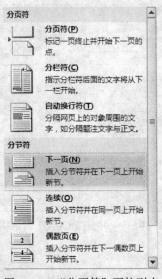

图 3-24   "分页符"下拉列表

注意：①用户还可以选择下拉列表"分节符"中的"下一页"选项，分节符中的"下一页"与"分页符"的区别在于，前者分页又分节，而后者仅仅起到分页的效果。

② 手动分页符在大纲视图方式下是以一条水平的虚线存在，并在中间标有"分页符"字样。如果手动分页符插入位置不对，用户可以把光标停在"分页符"横线上，按【Delete】键，像删除字符一样删除分页符。

2. 分节符

用户可以把一篇长文档任意分成多个节，每节都可以按照不同的需要设置为不同的格式。在不同的节中，用户可以对页边距、纸张的方向、页眉和页脚的位置等格式进行详细的设置。

在大纲视图方式下，分节符是两条水平平行的虚线。Word 2010 会自动把当前节的页边距、页眉和页脚等被格式化了的信息保存在分节符中。

插入分节符的方法：先将光标定位要分节的位置，在"页面布局"组中单击"插入分页符和分节符"右侧下拉按钮。这时，将出现下拉列表，如图 3-24 所示。然后，单击下拉列表中"分节符"选项进行设置。

"分节符"选项组有四个选项，分别是"下一页""连续""偶数页"和"奇数页"。

① "下一页"指在当前插入点处插入分节符，并在下一页上开始新的一节。

② "连续"指在当前插入点处插入分页符，并在同一页上开始新的一节。

③ "偶数页"指在当前插入点处插入分节符，并在下一偶数页上开始新的一节。如果这个分节符已经在偶数页上，那么下面的奇数页是一个空页。

④ "奇数页"指在当前插入点处插入分节符，并在下一奇数页上开始新的一节。如果这个分节符已经在奇数页上，那么下面的偶数页是一个空页。

注意：在大纲视图方式下，分节符是两条水平平行的虚线。用户在大纲视图下看见"分节符"，如果分节符插入位置不对，用户把光标停在"分节符"横线上，按【Delete】键，就能删除分节符。

3.2.6　分栏

分栏指对文字分两栏，或更多栏。分栏主要用于小报、报纸和杂志中。方法是：先选中文本，选择"页面布局"选项卡，在"页面设置"组中单击"分栏"右侧下拉按钮 ，在下拉列表中进行相关设置。

如果要设置详细的分栏信息，如栏数、栏宽、分割线等值，方法是先选中文字，再选择"页面布局"选项卡，在"页面设置"组中单击"分栏"右侧下拉按钮 ，在下拉列表中选择"更多栏…"按钮，则出现"分栏"对话框。如图 3-25 所示在"分栏"对话框进行相关设置，最后单击"确定"按钮。

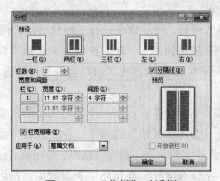

图 3-25　"分栏"对话框

在分栏以后，两栏之间有一个自动的分栏符。如果用户想重新设置分栏符，或对分栏符进行调整，方法是先光标停在要分栏的地方，选择"页面布局"选项卡，在"页面设置"组中单击"插入分页符和分节符"右侧下拉按钮 ，在下拉列表中单击"分栏符"选项。插入分栏符完毕，用户可以在大纲视图下看见分栏符。

3.2.7　首字下沉

首字下沉指在段落开头创建一个大号字符，以便突出该段落，常用在报纸和杂志中。首字下沉有两种方法。

① 先选中一个字，再选择"插入"选项卡，在"文本"组里单击"首字下沉"按钮右侧下拉按钮 ，选择"下沉"按钮，如图 3-26 所示。

② 先选中一个字，选择"插入"选项卡，在"文本"组里单击"首字下沉"按钮右侧下拉

按钮 ，单击"首字下沉选项…"按钮，出现"首字下沉"对话框，如图 3-27 所示。在"首字下沉"对话框中，进行相关设置。

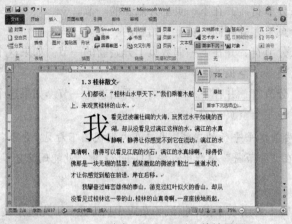

图 3-26　"首字下沉"选项及其效果图　　　　图 3-27　"首字下沉"对话框

3.2.8　中文版式

中文版式提供了纵横混排、合并字符、双行合一、字符缩放和调整宽度等功能。

（1）双行合一

双行合一指把选中的文字合并，变作二行排列的样式。例如政府机关中常见的联合行文、红头文件，甚至请客喝酒用的请帖。

如果用户要把一句语句排成两行，然后放在一行中编排。方法：选择"开始"选项卡，在"段落"组单击"中文版式"右侧下拉按钮 ✕，在下拉列表中选择"双行合一……"选项。这时，出现"双行合一"对话框，如图 3-28 所示。在"双行合一"对话框进行相关设置。

（2）合并字符

合并字符就是将选定的多个字符合并，占据一个字符大小的位置。

方法是选中要合并的字符，选择"开始"选项卡，在"段落"组单击"中文版式"右侧下拉按钮，选择下拉列表框中的"合并字符……"命令。这时，将出现"合并字符"对话框。如图 3-29 所示。在对话框中设置文字、字体和字号，在预览中查看效果，最后单击"确定"按钮。

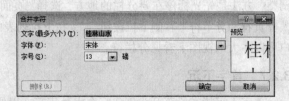

图 3-28　"双行合一"对话框　　　　　　图 3-29　"合并字符"对话框

选中字符时要注意，无论中英文，最多只能选择 6 个字符，多选的字符将从文档删除。设置字体和字体大小时，如果使用默认设置,合并后的字符整体高度与原字体高度大致相同。如果改变字体大小后将改变合并字符的整体高度。

（3）纵横混排

纵横混排是指在同一页面中，改变部分文本的排列方向，选中的文字更改为水平方向，剩余的文字为垂直方向。

方法是：先选中文本，选择"开始"选项卡，在"段落"组中单击"中文版式"右侧下拉按钮，在弹出的下拉菜单中选择"纵横混排……"命令。这时，出现"纵横混排"对话框，如图 3-30 所示。在"纵横混排"对话框，禁用"适应宽度"选项，预览效果，单击"确定"按钮。

图 3-30　"纵横混排"对话框

3.2.9　拼音指南和带圈字符

（1）拼音指南

拼音文字是指给中文字符标注汉语拼音。如果用户要给文字的上面标注有拼音，而使用"拼音指南"就可以轻易实现。方法是先选中的文本，选择"开始"选项卡，在"字体"组中单击"拼音指南"按钮変。这时，出现"拼音指南"对话框，如图 3-31 所示。在"拼音指南"对话框，用户看见预览效果的拼音，可以进行修改，最后单击"确定"按钮。

如果用户要清除文字上面标注的拼音，在"拼音指南"对话框中，用户按"清除读音"按钮即可。

（2）带圈字符

带圈文字是指给单字加上各式边框。如果用户要为字符添加一个圆圈或者菱形，可以使用"带圈字符"功能来创建。方法是先选中的文本，选择"开始"选项卡，在"字体"组中单击"带圈字符"按钮㊣。这时，出现"带圈字符"对话框，如图 3-32 所示。在"带圈字符"对话框中，进行相关设置，最后单击"确定"按钮。

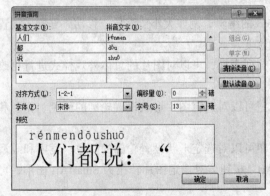

图 3-31　"拼音指南"对话框

图 3-32　"带圈字符"对话框

3.3　图文混排与表格制作

在文档中可以插入剪贴画、图片和艺术字，进行图文混排，使文档更美观。

3.3.1　剪贴画、图片

剪贴画是一种特殊的画，和真正的绘画不一样。剪贴画不用笔和颜色，而是用各种材料剪贴而成的。剪贴画在 Word 等软件中有着广泛的应用。剪贴画和图片的插入都会使文档的内容更加丰富。

1. 插入剪贴画

当 Office 2010 软件安装完，就带有一个剪贴画库。插入剪贴画的方法是选择"插入"选项卡，在"插图"组中单击"剪贴画"按钮。将在文档窗口右侧出现"剪贴画"窗格。在"剪贴画"窗格中输入内容"山水"，单击"搜索"按钮，将出现所有"山水"剪贴画，单击其中一幅"山水"剪贴画，即可插入。

如果用户要看到所有剪贴画，在"剪贴画"窗格中，直接单击"搜索"按钮，就能看到所有剪贴画。

删除剪贴画，也像删除字符一样。方法是先选中剪贴画，再按【Delete】键，就可以删除剪贴画。

2. 插入图片

插入图片是指插入计算机磁盘内或从网上下载的图片文件。插入图片的方法是选择"插入"选项卡，在"插图"组中单击"图片"按钮。这时，出现"插入图片"对话框，从"插入图片"对话框中选择一幅图片，单击"插入"按钮。

用户选定图片时，文档窗口上方出现"图片工具/格式"选项卡，如图 3-33 所示。

图 3-33　"图片工具/格式"选项卡

在"图片工具/格式"选项卡中进行图片格式的编辑，例如大小、缩放、移动、复制、设置样式和排列方式，并且可以调整色调、亮度和对比度等。

选择"图片样式"组中有"快速样式"下拉列表框，可以对图片的总体外观样式进行更改，如图 3-34 所示。

选择"图片样式"组中有"图片边框"按钮可以对选定图片形状设置轮廓的颜色、宽度和线型。使用纯色、渐变、图片或纹理填充。

选择"图片样式"组中有"形状轮廓"按钮可以对选定形状设置轮廓的颜色、宽度和线型。

选择"图片样式"组中有"转换为 SmartArt"按钮"对选定图片转换为 SmartArt 图形，可以轻松排列，添加标题并调整图片大小。

如果用户对图片格式进行详细设置，可以选择"图片工具/格式"选项卡，单击"图片样式"组右下角 按钮。这时，出现"设置图片格式"对话框，如图 3-35 所示。在"设置图片格式"

对话框进行相关设置。

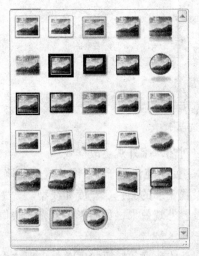

图 3-34　"快速样式"下拉列表框

图 3-35　"设置图片格式"对话框

删除图片，也像删除字符一样。方法是：先选中图片，再按键盘上的【Delete】键，就可以删除图片。

3.3.2　艺术字

艺术字就是各种各样的美术字，它变化万千，千姿百态。艺术字给文档增添了强烈的视觉效果，越来越被大众喜欢，它广泛应用于商标、标语、黑板报、各类广告、报刊杂志中。

1. 插入艺术字

Word 2010 中可以创建各种文字的艺术效果，甚至可以把文字扭曲成各种各样的形状，设置为具有三维轮廓的效果。

插入艺术字的方法是：选择"插入"选项卡，在"文本"组中单击"艺术字"右侧下拉按钮，在下拉列表中选择一种艺术字样式。这时，出现"艺术字"编辑框，输入相关文字即可。如图 3-36 所示。

图 3-36　"艺术字"下拉列表

2. 设置艺术字格式

对艺术字的设置有艺术字样式、艺术字形状轮廓、艺术字形状填充和更改艺术字形状、三维旋转等设置，这会带来让你意想不到的效果。

艺术字格式设置方法是：先选中艺术字，然后在"绘图工具/格式"选项卡中"艺术字样式"

组中设置。如图 3-37 所示。

图 3-37 "绘图工具/格式"选项卡

选择"艺术字样式"组中"快速样式"下拉列表，可以对艺术字外观更改样式。

选择"艺术字样式"组中"文本填充"按钮对选定艺术字使用纯色、渐变、图片或纹理填充。

选择"艺术字样式"组中"文本轮廓"按钮对艺术字设置轮廓的颜色、宽度和线型。

选择"艺术字样式"组中"文本效果"按钮对艺术字设置外观效果，如阴影、发光、映像或三维旋转等。

如果对艺术字格式进行详细设置，单击"艺术字样式"组右下角 按钮。这时，出现"设置文本效果格式"对话框，如图 3-38 所示。在"设置文本效果格式"对话框中进行相关设置。

图 3-38 "设置文本效果格式"对话框

选择"绘图工具/格式"选项卡中"大小"下拉列表，选择合适高度和宽度，可以对艺术字大小进行精确设置。

3. 删除艺术字

删除艺术字，也像删除字符一样。方法是：先选中艺术字，再按【Delete】键，就可以删除艺术字。

3.3.3 文本框

文本框是指一种可调大小、可移动的文字或图形容器。文本框可以方便地放到文档页面的任何位置上，放置更加灵活，而不必受到段落格式、页面设置等因素的影响。

用户通过文本框，可以在一页上放置多个文字块，使文字块与文档中其他文字不同方向排列。

1. 插入文本框

插入文本框的方法是：先选择文档窗口的"插入"选项卡，在"文本"组中单击"文本框"按钮右侧下拉按钮，选择"简单文本框"选项。

这时，在文档窗口将出现一个文本框，并且该文本框处于编辑状态，删除里面的文字，输入文本。

2．手动绘制文本框

除了使用内置文本框，还可以手动绘制文本框，有两种方法。

方法一：先选择 "插入"选项卡，在"文本"组中单击"文本框"下面的下拉按钮，选择"绘制文本框"选项。在文档窗口中，光标变成十字形，按鼠标左键并拖动，即可插入文本框。最后，在文本框中输入用户的文本。

方法二：先选择"插入"选项卡，在"插图"组中单击"形状"下方的下拉按钮。这时，出现下拉列表。在下拉列表中单击"文本框"按钮。在文档窗口中，光标变成十字形，按鼠标左键并拖动，即可插入文本框。最后，在文本框中输入文本。

3．设置文本框格式

对文本框的设置有样式设置、填充效果和文字效果等设置。设置文本框样式的方法是单击绘制的文本框。这时，窗口上方出现"绘图工具/格式"选项卡，选择"形状样式"组中各个按钮进行相关设置。

选择"插入形状"组中"绘制横排文本框"按钮，可以插入横排和竖排文本框。

选择"形状样式"组中"形状样式"列表框，可以对文本框或线条的外观样式进行更改。

选择"形状样式"组中"形状填充"按钮对选定文本框使用纯色、渐变、图片或纹理填充。

选择"形状样式"组中"形状轮廓"按钮对选定文本框设置轮廓的颜色、宽度和线型。

选择"形状样式"组中"形状效果"按钮对选定文本框设置外观效果，如阴影、发光、映像或三维旋转等。

如果单击"形状样式"组右下角按钮。这时，出现"设置形状格式"对话框，如图 3-39 所示。在"设置形状格式"对话框中用户可以进行详细设置。

图 3-39　"设置形状格式"对话框

4．删除文本框

删除文本框也像删除字符一样。方法是先选中文本框，再按【Delete】键，就可以删除文本框。

3.3.4　图形

在 Word 2010 中，图形和图片是两个不同的概念，图片一般来自文件，或者来自扫描仪和数码相机等。而图形是指用 Word 绘图工具所画的图。Word 中图形包括直线、箭头、流程图、星与旗帜、标注等。

插入图形的方法是选择"插入"选项卡，在"插图"组中单击"形状"下方的下拉按钮 ⬚。这时，出现一个下拉列表，如图 3-40 所示。在下拉列表中选择"标注"组中的"圆角矩形标注"按钮。在文档窗口中，光标变成十字形，按住鼠标左键并拖动。这时，文档窗口将出现"圆角矩形标注"图形。最后，用鼠标单击图形框中间，看见光标在里面闪烁，即可输入文字。

图 3-40　"形状"下拉列表

当用户选中图形，文档窗口上方出现在"绘图工具/格式"选项卡。在"绘图工具/格式"选项卡中设置图形格式。如图 3-41 所示。

图 3-41　"绘图工具/格式"选项卡

选择"插入形状"组中"形状"按钮下拉列表，可以插入各种样式的图形。

选择"插入形状"组中"编辑形状"按钮可以更改此绘图的形状，将其转换为任意多边形或编辑环绕点以确定文字环绕绘图的方式。

选择"形状样式"组中"形状样式"列表框，可以对图形或线条的外观样式进行更改。

选择"形状样式"组中"形状填充"按钮对选定图形使用纯色、渐变、图片或纹理填充。

选择"形状样式"组中"形状轮廓"按钮对选定图形设置轮廓的颜色、宽度和线型。

选择"形状样式"组中"形状效果"按钮对选定图形设置外观效果，如阴影、发光、映像或三维旋转等。

3.3.5　页面背景

页面背景是指显示于 Word 文档最底层的颜色或图案。页面背景不仅丰富了 Word 文档的页面显示效果，还能够渲染主体，使排版更加生动。

1．设置单色页面背景

设置单色页面背景的方法是：选择"页面布局"选项卡，在"页面背景"中单击"页面颜色"按钮右侧下拉按钮  ，在打开的页面颜色面板中选择"主题颜色"或"标准色"中合适的颜色。

如果用户觉得"主题颜色"和"标准色"中的颜色无法满足需要，可以单击"其他颜色…"按钮。这时，出现"颜色"对话框，如图 3-42 所示。在打开的"颜色"对话框中选择"自定义"选项卡，选择合适的颜色值即可。

2．设置纹理背景和图片背景

纹理背景主要使用 Word 内指定的纹理进行设置，而图片背景则可以由用户使用自定义图片进行设置。

在文档窗口中设置纹理或图片背景的方法是：选择"页面布局"选项卡，在"页面背景"组中单击"页面颜色"按钮，并在下拉列表中选择"填充效果…"选项。这时，出现"填充效果"对话框，如图 3-43 所示。在"填充效果"对话框中选择"纹理"选项卡，选择其中合适的纹理图片即可，或者单击"其他纹理"按钮还能够上传自己的纹理素材。

图 3-42　"颜色"对话框

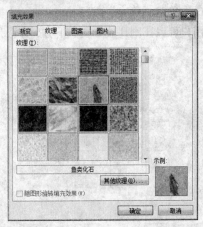

图 3-43　"填充效果"中"纹理"选项卡

如果用户需要使用自定义的图片作为背景，可以在"填充效果"对话框中切换到"图片"选项卡，单击"选择图片…"按钮。这时，出现"选择图片"对话框。在"选择图片"对话框中，选择合适的图片，单击"插入"按钮即可。

3.3.6　主题设置

主题是一组格式选项，包括一组主题颜色、一组主题字体（包括标题字体和正文字体）和一组主题效果（包括线条和填充效果）。用户使用主题，可以快速改变文档的整体外观，主要包括字体、字体颜色和图形对象的效果。

使用主题的方法是：选择"页面布局"选项卡，在"主题"组中单击"主题"下方的下拉按钮，再在下拉列表中选择适合的主题。

　　注意：如果在 Word 2010 中打开 Word 97 文档或 Word 2003 文档，则无法使用主题，而必须将其另存为 Word 2010 文档才可以使用主题。

3.3.7　图文混排

　　用户先在文档中插入剪贴画、图片、艺术字等，然后就可以进行图文混排。图文混排就是将文字与图片混合排列，文字可在图片的四周、嵌入图片下面、浮于图片上方等。

　　图文混排方法是：先选中某张图片，再选择打开的"图片工具/格式"选项卡中，在 "排列"组中单击"位置"下方的下拉按钮。这时，出现"位置"下拉列表，如图 3-44 所示。在"位置"下拉列表中选择合适的文字环绕按钮。

　　这些文字环绕方式包括"顶端居左，四周型文字环绕"、"顶端居中，四周型文字环绕""中间居左，四周型文字环绕""中间居中，四周型文字环绕""中间居右，四周型文字环绕""底端居左，四周型文字环绕""底端居中，四周型文字环绕""底端居右，四周型文字环绕"九种文字环绕方式。效果可以从文字环绕按钮图标上可以看到。

　　其实除这九种文字环绕方式按钮外，还有其他环绕方法，如"穿越型""衬于文字下方""浮于文字上方"等。

　　方法是：在"位置"下拉列表中选择"其他布局选项…"按钮。这时，将出现"布局"对话框，如图 3-45 所示。在"布局"对话框，单击"文字环绕"选项卡，选择"环绕方式"中的一种，最后单击"确定"按钮。

　　用户可以让图片放置文字下方，方法是：在"布局"对话框中选择"衬于文字下方"按钮即可。

图 3-44　"位置"下拉列表

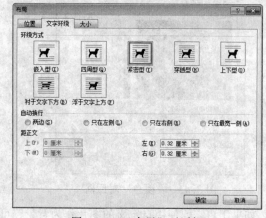

图 3-45　"布局"对话框

3.3.8　表格制作

　　用户可以在文档窗口中制作表格，完成对数据的管理。

1. 绘制表格

　　绘制表格的方法通常有三种。

　　① 单击"插入"选项卡，在"表格"组中单击"表格"下方的下拉按钮，在"插入表格"的小方框中，拖动鼠标，设置表格的列数和行数，鼠标单击即可。

②　单击"插入"选项卡，在"表格"组中单击"表格"按钮下方的下拉按钮 ，选择"插入表格…"选项。这时，出现"插入表格"对话框，如图 3-46 所示。在"插入表格"对话框中，设置表格的列数和行数，单击"确定"按钮。

③　单击"插入"选项卡，在"表格"组中单击"表格"按钮下方的下拉按钮，选择"绘制表格"选项。这时，鼠标呈现画笔形状，直接在窗口中绘制。

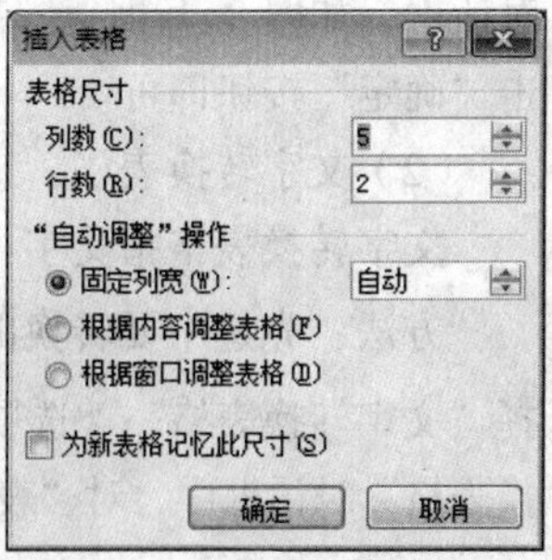

图 3-46　"插入表格"对话框

2. 合并和拆分表格

（1）合并单元格

合并单元格指把两个或多个单元格合并。合并单元格通常有两种方法。

①　先选择两个或多个要合并的单元格，鼠标右击，在快捷菜单中选择"合并单元格"选项即可。这时，选中的两个或多个单元格将变成一个单元格。

②　先选择两个或多个要合并的单元格，选择"表格工具–布局"，在"合并"组中单击"合并单元格"按钮。

（2）拆分单元格

拆分单元格指把一个单元格拆分两个或多个。拆分单元格通常有三种方法。

①　先选择要拆分的单元格，鼠标右击，在快捷菜单中选择"拆分单元格…"选项，这时，出现"拆分单元格"对话框。在"拆分单元格"对话框中，设置当前单元格将拆成几行几列，单击"确定"按钮即可。

②　先选择要拆分的单元格，单击"表格工具—布局"选项卡"合并"组中的"拆分单元格"按钮，出现"拆分单元格"对话框，如图 3-47 所示。在"拆分单元格"对话框中进行相关设置，最后单击"确定"按钮。

③　先选择要拆分的单元格，单击"表格工具—设计"，在"绘制边框"组中的"绘制表格"按钮。这时，鼠标呈现画笔形状，直接在表格中绘制。

图 3-47　"拆分单元格"对话框

（3）合并表格

合并表格指把两个表格合并为一个表格。方法是：把两个表格中间的空行删除，即可合并表格。

（4）拆分表格

拆分表格指把一个表格拆分为两个表格。方法是：先选择要拆分的表格位置，选择"表格工具—布局"，在"合并"组中单击"拆分表格"按钮。这时，一张表格被拆分成两张表格。

3. 表格格式

如果要设置表格外观属性，用户可以使用方法是：先选中表格，选择"表格工具/设计"选项卡，在"表格样式"组中单击一种样式。

4. 文字与表格之间的转换

（1）表格转换文字

表格转换文字指将表格转换为常规文本。方法是：先选中表格，选择"表格工具/布局"选项卡，单击"数据"组下方的下拉按钮，选择"转换为文本"按钮。这时，出现"表格转换文本"

对话框，如图 3-48 所示。在"表格转换文本"对话框中，"文字分隔符"选择合适的分隔符，单击"确定"按钮即可。

（2）文字转换表格

文字转换表格指文字可以通过一定方式转换成表格。

方法：先选中要转换的文字，选择"插入"选项卡，单击"表格"组下方的下拉按钮，选择"文字转换表格…"选项。这时，出现"文字转换表格"对话框，如图 3-49 所示。在"文字转换表格"对话框中，对"表格尺寸"和"文字分隔位置"等设置合适值。最后，单击"确定"按钮。

图 3-48　　"表格转换文本"对话框　　　　图 3-49　　"将文本转换成表格"对话框

5. 删除表格

删除表格有两种方法。

① 先选中表格，再鼠标右击，在弹出的快捷菜单中选择"删除表格"。

② 先选中表格，再选择"表格工具布局"选项卡，在"行和列"组中单击"删除"下方的下拉按钮，单击下拉列表中"删除表格"选项。

3.4　文档的页面布局与打印

文档的页面布局与打印这一小节主要介绍视图、页眉、页脚、页码设置，页面设置和打印等知识。通过页眉、页脚和页码设置，可以美化文档，使内容清晰，一目了然。页面设置指对页面进行格式设置，使用户顺利打印文档。

3.4.1　Word 2010 视图

视图可以从不同角度显示文档，便于对文档编辑加工处理。Word 2010 有五种视图，分别是页面视图、阅读版式视图、Web 版式视图，大纲视图和草稿。

① 页面视图：用于排版，编辑页眉、页页边距和分栏等，还可以查看文档的打印外观。

② 阅读版式视图：专门用来阅读文档的视图，提供像书一样的阅读界面。如果以阅读版式视图方式查看文档，可以利用最大的空间来阅读或批注文档。

③ Web 版式视图：以网页形式来显示 Word 文档。

④ 大纲视图：用于层次较多的文档，将标题分级显示出来。在大纲视图下，窗口可以显示大纲工具栏。

⑤ 草稿：只关注文档的文字内容，不显示页眉页脚等复杂的页面设置格式。草稿视图下便

于快速编辑文档。

视图的切换通常有两种方法。

① 单击"视图"选项卡下的"文档视图"组中按钮，如图 3-50 所示。

② 单击编辑区的区域下方视图按钮进行切换。

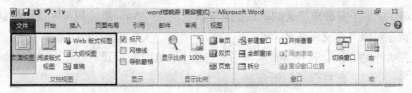

图 3-50　"视图"选项卡

3.4.2　页眉和页脚

页眉和页脚是指在文档页面的顶端和底部重复出现的文字或图片等信息。页眉和页脚设置可以美化文档，使内容一目了然。

页眉和页脚在页边距区域。页眉和页脚与文档正文处于不同的层次，因此，在编辑页眉和页脚时不能编辑文档正文，同样在编辑正文时也不能编辑页眉和页脚。方法是：选择"插入"选项卡的"页眉和页脚"组中进行设置。

例如，用户将页眉设为"桂林山水简介"。方法是：选择"插入"选项卡，在"页眉和页脚"组中单击"页眉"按钮右侧下拉按钮 ，在下拉列表中选择合适的页眉样式。然后在正文的页眉处输入文字"桂林山水简介"，最后单击"页眉和页脚工具设计"选项卡上"关闭"组中的"关闭页眉和页脚"按钮。

如果用户要将文档页脚设为"计算机基础"，方法：选择"插入"选项卡，在"页眉和页脚"组中单击"页脚"按钮右侧下拉按钮 。然后在正文的页脚处输入文字"计算机基础"，最后单击"页眉和页脚工具/设计"选项卡上的"关闭页眉和页脚"按钮。

3.4.3　设置页码

页码指文档的编码，文档的每一页面上标明次序的号码或其他数字，通常放上最上面或最底端，即页边距区域。页码是文档比较重要的信息，可以统计文档的页数，也便于读者检索，快速定位到某一页。方法是先选择"插入"选项卡，在"页眉和页脚"组中单击"页码"按钮进行设置。

如果用户要在页面底端都显示页码，格式是"第 X 页，共 Y 页"。具体步骤如下：

① 选择"插入"选项卡。

② 在"页眉和页脚"组中单击"页码"右侧下拉按钮 。

③ 选择下拉列表中"页面底端"，单击其中的"X/Y 加粗显示的数字 1"按钮。这时，在正文页脚的位置就能看到"X/Y"样式。

④ 在正文页脚的"X/Y"位置，用户在"X"前面加入文字"第"，"X"后面加入文字"页"，同样在"Y"的前后加文字"第"和"页"，最后把斜线改成逗号。

3.4.4　页面设置

在打印文档前，用户应该首先对文档的页面进行设置，然后再对文档的版面进行编排，最后执行打印的操作。这种操作流程可以提高工作效率，在打印时避免造成版面混乱，也可以避免一些不必要的错误，避免纸张浪费。

在文档打印时，系统将会默认给出纸张大小、页面边距、纸张的方向等。

如果用户在打印文档时，对页面有特殊的要求或者需要，用户可以对页面进行设置。页面设置包括文字方向、页边距、纸张大小和方向以及分栏等。

1. 设置纸张大小

Word 2010 提供了多种预定义的纸张，系统默认的是"A4"纸，用户可以根据自己的需要选择纸张大小，还可以自定义纸张的大小。

设置纸张大小的方法：选择"页面布局"选项卡，在"页面设置"组中单击"纸张大小"右侧下拉按钮 ![纸张大小]，选择合适的纸张。

2. 设置纸张方向

纸张方向包括"纵向"和"横向"两种方向。用户可以根据页面版式要求选择合适的纸张方向。例如 A4 纸张，长边是纵向、窄边是横向，如果打印 A4 纸张默认是纵向打印，如果用户想横向打印，要设置纸张方向为"横向"。 设置纸张大小的方法有两种。

① 选择"页面布局"选项卡，在"页面设置"组中单击"纸张方向"右侧下拉按钮 ![纸张方向]，选择其中的一种。

② 选择"页面布局"选项卡，单击"页面设置"组右下角 按钮，这时，出现"页面设置"对话框，如图 3-50 所示。在"页面设置"对话框中，对"页边距"选项卡中"纸张方向"选择合适的方向。

3. 设置页边距

页边距是指页面四周的空白区域，也就是页面的边线到文字的距离。通常，在页边距内部区域属于编辑区域，用户可以进行编辑，即插入文字和图形。用户可也可以将页眉、页脚和页码等项目放置在特殊区域中，即页边距区域。

方法是：选择"页面布局"选项卡，在"页面设置"组中单击"页边距"按钮下方的下拉按钮 ![页边距]，选择一种合适的页边距。

如果没有合适的页边距，可以自定义页边距。方法：选择"页面布局"选项卡，在"页面设置"组中单击"自定义边距…"选项。这时，将出现"页面设置"的对话框，如图 3-51 所示。在"页边距"对话框设置页面的上下边距和页面的左右边距。

图 3-51　"页面设置"对话框

3.4.5　打印文档

编辑文档后，如果用户要在纸上打印出来。先在计算机安装好打印机，用户就将编排好的文档打印出来。

Word 2010 提供了多种打印方式，包括打印多份文档、打印输出到文件、手动双面打印等功能，此外利用打印预览功能，用户还能在打印之前就看到打印的效果。

打印文档时，可以打印全部的文档，也可以打印文档的一部分。

用户单击窗口上方"文件"→"打印"按钮。这时，窗口出现"打印"窗格，如图 3-52 所示。

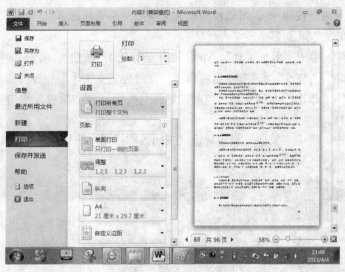

图 3-52　"打印"窗格

在"打印"窗格中，用户可以设置打印机，预览文档打印效果，设置打印份数，还可以设置纸张的横向或纵向，自定义页边距，双面打印等。最后单击"打印"按钮。

在"打印"窗格中选择"打印所有页"右侧下拉按钮，在下拉列表中可以选择"文档"组中"打印所有页""打印所选内容""打印当前页面""打印自定义范围"四个选项。

①"打印所有页"选项指可以打印文档的全部内容。

②"打印所选内容"选项指可以打印文档中选定的内容。

③"打印当前页面"选项指可以打印当前光标所在的页。

④"打印自定义范围"选项指可以打印文档指定页码范围的内容，在下面"页数"后文本框中输入需要打印的页码范围。

此外，在"打印所有页"下拉列表中还可以选择打印的是奇数页还是偶数页等。

3.5　Word 2010 其他应用

用 Word 编辑文档，有时会遇到长达几十页，甚至上百页的超长文档，为了查找文档中的特定内容，会浪费了很多时间。Word 2010 新增的"导航窗格"会为用户精确"导航"。在学习"导航"前，用户先学习大纲视图和样式的使用。

3.5.1　大纲视图

当用户编辑长文档时，用户可以用大纲视图显示和整理文档，使文档整齐，一目了然。方法是先单击"视图"按钮，在"文档视图"组中单击"大纲视图"按钮。这时，文档窗口上方出现"大纲"选项卡，如图 3-53 所示。

在大纲工具栏中，单击"大纲工具"组中"级别"下拉列表可以对文档进行调整。例如，可以设置"标题 1""标题 2""标题 3""正文文本"等。

在大纲工具栏中，单击"大纲工具"组的"升级"按钮 ⇐ 和"降级"按钮 ⇒ 进行级别的整理。例如，单击"升级"按钮 ⇐ ，可以使"正文文本"变成"标题 3"。单击"降级"按钮 ⇒ ，可以使"标题 1"变成"标题 2"。

在大纲工具栏中，单击"大纲工具"组的"提升至标题 1"按钮 ⇑ 指将该项目提升至大纲的最高级别。单击"降级为正文"按钮 ⇓ 指将该项目降级为正文文本。

在大纲工具栏中，单击"大纲工具"组的"展开"按钮 ✚ 或"折叠"按钮 ➖，可以"展开"或"折叠"所选项目。

在大纲工具栏中，单击"关闭"组中单击"关闭大纲视图"按钮，可以退出大纲视图回到页面视图。

图 3-53　"大纲"选项卡

例如用户对"第 1 章桂林山水简介"文字设为级别"1 级"，对"1.1 桂林的山""1.2 桂林的水""1.3 桂林散文"设为级别"2 级"，对桂林散文后的所有文字设为级别"正文文本"。

步骤如下：

① 先选中文档中"第 1 章桂林山水简介"文字，在"大纲"选项卡的"大纲工具"组中单击"正文文本"下拉按钮，选"1 级"。

② 先选中文档中"1.1 桂林的山"文字，在"大纲"选项卡的"大纲工具"组中单击"级别"下拉按钮，选"2 级"。

③ 先选中文档中"1.2 桂林的水"文字，在"大纲"选项卡的"大纲工具"组中单击"级别"下拉按钮，选"2 级"。

④ 先选中文档中"1.3 桂林散文"文字，在"大纲"选项卡的"大纲工具"组中单击"级别"下拉按钮，选"2 级"。

⑤ 先选中文档中桂林散文后的所有文字，在"大纲"选项卡的"大纲工具"组中单击"级别"下拉按钮，选"正文文本"。

⑥ 在"大纲"选项卡的"关闭"组中单击"关闭大纲视图"按钮，退出大纲视图。

3.5.2　导航窗格

为了使用户能快速浏览长文档，用户先按前面"大纲视图"一节的内容，设置大纲级别，即"标题 1""标题 2""标题 3""正文文本"等，然后开始使用导航窗格。

Word 2010 中新增的文档导航方式有四种：标题导航、页面导航、关键字导航和特定对象导航，让你轻松查找段落，快速定位到想查阅的或特定的对象上。

1. 标题导航

标题导航是可以看到文档结构图的导航方式。在导航方式中，用户既可以看到文档层次标题，又可以看到相应的文档内容。只要单击标题，就会自动定位到相关内容上。

打开导航窗格的方法是先单击"视图"选项卡，在"显示"组中单击"导航窗格"复选框，勾选。这时，在文档窗口左侧出现"导航窗格"，如图 3-54 所示。在打开的"导航窗格"，单击"浏览您的文档中的标题"按钮，用户可以看到文档结构图。只要用户单击导航的标题，就会切换到相关段落上。

在标题导航中，可以显示指定级别标题。如果用户只显示文档中一级和二级标题，方法是：在标题导航窗格中，右击，在快捷菜单中选择"显示标题级别"选项，在其下拉列表中选择"显示至标题 2"。

在标题导航中，可以调整文档的结构，改变大纲级别或标题层次。方法是：在标题导航窗格中，右击，在快捷菜单中选择"升级"选项或"降级"选项。

使用标题导航时要注意，打开的超长文档必须先设置标题。如果没有设置标题，就无法用文档标题进行导航。如果文档先设置了多级标题，导航会比较准确。

2. 页面导航

页面导航就是根据页面缩略图进行导航。方法是：单击"导航"窗格上的"浏览你的文档中的页面"按钮，将导航方式切换到"页面导航"。这时，在"导航"窗格上以页面缩略图形式列出文档分页。如图 3-55 所示。用户单击"页面缩略图"，就能快速定位到相关页面进行查阅。

图 3-54　标题导航

图 3-55　页面导航

3. 关键词导航

关键词导航是使用关键词进行全文搜索，并把搜索结果显示在"导航"窗格中。方法是：单击"导航"窗格上的"浏览你当前搜索的结果"按钮，然后在文本框中输入关键字，"导航"窗格上就会列出包含关键词的导航链接，如图 3-56 所示。单击这些导航链接，就可以快速定位到文档相关位置。

4. 特定对象导航

导航功能还可以快速查找文档中的这些特定对象，如图形、表格、公式、批注等对象。方法是：单击搜索框右侧放大镜后面的下拉按钮，选择"查找"栏中的相关选项，就可以快速查找文档中的图形、表格、公式和批注，如图 3-57 所示。

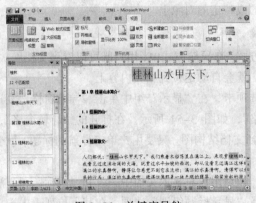

图 3-56　关键字导航　　　　　　　　　　图 3-57　"搜索"下拉列表

　　如果想要取消导航窗格，方法是：选择"视图"选项卡，在"显示"组中单击"导航窗格"复选框，取消选中即可。

3.5.3　文档样式

　　样式是具有统一格式的一系列排版命令的集合，使用样式可以简化对文档的编辑操作，节省排版的时间，并且使用同一个样式，可以使文档具有统一风格的格式，从而使版面整齐、美观。在 Word 2010 中提供了字符样式和段落样式。

1．创建样式

　　单击"开始"按钮，在"样式"组中单击"快速样式"右侧下拉按钮。这时，将出现"快速样式"下拉列表，在"快速样式"下拉列表中选择一种样式。

　　如果不能满足用户需要，用户可以单击"快速样式"右侧下拉按钮，在下拉列表中选中"将所选内容保存为新快速样式…"选项。这时，出现"根据格式设置创建新样式"对话框 1，如图 3-58 所示。

　　在"根据格式设置创建新样式"对话框 1 中，用户可以修改新样式的名称，单击"修改…"按钮，这时，出现"根据格式设置创建新样式"对话框 2，如图 3-59 所示。在"根据格式设置创建新样式"对话框 2 中，直接修改或者按"格式"按钮，修改字体、段落等，最后单击"确定"按钮。

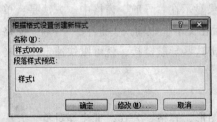

图 3-58　"根据格式设置创建新样式"
对话框 1

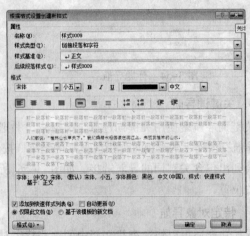

图 3-59　"设置创建新样式"
对话框 2

2．使用样式

使用样式的方法是先选中需要应用样式的文本，选择"开始"选项卡，在"样式"组中单击的"快速样式"下方的下拉按钮，在弹出的窗格中选择一种需要的样式。

3．修改样式

样式可以进行修改，变成用户想要的样式。

例如，用户要求把"标题 1"修改样式成为"黑体 3 号红色字"，具体步骤如下：

① 选择"开始"选项卡。

② 在"样式"组中单击右下角的小三角按钮　。这时，窗口右侧弹出"样式"窗格。

③ 在打开的"样式"窗格，单击"标题 1"边下拉按钮，弹出一个下拉列表。

④ 单击下拉列表中的"修改…"按钮。这时，弹出"修改样式"对话框，如图 3-60 所示。

⑤ 在"修改样式"对话框，单击"格式"按钮，弹出一个下拉列表。

⑥ 在下拉列表中选择"字体…"选项，出现"字体"对话框，如图 3-61 所示。

⑦ 在"字体"对话框中，设置"中文字体"为"黑体"，"字号"为"3 号"，"字体颜色"为"红色"。

⑧ 单击"确定"按钮。

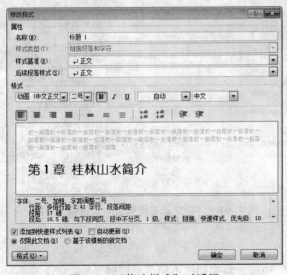

图 3-60　"修改样式"对话框　　　　　图 3-61　"字体"对话框

4．删除样式

在设置文档版式的过程中，样式过多会影响样式的选择，用户可以将不需要的样式从样式列表中删除，以便对有用的样式进行选择。

方法是先选择"开始"选项卡，在"样式"组中单击右下角的下拉按钮　，在弹出的"样式"窗口中选择一种样式，然后单击鼠标右键选择需要删除的样式，然后在快捷菜单中选择"从快速样式库中删除"命令，将指定的样式删除。

5．多级列表

应用多级列表，可以清晰地表现复杂的文档层次。在 Word 2010 中可以拥有 9 个层级，在每个层级里面可以根据需要设置不同的形式和格式。

例如，用户对"桂林散文"加节号，即加二级标题，对二级标题进行自动编号，对二级标题设为 x.Y 的编号，其中 x 是指章号，Y 是指某章中小节号。如果"标题 1"已经在样式一节中设置好，章号已经应用了样式"标题 1"，对于节号的设置可以用多级符号。步骤如下：

① 选中文字"桂林散文"。

② 单击"多级列表"按钮，打开下拉列表，如图 3-62 所示。

③ 单击下拉列表的"定义新的多级列表…"按钮。这时，出现"定义新的多级列表"对话框，如图 3-63 所示。

④ 在"定义新的多级列表"对话框中，单击左侧的级别"2"按钮，在"在输入编号的格式"下选择"1.1"样式。

⑤ 单击"确定"按钮。

图 3-62　"多级列表"下拉列表

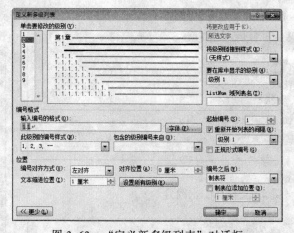

图 3-63　"定义新多级列表"对话框

3.5.4　拆分窗口

处理比较长文档时，可使用 Word 拆分窗口功能，将文档的不同部分同时显示。

1. 拆分文档窗口

拆分文档窗口把一个 Word 窗口拆分成两个窗口。拆分文档窗口有两种方法。

① 选择"视图"选项卡，在"窗口"组中单击"拆分"按钮，然后文档窗口中会出现一条横线，用于选择拆分位置，单击即可将当前窗口分割为两个子窗口。

② 在窗口右侧滚动条上部的横线，鼠标呈现中间双线，并且有上下箭头，按住向下拖动即可。

拆分以后的两个窗口属于同一窗口的子窗口，各自独立工作，用户可以同时操作两个窗口，迅速地在文档的不同部分之间进行切换。

2. 取消拆分窗口

取消拆分窗口合并成一个窗口。取消拆分窗口有两种方法。

① 选择"视图"选项卡，在"窗口"组中单击"取消拆分"按钮即可。

② 在窗口拆分线上，按住鼠标拖动到窗口最上面，即滚动条上部的横线。

3.5.5　插入目录

目录是书籍中不可缺少的一部分内容。在目录中会列出书中的各级标题以及每个标题所在的页码，用户通过目录能快速查找到文档中所需阅读的内容。

插入目录的方法是：光标先放在标题的前面，选择"引用"选项卡，在"目录"组中单击"目录"下面下拉按钮，选择下拉列表中"自动目录 1"选项。

3.5.6　脚注和尾注

脚注指对单词或词语的解释或补充说明，放在每一页的底端。尾注指对文档中引用文献的来源，放在文档的结尾处。在一个文档中，可以同时使用脚注和尾注两种形式。用户可用脚注作为详细说明，而用尾注作为引用文献的来源。

1. 插入脚注

方法是：先选中文字，如"桂林"文字，选择"引用"选项卡，在"脚注"组中单击"插入脚注"按钮。然后在这一页最下面编号是 1 的后面输入相应的注释内容，如"桂林是广西壮族自治区最重要的旅游城市"。

2. 插入尾注

方法是：先选中文字，如"桂林散文"文字，选择"引用"选项卡，在"脚注"组中单击"插入尾注"按钮。然后在本文档的结尾处 i 的位置后面输入尾注内容，如"舟行碧波上走，人在画中游"。

3.5.7　题注和交叉引用

1. 题注

题注是指表格、图表、公式或其他对象下方显示的一行文字，用于描述该对象。用户可以在插入表格、图表、公式或其他对象时自动地添加题注，也可以为已有的表格、图表、公式或其他对象添加题注。

如果用户要插入"图 x-Y"的题注，具体步骤：

① 光标定位在图的说明文字前面

② 选择"引用"选项卡

③ 在"题注"组中单击"插入题注"按钮 　。这时，出现"题注"对话框，如图 3-64 所示。

④ 在"题注"对话框中，单击"新建标签…"按钮。这时，出现"新建标签"对话框。

⑤ 在"新建标签"对话框中，"标签"输入"图"字，单击"确定"按钮

⑥ 在"题注"对话框中，单击"编号…"按钮。这时，出现"题注编号"对话框，如图 3-65 所示。

⑦ 在"题注编号"对话框中，选中"包含章节号"复选框。

⑧ 单击"确定"按钮。

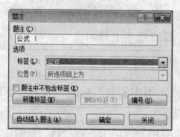

图 3-64　"题注"对话框

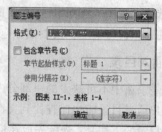

图 3-65　"题注编号"对话框

2. 交叉引用

交叉引用就是在文档的一个位置引用另一个位置的内容。Word 可以为标题、脚注、书签、题注、编号段落等建立交叉引用。建立交叉引用实际上是在要插入引用内容的地方建立一个域。在文档中看到"有关***的详细内容"或"请参阅***的字样"，此类引用就是采用了交叉引用。

使用交叉引用能使用户尽快地找到想要找的内容，也能使整本书的结构更紧凑、更有条理。

在建立交叉引用前首先要保证文档中建立了可交叉引用的项目，如编号、标题、书签、题注、脚注、图、表格。具体步骤如下：

① 选择"引用"选项卡。

② 在"题注"组中单击"交叉引用"按钮，将出现"交叉引用"对话框。如图 3-66 所示。

③ 在"交叉引用"对话框中，在"引用类型"中选择"图"，在"引用内容"中选择"只有标签和编号"。

④ 单击"插入"按钮。

注意：若用户要跳转到同一篇文档中的引用项目，可选中"插入为超链接"复选框上。

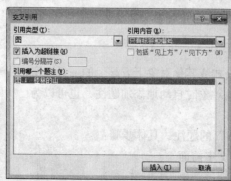

图 3-66　"交叉引用"对话框

3.5.8　邮件合并

在实际工作中，经常遇到需要处理大量日常报表和信件的情况。这些报表和信件的主要内容基本相同，只是具体数据有所变化，为此 Word 提供了非常有用的邮件合并功能。

邮件合并是一项针对不同的收件人发送相应的"专门为每一个收件人定制化"的 Office 功能。邮件合并使用成批数据，自动产生新文档。通常它需要使用 Word、Excel 和 Outlook 这几个组件。邮件合并功能可以用于制作风格统一的学生证、借书证、成绩单、信函、标签和信封等。

以成绩通知单为例介绍一下邮件合并的方法，具体步骤台下：

① 编制 Excel 数据源"工作簿 1.xlsx"，在"工作簿 1.xlsx"中有姓名、C 语言设计、操作系统、数据库原理、网络技术和计算机英语字段，如表 3-3 所示。

表 3-3　成　绩　表

姓名	C 程序设计	操作系统	数据库原理	网络技术	计算机英语
李珍	88	90	83	79	77
张勇	78	86	82	81	80
王娟	89	76	85	91	84
吴丽	68	77	80	70	78

② 用 Word 制作主文档如图 3-67 所示。

③ 在 Word 窗口中，选择"邮件"选项卡中的"选择收件人"的下拉按钮，单击下拉列表中的"使用现有列表"选项。这时，将出现"选取数据源"对话框，如图 3-68 所示。

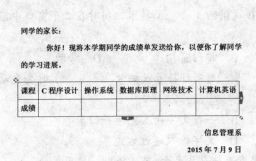

图 3-67　成绩通知单

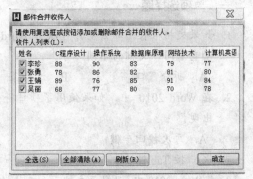

图 3-68　"选取数据源"对话框

④ 在"选取数据源"对话框中，选择已建好的数据源"工作簿 1.xlsx"，单击"打开"按钮。

⑤ 在 Word 窗口中，光标定位在"姓名"后的单元格中，选择"邮件"选项卡，在"编写和插入域"中单击"插入合并域"下拉按钮，选择"姓名"字段。

⑥ 在 Word 窗口中，光标定位在"C 程序设计"后的单元格中，选择"邮件"选项卡，在"编写和插入域"中单击"插入合并域"下拉按钮，选择"C 程序设计"字段。

⑦ 重复第⑥步，插入"操作系统""数据库原理""网络技术""计算机英语"字段，如图 3-69 所示。

《姓名》同学的家长：
　　你好！现将本学期《姓名》同学的成绩单发送给你，以便你了解《姓名》同学的学习进展。

课程	C 程序设计	操作系统	数据库原理	网络技术	计算机英语
成绩	《C 程序设计》	《操作系统》	《数据库原理》	《网络技术》	《计算机英语》

信息管理系
2015 年 7 月 9 日

图 3-69　插入域的效果图

⑧ 选择"邮件"选项卡，在"预览结果"组中单击"预览结果"按钮，再按"下一记录"按钮浏览所有的效果。

⑨ 选择"邮件"选项卡，在"完成"组中单击"完成并合并"组中"编辑单个文档"选项。这时，在 Word 文档窗口中看到效果，如图 3-70 所示。

李珍同学的家长：
　　你好！现将本学期李珍同学的成绩单发送给你，以便你了解李珍同学的学习进展。

课程	C 程序设计	操作系统	数据库原理	网络技术	计算机英语
成绩	88	90	83	79	77

信息管理系
2015 年 7 月 9 日

图 3-70　预览结果图

习　　题

一、单项选择题

1. 如果文档很长，那么用户可以用 Word 2010 提供的（　　）技术，同时在二个窗口中滚动查看同一文档的不同部分。

　　A. 拆分窗口　　　　　B. 滚动条　　　　　C. 排列窗口　　　　　D. 帮助

2. 在 Word 2010 中，如果使用了项目符号或编号，则项目符号或编号在（　　）时会自动出现。

　　A. 每次按回车键　　　　　　　　　B. 一行文字输入完毕并回车

　　C. 按 Tab 键　　　　　　　　　　　D. 文字输入超过右边界

3. 在 Word 2010 中，只显示文档而无工具栏、标尺和其他屏幕元素，可选择"视图"菜单的（　　）命令。

　　A. 页面视图　　　　　B. 大纲视图　　　　　C. 全屏显示　　　　　D. 普通视图

4. 在 Word 2010 工作过程中，当光标位于文档中某处，输入字符，通常有两种工作状态是（　　）。

　　A. 插入和改写　　　　B. 插入和移动　　　C. 改写和复制　　　　D. 复制和移动

5. Word 2010 是 Microsoft 公司推出的（　　）。

　　A. 图形处理软件　　　B. 动画制作软件　　C. 表格制作软件　　　D. 文字处理软件

6. 菜单项呈灰度显示，表明（　　）。

　　A. 有对话框　　　　　B. 不可选择　　　　C. 有下级菜单　　　　D 有联级菜单

7. 如果规定某一段的首行左端起始位置在该段落其余各行左端的左面，这叫做（　　）。

　　A. 左缩进　　　　　　B. 右缩进　　　　　C. 首行缩进　　　　　D. 悬挂缩进

8. 如果在一篇文档中，所有的"大纲"二字都被录入员误输为"大刚"，如何最快捷地改正（　　）。

　　A. 用"开始"选项卡下，"编辑"组中的"定位"命令

　　B. 用"开始"选项卡下，"编辑"组中的"撤销"和"恢复"命令

　　C. 用"开始"选项卡下，"编辑"组中的"替换"按钮

　　D. 用插入光标逐字查找，分别改正

9. 删除插入点前的汉字按键盘上（　　　）键。

    A.【Del】   B.【Ctrl+Del】

    C.【Backspace】   D.【Ctrl+Backspace】

10. 当前正在编辑的 Word 2010 文档的名称显示在窗口的（　　　）中。

    A. 标题栏   B. 菜单栏   C. 工具栏   D. 状态栏

11. 在编辑 Word 2010 文档时，如果做了误删除操作，可以立刻单击常用工具栏中（　　　）按钮，恢复被误删除的内容。

    A. "粘贴"   B. "撤销"   C. "剪切"   D. "恢复"

12. 在 Word 2010 中，默认的字号是（　　　）。

    A. 初号   B. 三号   C. 五号   D. 六号

13. 打开 Word 2010 文档，通常指的是（　　　）

    A. 把文档的内容从内存中读入，并显示出来

    B. 把文档的内容从磁盘调入内存，并显示出来

    C. 为指定文件开设一个空的文档窗口

    D. 显示并打印出指定文档的内容

14. 下列 Word 2010 的段落对齐方式中，能使段落中每一行（包括未输满的行）都能保持首尾对齐的是（　　　）。

    A. 左对齐   B. 两端对齐   C. 居中对齐   D. 分散对齐

15. 在 Word 2010 中，若要将某个段落的格式复制到另一段，可采用（　　　）。

    A. 字符样式   B. 拖动   C. 格式刷   D. 剪切

16. 在 Word 2010 操作，要想使所编辑的文件保存后不被他人查看，可以在"文件"选项卡中设置（　　　）。

    A. "信息"按钮中"保护文档"下的"用密码进行加密"

    B. "信息"按钮中"保护文档"下的"限制编辑"

    C. "信息"按钮中"保护文档"下的"打开权限口令"

    D. "选项"按钮中"保护文档"下的"打开权限口令"

17. 关于 Word 2010 中的文本框，下列说法（　　　）是不正确的。

    A. 文本框可以做出冲蚀效果   B. 文本框可以设置底纹

    C. 文本框可以做出三维效果   D. 文本框只能存放文本，不能放置图片

18. 在 Word 2010 的"字体"对话框中，不可设定文字的（　　　）。

    A. 字间距   B. 字号   C. 删除线   D. 行距

19. 在 Word 2010 文档编辑中，下列说法中正确的是（　　　）。

    A. Word 2010 文档中的硬分页符不能删除

    B. Word 2010 文档中软分页符会自动调整位置

    C. Word 2010 文档中的硬分页符会随文本内容的增减而变动

    D. Word 2010 文档中的软分页符可以删除

20. 在 Word 2010 中要想在屏幕上看到文档在打印机上打印出来的结果，编辑时应采用（　　　）方式。

    A. 普通视图   B. Web 版式视图   C. 大纲视图   D. 页面视图

第 4 章 | Excel 2010 电子表格处理软件

Excel 是微软公司出品的 Office 系列办公软件中的一个重要组件，是目前最常用的电子表格系统，可以用来制作电子表格，完成许多复杂的数据运算和数字统计，进行数据的分析管理和预测并且具有强大的制作图表的功能，还可以方便地制作各种财务统计表。

和以前的版本相比，Excel 2010 提供了更为友好的界面，操作简单，易学易懂，具有更强大的数据处理能力和电子表格处理功能。

4.1 Excel 2010 概述

Excel 2010 是 Microsoft Office 2010 系列软件中的一个重要组件，它不仅能快速完成日常办公事务中电子表格处理方面的任务，也为数据信息的分析、管理及共享提供了很大的方便。可以通过人们在工作簿上协同工作做到移动办公，在提高工作质量的同时，协助人们做出更快速、合理和高效的决策。强大的数据计算能力和直观的制图工具，使得 Excel 2010 被广泛应用于管理、统计、金融和财经等众多领域。

4.1.1 Excel 2010 的基本功能

作为 Microsoft Office 2010 的重要组件之一，Excel 2010 主要被用于电子表格处理，其主要功能如下：

（1）数据表格编辑

用户可以根据自己的需求创建数据表格，在对创建好的表格进行设计、布局和自定义打印的同时，还可以对其中的数据进行多种方式的组织和计算等处理。

（2）数据图表制作

可以根据指定的数据在工作表中创建多种类型的数据图表，以图表的形式更直观地展现数据之间的关系。

（3）嵌入图形的绘制

在 2003 等版本的基础上，Excel 2010 在绘图方面更增加了 SmartArt 和屏幕截图等绘图功能，提高绘图的效率。

（4）丰富的函数及数据统计分析工具

在 Excel 2010 中不仅提供了多方面的数据统计分析工具，还可以使用函数来处理和分析数据，函数的功能强大且使用灵活，在处理比较复杂的数据统计和分析问题时非常重要。

（5）工作簿共享

随着互联网的发展，Excel 2010 也支持将工作簿发布到网上，再通过 Web 浏览器等方式进行访问，做到多人共享一个工作簿并同时在此工作簿上工作。

4.1.2　Excel 2010 的基本概念

在使用 Excel 2010 之前，先了解几个相关的概念。

（1）工作簿

工作簿是 Excel 环境中用来存储并处理工作数据的文件，工作簿名就是 Excel 存档的文件名。简言之，工作簿就是用 Excel 软件创建的文件（Excel 2010 版本的扩展名为.xlsx），它主要用来存储和管理表格数据。在 Excel 中，一个工作簿可以包含多张表格，每张表格又可以存储不同类型的数据。

在启动 Excel 2010 时，系统会自动创建一个空白的工作簿文件，默认文件名为"工作簿 1.xlsx"，以后创建的文件名依次默认为："工作簿 2.xlsx""工作簿 3.xlsx"……。

（2）工作表

一个工作簿中可以包含多张表格，每张表格称为一个工作表。默认状态下，一个工作簿中包含 3 个工作表，其名称分别为：Sheet1、Sheet2、Sheet3，用户可以根据需要添加和删除工作表，一个工作簿最多可以包含的工作表数量为 255 个。

同一时刻，只能对一张工作表进行编辑、处理，称作当前工作表或活动工作表。如果正在使用的工作表（即活动工作表）是第一张工作表，则 Sheet1 显示为白色。在工作表标签的左侧还有 4 个标签滚动按钮，用于管理工作表，依次单击它们，可将活动工作表设置成第一个工作表、上一个工作表、下一个工作表和最后一个工作表。

（3）单元格

工作表是由行（用数字编号）和列（用字母编号）交汇形成的，其中行和列交汇处的区域称为单元格。工作表中的数据都是存放在单元格中的，而且可以存放多种数据格式。

在 Excel 中通过单元格名称（又称为单元格地址）来区分单元格，其中单元格名称由列序号字母和行序号数字组成，如 A5 就表示第 A 列和第 5 行交汇处的单元格。

在 Excel 2010 中，一个工作表最多由 1 048 576 行和 16 384 列构成，其中每行的行号显示在工作表的最左侧，列号显示在工作表的最上侧，也可以通过【Ctrl+↓】或【Ctrl+→】组合键来直接查看当前工作表的最后一行或最后一列。

4.1.3　Excel 2010 的启动和退出

启动 Excel 2010 的方式有很多，通常我们使用以下几种：

（1）从"开始"菜单启动

单击桌面左下角的"开始"按钮，在弹出的"开始"菜单中单击"所有程序"→"Microsoft Office"→"Microsoft Office Excel 2010"按钮。

（2）通过打开工作簿文件启动

在计算机中找到一个已经存在的工作簿文件（扩展名为.xlsx），双击该文件图标。

如果在桌面上已经有创建好的 Excel 2010 快捷方式也可通过双击该桌面快捷方式图标来启动 Excel 2010。

Excel 2010 启动后的窗口如图 4-1 所示。

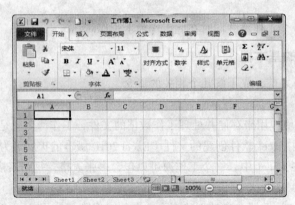

图 4-1　Excel 2010 窗口界面

在使用完 Excel 2010 后，需要退出该软件，常见的退出方法如下：

① 单击启动窗口右上角的"关闭"按钮 。

② 双击启动窗口左上角的控制菜单图标 。

③ 选择启动窗口左上角的"文件"按钮 ，选择弹出菜单中的"退出"选项。

4.1.4　Excel 2010 的操作界面

启动 Excel 2010 后，将进入 Excel 的主界面窗口（图 4-2），可以看到，除了 Excel 本身的程序窗口，系统还自动创建了一个名为"工作簿 1"的空白工作簿，在此可以进行数据的输入、编辑和图表制作等操作。

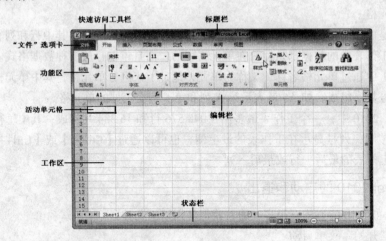

图 4-2　Excel 的主界面窗口

1. 主界面窗口结构

一个标准的 Excel 主界面窗口由快速访问工具栏、标题栏、"文件"选项卡、功能区、名称框、编辑栏、工作区和状态栏等几部分组成。

与 Excel 2007 相同，Excel 2010 的操作界面不再采用菜单和工具栏等形式来组织，而是用功能选项卡的形式直观地将众多的命令巧妙地组合在一起，更便于用户在使用时进行选择和查找。

（1）快速访问工具栏

快速访问工具栏位于标题栏的左侧，包含一组用于 Excel 工作表操作的最常用命令，如"保存"⊟、"撤销"↶和"恢复"↷等。

（2）标题栏

标题栏位于主界面的顶端，中间显示当前编辑的工作簿名称。启动 Excel 时，默认的工作簿名称为"工作簿 1"。

（3）"文件"选项卡

"文件"选项卡是 Excel 2010 中的一项新设计，在 Excel 2007 中它以"Office 按钮"的方式组织，而在 Excel 2003 则是常用的菜单形式。

选择"文件"选项卡后，会显示一些与文件相关的常见命令项，与 Excel 2007 及 Excel 2003 相同，主要包括"新建""打开""关闭"等，具体如图 4-3 所示。

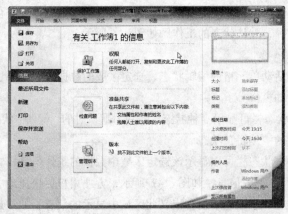

图 4-3　Excel 2010"文件"选项卡

（4）功能区

Excel 2010 的功能区由各种选项卡和包含在各选项卡中的命令按钮组成，通过功能区不仅可以轻松地查找以前版本中隐藏在复杂菜单和工具栏中的命令，还能将各种命令以分组的形式进行组织，更加方便用户的使用。

功能区中除了"文件"选项卡外，默认状态下还包括"开始""插入""页面布局""公式""数据""审阅"和"视图"等 7 个选项卡，其中默认选择的为"开始"选项卡，可以通过单击选项卡名称在各选项卡之间进行切换。

（5）编辑栏

编辑栏是位于功能区下方工作区上方的窗口区域，主要用于显示和编辑活动单元格的名称、数据及公式等。

编辑栏从左到右依次由"名称框""功能按钮"和"公式框"3 部分组成（如图 4-4 所示）。

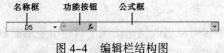

图 4-4　编辑栏结构图

"名称框"用于显示活动单元格的名称（也称为地址）。正因如此，可以在名称框直接输入单元格名称来快速定位该单元格。如在输入"D5"并按【Enter】键后，活动单元格自动定位到第 D 列第 5 行的单元格。

"公式框"主要用于输入和编辑活动单元格的内容，包括数据、公式等。

当向单元格中输入内容时，"功能按钮"区域除了显示"插入函数"按钮 _f_ 之外，还会出现"取消" ✗ 和"输入" ✔ 两个按钮，如图 4-5 所示。在内容输入结束时可通过单击"输入"按钮来确认当前输入的内容，也可单击"取消"按钮取消当前输入的内容，使得当前单元格的内容回到输入以前的状态。

图 4-5   输入数据时的编辑栏

（6）工作区

工作区是用于编辑和显示数据的主要工作场所，从工作区底端的工作表标签可以看出当前工作簿中有几个工作表以及当前工作表是哪一个。当要切换到其他工作表进行编辑时可通过单击相应的工作表标签进行选择，默认状态的工作区如图 4-6 所示。

（7）状态栏

状态栏是用来显示活动单元格的编辑状态、选定区域的数据统计结果、工作表的显示方式及工作表显示比例等信息的窗口。

在 Excel 2010 中，状态栏可显示 3 种状态，分别为默认时的"就绪"状态、输入数据时的"输入"状态及编辑数据时的"编辑"状态。

在选定数据区域时，状态栏可以显示该选定区域中数据的统计信息，默认状态时包括"平均值""计数"和"求和"三部分信息，如图 4-7 所示，方便用户更快捷地了解选定区域中数据的总体信息。还可以通过在状态栏上右击自定义此区域中显示的信息，如"最大值""最小值"等。

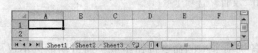

图 4-6   默认状态时的工作区

图 4-7   显示统计信息时的状态栏

在数据统计区域右侧显示的依次为"普通"⊞"页面布局"▣ 和"分布预览"⊞ 3 个视图切换按钮，方便用户在不同的视图方式间切换。

最右侧显示的"缩放级别"按钮和"显示比例"控件主要用来控制工作表的显示比例。

2．自定义操作界面

进入 Excel 2010 的工作界面后，用户可以根据自己的需要和使用习惯对默认状态的操作窗口进行自定义。

（1）自定义快速访问工具栏

快速访问工具栏的自定义可通过单击该工具栏右侧的下拉箭头，在弹出的快捷菜单中选择或取消选择相应的命令项来实现，如图 4-8 所示。

从图 4-8 中可以看出，不仅可以更改快速访问工具栏中显示的命令项，还可以更改快速访问工具栏的显示位置（选择菜单中的"在功能区下方显示"选项）。

（2）最小化功能区

在 Excel 2010 中，功能区主要以选项卡的形式组织，提高了人们的工作效率，但也使得工作区的显示范围缩小，不方便我们同时浏览更多的数据。

在 Excel 2010 中可以通过单击功能区右上方的"功能区最小化"按钮 来隐藏功能区，隐藏后功能区只显示选项卡的名称，相应的"功能区最小化"按钮 也转变成"展开功能区"按钮 ，单击该按钮便可将隐藏的功能区再次显示出来。

（3）自定义功能区。Excel 2010 中的功能区是由多个选项卡组成的，在每个选项卡中又分为多个组，每个组中包含着多个命令按钮，每个命令按钮均有各自的功能。对功能区的自定义就是在这些对象的基础上进行的。

在功能区的空白处右击，在弹出的快捷菜单中选择"自定义功能区"选项，打开"Excel 选项"对话框，如图 4-9 所示。在该对话框左侧的窗格中选择"自定义功能区"选项后，即可在右侧的窗格中实现功能区的自定义。

图 4-8　自定义快速访问工具栏菜单

图 4-9　"Excel 选项"对话框

① 新建/删除选项卡。单击"Excel 选项"对话框"自定义功能区"窗格中的"新建选项卡"按钮，系统将自动创建一个新建选项卡，其中包含一个新建组，单击"确定"按钮，新建的选项卡就会出现在功能区中，如图 4-10 所示。

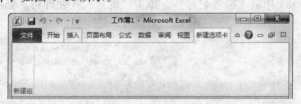

图 4-10　"新建选择卡"效果图

如果要删除新建选项卡，可在"自定义功能区"窗格右侧的列表中选择该选项卡，再单击"删除"按钮即可。

② 新建/删除组。在"自定义功能区"窗格右侧的列表中选择某个选项卡，单击"新建组"按钮，系统将在此选项卡中添加一个新建组，单击"确认"按钮完成操作，如图 4-11 为添加了 3个新建组后的新建选项卡。

删除新建组时要先在"自定义功能区"窗格右侧的列表中选择该新建组，再单击"删除"按钮来完成删除。

图 4-11　"新建组"效果图

③ 添加/删除命令。新建组完成以后即可添加命令按钮到该新建组中，添加命令时需要先在"自定义功能区"窗格右侧的列表中选择要添加命令按钮的新建组，再从该窗格左侧的列表中选择要添加的命令，最后单击"添加"按钮完成操作。如图 4-12 为在第一个新建组中添加了 4 个命令项后的效果。

图 4-12　"新建命令按钮"效果图

和删除组操作类似，先选择要删除的命令按钮再单击"删除"按钮即可删除该命令按钮。

④ 重命名选项卡、组、命令按钮。重命名选项卡、组和命令按钮的操作类似，只需在"自定义功能区"窗格右侧的列表中选择要重命名的对象，单击"重命名"按钮，在弹出的"重命名"对话框（如图 4-13 所示）中输入新的名称后，单击"确定"按钮即可。如图 4-14 所示即为重命名操作后的效果。

图 4-13　"重命名"对话框　　　　　图 4-14　"重命名操作"效果图

⑤ 调整选项卡、组、命令次序。可通过"自定义功能区"窗格右侧的"上移"〔▭〕和"下移"〔▭〕按钮来调整选项卡、组和命令项的次序。

（4）自定义状态栏

在状态栏上右击，在弹出的快捷菜单中选择或取消选择相应的菜单项即可实现状态栏的自定义。

4.1.5　Excel 2010 中的视图

在 Excel 2010 中浏览表格数据时，可将一个工作表中的内容同时显示到几个小窗口中，也可在一个窗口中同时查看多个工作表中的内容，还可对各种浏览的方式进行多方面的设置，如显示比例的设置等。

1. 工作簿视图

Excel 2010 支持以多种视图方式查看工作表，如普通视图、页面布局视图、分页预览视图、自定义视图等。我们可以通过功能区的视图选项卡来控制和切换视图方式。

（1）普通视图

普通视图是最常见的、默认状态下的工作表查看方式，在该视图中，可以使用工作区右侧的垂直滚动条和下方的水平滚动条来浏览当前窗口中未显示完整的表格数据。

（2）页面布局视图

页面布局视图将工作表打印的预览效果呈现给我们，不仅如此，还允许我们在此"预览效果"上直接对工作表进行编辑，包括工作表中的数据、页眉、页脚以及公式等。

（3）分页预览视图

如果要调整打印时每页所包含数据区域的大小，可将当前视图切换到分页预览视图。切换时要先单击"视图"选项卡"工作簿视图"选项组中的"分页预览"按钮，再在弹出如图 4-15 所示的"欢迎使用'分页预览'视图"对话框中单击"确定"按钮。进入分页预览视图后，可以将光标定位到蓝色线（即分页符）上，当光标变为↔或↕形状时按下鼠标左键不放并拖动鼠标来调整页面的范围。

（4）自定义视图

自定义视图可用于将打印区域设置为整个表格的部分区域，或将多个不相邻的数据区域打印到同一个页面上，主要通过"视图管理器"对话框（如图 4-16 所示）来实现，篇幅问题在此不做详细介绍，有兴趣的读者可参考相关书籍或网络资源。

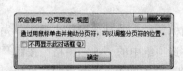

图 4-15　"欢迎使用'分页预览'视图"对话框　　　　图 4-16　视图管理器

（5）全屏显示视图

全屏显示视图主要是将工作表以全屏的方式查看，为了获得最大化的数据显示区域，进入该视图后 Excel 窗口中的功能区、标题栏等都被隐藏，退出该视图可按【Esc】键，退出后将自动进入普通视图。

2. 视图窗口操作

在打开并查看工作簿数据时，除了控制视图方式外，也可以通过窗口操作来提高数据查看和编辑的效率。在此以查看实例表格"学生成绩统计表"（如图 4-17 所示）来介绍窗口操作。

（1）新建窗口

新建窗口操作可以让我们在多个窗口中查看同一个工作簿文件中的数据，而且该工作簿文件可以在这多个窗口中的任意一个中编辑，无论在哪个窗口编辑了数据，其他窗口中的数据都会随之发生改变。

学生成绩统计表							
姓名	性别	系别	外语	计算机	数学	总分	平均分
张强	男	财金	89	98	89	276	92.00
赵小丽	女	工商	52	76	96	224	74.67
陈大斌	男	信管	78	86	80	244	81.33
李珊	女	会计	82	76	82	240	80.00
冯哲	男	工商	83	88	85	256	85.33
张青松	男	会计	82	52	90	224	74.67
封小莉	女	财金	74	82	86	242	80.67
周晓	女	信管	78	82	74	234	78.00

图 4-17　学生成绩统计表

在实际应用中，新建窗口操作常被用于工作簿数据量较大等情况下，通过新建窗口的方式同时访问工作簿中的不同区域，方便用户同时浏览更多的数据。

在用两个窗口同时打开一个文件时，在此为"学生成绩统计表"，两个窗口的名称分别为"学生成绩统计表:1"和"学生成绩统计表:2"，使用更多窗口时的窗口名称依此类推。

我们还可以借助"视图"选项卡的并排查看、全部重排等命令重新摆放各个窗口的位置，方便我们后续的操作。

（2）全部重排

全部重排窗口允许用户对已打开的多个 Excel 窗口，在屏幕上按不同的方式显示，显示的方式包括：平铺、水平并排、垂直并排及层叠等，默认为平铺方式。

设置重排窗口效果时，需要在打开多个 Excel 窗口后，单击"视图"选项卡"窗口"选项组中的"全部重排"按钮，在弹出的"重排窗口"对话框（如图 4-18 所示）中选择相应的排列方式即可。

（3）冻结窗格

冻结窗格操作可用于冻结指定的数据区域，使得该窗口中滚动条只对未冻结的数据区域起作用。

冻结"学生成绩统计表"前两行（表标题行和列标题行）的具体操作步骤为：先单击第 3 行的行号选中第 3 行，再单击"视图"选项卡"窗口"选项组中的"冻结窗格"按钮，在弹出的如图 4-19 所示的冻结选项菜单中选择"冻结拆分窗格"选项即可。冻结后的效果如图 4-20 所示。

图 4-18　"重排窗口"对话框

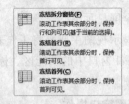

图 4-19　冻结选项菜单

执行以上操作完成冻结后，冻结选项菜单的第一个选项会自动转变为"取消冻结窗格"选项，单击此选项即可退出冻结状态。

也可以在冻结开始时选择某个单元格来进行行列两方向的冻结操作，或通过直接选择"冻结首行""冻结首列"等来冻结特定的数据区域。

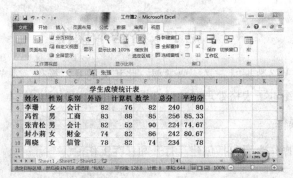

图 4-20　冻结前两行效果图

（4）拆分窗口

当工作表中的数据区域较大导致无法全部在工作区显示时，可以使用拆分窗口操作将其拆分成多个窗格，使得同一个工作表中的数据显示在多个窗格中，每个窗格均可浏览工作表中的数据，方便用户前后对照修改和编辑数据。

拆分窗口时需先用鼠标单击当前工作表中的某一单元格以选中该单元格，再单击"视图"选项卡"窗口"选项组中的"拆分"按钮，可以发现在该单元格的左上角出现两条十字交叉的分隔线，将当前工作区窗口拆分为 4 个窗格，每个窗格中均显示当前工作表的内容，用户可以根据需要使用鼠标拖动分隔线来调整各窗格的大小，也可以通过鼠标双击分隔线的方法取消窗口拆分。

也可以在拆分时用鼠标单击行号或列号以选中某行或某列，再执行后续操作，使得拆分后的窗格是以选中行或选中列为基准的两个窗格。

（5）并排查看

实际工作中，常常需要比较两个表格的数据差异，并排查看操作可以很方便的满足该需求，特别是将其与同步滚动等功能相结合时会大大减少人工比较的工作量。

在 Excel 2010 中同时打开多个工作簿时，"视图"选项卡"窗口"选项组中的"并排查看"按钮将处于激活状态，单击该按钮可直接进入多个工作簿表格数据的比较状态，而且此时与该按钮相邻的"同步滚动"按钮也被默认选定，使得这多个工作簿中的滚动条有了同步滚动的效果，更加方便表格数据的比较。

Excel 中的视图是一个非常有力的工具，合理使用视图可以大大提高我们的工作效率。除以上视图功能外，在"视图"选项卡中我们还可以使用"显示比例""切换窗口"等功能来辅助我们处理表格数据。

4.1.6　Excel 2010 新特性

Excel 2010 是微软公司于 2010 年推出的新版软件，与之前的版本相比变化较大，给用户带来全新的体验。

① 对于熟悉 Excel 2003 的用户来说，Excel 2010 最大的变化就是将"菜单"和"工具栏"改进成"选项卡"的形式，让人一目了然，对命令的查找更加快捷。

② 与 Excel 2003 相比，Excel 2010 在设置格式时增加了实时预览的效果，更方便用户对设置效果的取舍。

③ 在 Excel 2007 之后，Excel 2010 的改进相对较少，主要体现在文件选项卡、屏幕截图、迷你图和切片器等方面，我们可在今后的学习中逐渐接触和了解。

4.2　电子表格基本操作

在使用 Excel 处理表格数据时，必须要掌握一些相关的基本操作，本节主要分工作簿、工作表和单元格三部分来介绍电子表格处理时的基本操作。

4.2.1　工作簿基本操作

常用的工作簿基本操作主要包括创建、打开和保存工作簿。

1. 创建工作簿

使用 Excel 工作，首先必须创建一个工作簿，可以通过以下几种方式创建工作簿。

（1）自动创建

启动 Excel 2010 后，系统会自动创建一个名称为"工作簿 1"的工作簿，其中包含三个工作表：Sheet1、Sheet2 和 Sheet3。

（2）使用"文件"选项卡创建

启动 Excel 2010 后，单击"文件"选项卡下弹出的下拉菜单中的"新建"按钮，进入如图 4-21 所示的界面。

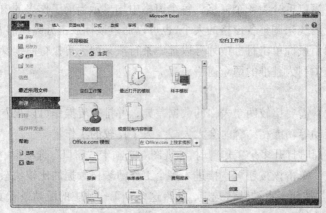

图 4-21　使用"文件"选项卡创建工作簿过程

在图 4-21 中的"可用模板"列表中选择"空白工作簿"选项，再单击右下角的"创建"按钮 完成创建过程。

图 4-21 中的"可用模板"列表中也可以根据需要选择其他的模板选项创建基于该模板的工作簿文件。

2. 保存工作簿

工作簿创建好后便可以进行编辑等操作，在编辑完成时需要将编辑结果进行保存，保存工作簿的具体步骤如下：

① 单击快速访问工具栏中的"保存"按钮 （也可打开"文件"选项卡，在弹出的下拉菜单中选择"保存"选项或使用【Ctrl+S】快捷键）。

② 如果是第一次保存该工作簿文件，执行上述步骤后会弹出如图 4-22 所示的"另存为"对话框，在"文件名"文本框输入要命名的文件名后，单击"保存"按钮完成操作。保存时输入的文件名会在下次打开该文件时显示在 Excel 窗口的标题栏。

保存工作簿时，还可以在"另存为"对话框中做以下常见的操作：

① 通过修改"作者"和"标记"文本框中的内容来编辑或添加作者信息和标记。

② 单击"工具"按钮后在弹出的快捷菜单中选择"常规选项"选项，在弹出的"常规选项"对话框（如图 4-23 所示）中添加或修改相应权限的文件密码。

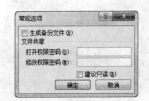

图 4-22 "另存为"对话框　　　　　　　　图 4-23 "常规选项"对话框

3. 打开工作簿

在实际工作中，常对已有的工作簿文件重新进行编辑，此时就需要先打开该工作簿文件。打开工作簿文件的方法如下：

（1）使用文件图标打开

先在资源管理器中找到要打开的工作簿文件，双击该文件图标即可。

（2）使用"文件"选项卡打开

先启动 Excel 2010，单击"文件"选项卡下弹出的菜单中的"打开"按钮，再在弹出的"打开"对话框（如图 4-24 所示）中通过地址导航栏找到并选中该文件，单击"打开"按钮完成操作。

图 4-24 "打开"对话框

4.2.2　工作表基本操作

在工作簿中，通过工作表标签（如图 4-25 所示）可以看出工作簿中包含几个工作表，也可以借助工作表标签来对工作表做一些常规操作。

1. 选择工作表

在处理表格数据时，常需要选择某个工作表以便进一步对其进行编辑等操作，在 Excel 2010 中选择工作表操作又可以分为以下几种情况。

（1）选择单个工作表

要选择单个工作表，只需单击该表的工作表标签即可，如图 4-25 中即为选择"Sheet1"工作表的情形。

图 4-25　工作表标签示意图

工作簿中有多个工作表时，可能会出现当前窗口无法全部显示所有工作表的工作表标签，此时可以通过"工作表导航栏"中的 ◄ ◄ ► ► 按钮先显示出隐藏的工作表标签，再单击该标签来选择工作表，也可以右击"工作表导航栏"中的 ◄ ◄ ► ► 按钮，在弹出的快捷菜单中选择需要的工作表。

（2）选择连续的多个工作表

要选择连续的多个工作表，需要在选择第一个工作表后，按住【Shift】键再选择最后一个工作表完成操作。如图 4-26 为连续选择 2 个工作表时的情形，可以通过工作表标签的激活状态判断出选择的是"Sheet2"和"Sheet3"两个工作表。

图 4-26　选择两个工作表时的效果图

（3）选择不连续的多个工作表

要选择不连续的多个工作表，只需在选择每张工作表时先按住【Ctrl】键再进行选择即可。

选择多个工作表时修改了活动工作表的数据，则其他被选定工作表的对应单元格数据也会随之改变。如在同时选定 Sheet1 和 Sheet3 时，在 Sheet1 工作表的 A1 单元格中输入内容"测试数据"后，Sheet3 工作表的 A1 单元格内容也变为"测试数据"。

2. 添加和删除工作表

默认状态下，一个工作簿中包含三个工作表，在实际应用中，还需要对工作表进行添加和删除。在此分别介绍两种常用的添加和删除工作表的方法。

（1）添加工作表

① 单击"开始"选项卡"单元格"选项组中"插入"按钮 下方（或右侧）的 按钮，在弹出的如图 4-27 所示的菜单中选择"插入工作表"选项完成操作。

② 右击工作表标签，将弹出如图 4-28 所示的右键快捷菜单，选择"插入"选项后在弹出的"插入"对话框中选择想要的工作表模板（如图 4-29 所示，默认为"工作表"模板），单击"确定"按钮完成操作。

图 4-27　添加工作表菜单

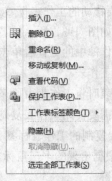

图 4-28　鼠标右键菜单

（2）删除工作表

① 单击要删除工作表的标签以选择该工作表，单击"开始"选项卡"单元格"选项组中"删除"按钮 下方（或右侧）的 按钮，在弹出的如图 4-30 所示的菜单中选择"删除工作表"选项完成操作。

② 右击要删除工作表的标签，在弹出的如图 4-28 所示的快捷菜单中选择"删除"选项即可。

图 4-29　"插入"对话框

图 4-30　删除工作表菜单

3．更改工作表名称

工作簿中的工作表通过工作表名称来相互区分，默认情况下以 Sheet1、Sheet2、Sheet3……等来命名。为了方便我们管理，通常会对工作表进行重命名操作。

① 双击要重命名的工作表标签，进入标签名编辑状态，输入想要更改的名称后按"Enter"键结束。

② 在要重命名的工作表标签上右击，在弹出的如图 4-28 所示的快捷菜单中选择"重命名"选项进入标签名编辑状态，输入想要更改的名称后按【Enter】键结束。

4．移动和复制工作表

工作表还可以在一个工作簿或多个工作簿间进行移动或复制。

（1）移动工作表

可以在一个或多个工作簿中移动工作表，若是在多个工作簿中移动时，则要求这些工作簿都必须为打开状态。移动工作表有两种方法：

① 单击要移动的工作表标签，按住鼠标左键将其拖放到目标工作簿的工作表标签区域，根据出现的倒三角标志确定工作表摆放位置后释放鼠标左键。

② 右击要移动的工作表标签，在弹出的如图 4-28 所示的快捷菜单中选择"移动或复制"选项，在弹出的如图 4-31 所示的"移动或复制工作表"对话框中根据提示选择目标工作簿和将来工作表在该工作簿中的位置后单击"确定"按钮。

（2）复制工作表

移动工作表时将工作表由原来的工作簿移动到新的工作簿中，要想在原来的工作簿中仍保留该工作表，则需要使用工作表复制来完成。可以通过两种方法进行复制：

① 单击要复制的工作表标签，同时按住【Ctrl】键和鼠标左键将其拖放到目标工作簿的工作表标签区域，根据出现的倒三角标志确定工作表摆放位置后释放鼠标左键。

② 右击要复制的工作表标签，在弹出的快捷菜单中选择"移动或复制"选项，弹出如图 4-31 所示的"移动或复制工作表"对话框中根据提示选择目标工作簿和将来工作表在该工作簿中的位置后单击"确定"按钮。

在 Excel 2010 中，还可以在工作表标签上右键单击，通过弹出的快捷菜单进行更改工作表标签颜色、显示和隐藏工作表等操作。

图 4-31　"移动或复制工作表"对话框

4.2.3　单元格基本操作

在 Excel 中，单元格才是真正存储和用来编辑数据的区域，经常会对单元格进行选择、插入和复制等操作。

1．选择单元格

选择单元格时，通常有以下几种情况：

（1）选择一个单元格

当光标形状为⇧状态时，直接单击要选择的单元格即可选择该单元格，默认状态下，单元格被选中后，单元格的地址会显示在名称框中，内容会显示在编辑栏中。

（2）选择一个连续的区域

要选择一个连续的数据区域，可先选定该区域左上角的单元格，同时按住鼠标左键不放并拖动鼠标至该区域的右下角单元格即可。

（3）选择多个不连续的区域

要选择多个不连续区域则需先选定第一个区域，然后按住【Ctrl】键选择第二个区域，同样的操作选择第三个区域，一直到所有区域选择完成。

（4）选择一行（或一列）

选择一行（或一列）时需先将光标移动到行号（或列号）上，当光标变为→（或↓）形状时单击鼠标完成选择。

（5）选择多行（或多列）

选择连续多行（或多列）时，可先选中第一行（或第一列），同时按住鼠标左键不放并拖动鼠标至最后一行（或一列）的行号（或列号）即可。

选择不连续多行（或多列）与选择多个不连续的区域类似，只需从选择第二个行开始同时按住【Ctrl】键即可。

（6）选择整个工作表的单元格

若要选择整个工作表的单元格则需要单击行号和列号相交处的"全选"按钮▇▇（或直接使用【Ctrl+A】组合键）。

2. 单元格、行和列相关操作

在选定单元格后，通常会执行插入、删除、清除等操作，一行或一列单元格又常被统一执行某些操作。在此以图 4-32 所示的"学生值日表"为例介绍这些操作。

（1）插入单元格

Excel 2010 中可在活动单元格的上方和左侧插入空白单元格，具体操作如下：

图 4-32　学生值日表

先选择要插入空白单元格的单元格区域（如"学生值日表"中的 A5 到 E5），单击"开始"选项卡"单元格"选项组中"插入"按钮▇下方（或右侧）的▫按钮，在弹出的菜单中选择"插入单元格"选项（也可直接通过右击，在弹出的快捷菜单中选择"插入"选项）进入"插入"对话框（如图 4-33 所示），然后选择合适的插入选项（在此选择默认选项"活动单元格下移"）后，单击"确定"按钮完成操作。如图 4-34 所示即为在"服装采购表"中选中 A5 到 E5 单元格区域后再进行默认插入操作的效果。

（2）删除单元格

Excel 2010 中有多种方法可用来删除不需要的单元格，以下介绍常用的方法：

选择要删除的单元格区域（如图 4-32 中的 A5 到 E5），单击"开始"选项卡"单元格"选项组中"删除"按钮▇下方（或右侧）的▫按钮，在弹出的菜单中选择"删除单元格"选项（也可直接通过右击，在弹出的快捷菜单中选择"删除"选项）进入"删除"对话框（如图 4-35 所示），选择合适的删除选项（在此选择默认选项"下方单元格上移"）后，单击"确定"按钮即可删除选定的区域。

图 4-33 "插入"对话框

图 4-34 "插入单元格"操作效果

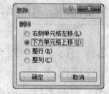
图 4-35 "删除"对话框

（3）清除单元格

清除单元格操作包括删除单元格的内容（数据或公式）、格式（包括数字格式、条件格式和边框）以及附加的批注等。具体操作步骤如下：

选择要清除格式的单元格区域（如"学生值日表"中的 D3 到 D9），在"开始"选项卡的"编辑"选项组中单击"清除"按钮 ② 清除 右侧的 按钮，在弹出的菜单中选择"全部清除"选项（图 4-36）完成清除，图 4-37 所示为将"学生值日表"中 D3 到 D9 区域的格式全部清除后的效果。

清除单元格操作时，在图 4-36 所示的菜单中也可通过选择"清除格式"等其他选项来完成相应的清除工作。

图 4-36 清除单元格菜单

图 4-37 "清除单元格"操作效果

（4）插入行（或列）

Excel 2010 中允许在行上方（或列左侧）插入一行（或一列），插入时需先用鼠标单击插入位置的行号（或列号），在此以在"学生值日表"的第五行上方（或第 E 列左侧）进行插入为例，单击"开始"选项卡"单元格"选项组中"插入"按钮 下方（或右侧）的 按钮，在弹出的菜单中选择"插入工作表行"（或"插入工作表列"）选项（也可直接通过右击，在弹出的快捷菜单中选择"插入"选项），即可在"学生值日表"的原第五行上方（或第 E 列左侧）插入空白行（或列），插入行的效果如图 4-38（插入列的效果如图 4-39）所示。

图 4-38　"插入行"操作效果

图 4-39　"插入列"操作效果

（5）删除行（或列）

Excel 2010 中删除行（或列）时需先用鼠标单击要删除行（或列）的行号（或列号），在此以删除图 4-39 中的第五行（或图 4-40 中的第 E 列）为例，单击"开始"选项卡中"删除"按钮下方（或右侧）的按钮，在弹出的菜单中选择"删除工作表行"（或"删除工作表列"）选项（也可直接通过右击，在弹出的快捷菜单中选择"删除"选项）完成删除操作。

（6）隐藏行（或列）

先单击要隐藏的行（或列）的行号（或列号），在此以隐藏"服装采购表"的第 5 行（或第 E 列）为例，单击"开始"选项卡中的"格式"按钮，在弹出的菜单中选择"隐藏和取消隐藏"选项（图 4-40），再在弹出的如图 4-41 所示的子菜单中选择"隐藏行"（或"隐藏列"）选项。

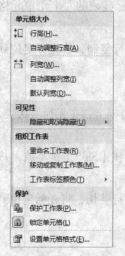

图 4-40　"格式"按钮弹出菜单

图 4-41　"隐藏和取消隐藏"子菜单

（7）显示隐藏的行（或列）

隐藏的行（或列）可以再显示出来，在"开始"选项卡中单击"格式"按钮，在弹出的菜单中选择"隐藏和取消隐藏"选项，再在弹出的子菜单中选择"取消隐藏行"（或"取消隐藏列"）选项即可。

（8）调整行高（或列宽）

有多种方法可调整行高（或列宽），调整时可以是一行（或一列）又可以是多行（或多列），在此介绍常用的两种：

① 选择要调整的行或列（可为多行或多列），将光标定位到最后一行（或最后一列）行号（或列号）的下（或右）边框线上，当光标变为┿（或┾）形状时单击鼠标不放并向下（或向右）拖动鼠标，一直拖到合适的行高（或列宽）时再释放鼠标。

② 选择要调整的行或列（可为多行或多列），在"开始"选项卡中单击"格式"按钮，在弹出的菜单中选择"行高"（或"列宽"）选项，在弹出如图 4-42 所示的"行高"（或图 4-43 所示的"列宽"）对话框中输入想要设置的高度值（宽度值）即可。

注意：同时对多行（或多列）调整高度（或列宽）时，操作完成后所调整的各行（或各列）的高度（或宽度）相同。若调整后单元格的宽度不足以显示其内容时，该单元格可能会显示成"######"的形式。

图 4-42　"行高"对话框

图 4-43　"列宽"对话框

3．复制和移动单元格区域

关于复制和移动单元格区域，分别以两种方式来介绍：

（1）复制单元格区域

① 先选中要复制的单元格区域，将光标移到该区域的外边框上，在光标形状变为时按住【Ctrl】键不放，当光标变为形状时单击鼠标并拖动鼠标到目标区域的左上角单元格再释放鼠标左键和【Ctrl】键完成复制操作。

② 先选中要复制的单元格区域，按下【Ctrl+C】组合键进行复制，将光标定位到目标区域的左上角单元格上，按下【Ctrl+V】组合键进行粘贴即可。

（2）移动单元格区域

① 先选中要移动的单元格区域，将光标移到该区域的外边框上，在光标形状变为时单击鼠标并拖动鼠标到目标区域的左上角单元格完成移动操作。

通过方法一移动单元格式区域时，可在拖动鼠标过程中按住【Shift】键不放，从而起到移动并插入该单元格区域的特殊效果。

② 先选中要移动的单元格区域，按下【Ctrl+X】组合键进行剪切，将光标定位到目标区域的左上角单元格上，按下【Ctrl+V】组合键进行粘贴即可。

4．选择性粘贴

在 Excel 2010 中，复制或移动操作不仅会对当前单元格区域的数据起作用，还会影响到该区域中的格式、公式及批注等，可通过选择性粘贴来消除这种影响，通过选择性粘贴能对所复制的单元格区域进行有选择地粘贴，具体操作步骤如下：

（1）先复制好要执行选择性粘贴的单元格区域，并将光标定位到要粘贴的位置。

（2）单击"开始"选项卡中"粘贴"按钮下方的按钮，在弹出如图 4-44 所示的菜单中选择合适的按钮结束操作（或选择"选择性粘贴"选项，在弹出的如图 4-45 所示的"选择性粘贴"对话框中选择相应的按钮后单击"确定"按钮结束操作）。

图 4-44　"粘贴"菜单

图 4-45　"选择性粘贴"对话框

4.2.4　输入和编辑表格数据

在 Excel 2010 中可以输入的数据类型有：文本（包括字母、汉字、和数字代码组成的字符串等）、数值（能参与算术运算的数、货币数据等）、时间和日期、公式及函数等。输入数据时不同的数据类型有不同的输入方法。

1．输入文本

在 Excel 2010 中每个单元格最多可包含 32 767 个字符，输入文本前要先选择存储文本的单元格，输入完成后按【Enter】键结束。Excel 2010 会自动识别文本类型，并将文本内容默认设置为"左对齐"。

如果当前单元格的列宽不够容纳输入的全部文本内容时，超过列宽的部分会显示在该单元格右侧相邻的单元格位置上，如果该相邻单元格上已有数据，则超过列宽的部分将被隐藏。

如果在单元格中输入的是多行数据，可通过【Alt+Enter】组合键在单元格内进行换行，换行后的单元格中将显示多行文本，行的高度也会自动增大。

2．输入数值

数值型数据是 Excel 中使用较多的数据类型，它可以是整数、小数或用科学记数表示的数（如：3.12E+14）。在数值中又可以出现包括负号（－）、百分号（％）、分数符号（/）、指数符号（E）等。下面介绍几种输入数值时的特殊情况。

（1）输入较大的数

在 Excel 中输入整数时，默认状态显示的整数最多可以包含 11 位数字，超过 11 位时会以科学记数形式表示。要想以日常使用的数字格式显示，可将该数值所在的单元格格式设置为"数值"且小数位数为 0。

若输入的是常规数值（包含整数、小数）且输入的数值中包含 15 位以上的数字时，由于 Excel 的精度问题，超过 15 位的数字都会被舍入到 0（即从第 16 位起都变为 0）。要想保持输入的内容不变，在此介绍两种方法：

① 可在输入该数值时先输入单引号"'"，再输入数值，此方法也常被用于输入以 0 开头等类似于邮政编码的数据。

② 先将该数值所在的单元格设置为"文本"格式后再输入该数值。

以上两种方法虽可以显示 15 位以上的数值，但它们的作用都是将该数值转变成文本格式，所以此时的"数值"已不同于我们经常使用的数值。

（2）输入负数

一般情况下输入负数可通过添加负号"–"来进行标识，如可以直接输入"-8"，但在 Excel 中，还可以通过将数值置于小括号"（）"中来表示负数，如输入"（8）"时，也表示-8。

（3）输入分数

输入分数时，为了和 Excel 中日期型数据的分隔符相区分，需要在输入分数之前先输入一个零和一个空格作为分数标志。如输入"0 1/5"时，则显示"1/5"，它的值为 0.2。

3．输入日期和时间

Excel 中也可以存储日期和时间类型的数据，在此分别进行介绍。

（1）输入日期

通常 Excel 中采用的日期格式为"年–月–日"或"年/月/日"，我们可以输入"2013–10–8"或"2013/10/8"来表示同一天，即 2013 年 10 月 8 日。

在输入日期型数据时，为了方便，其中的年份信息我们可以只输入最后两位，如输入"12-9-20"时 Excel 会自动将其转换为 4 位数年份的默认日期格式。但在默认状态下，这种转换会出现以下两种情况：

① 输入的两位表示年份的值在 0 到 29 之间时，Excel 将其转换为 2000 到 2029 之间相对应的年份，如日期"12-9-20"会被自动转换为 2012 年 9 月 20 日。

② 输入的两位表示年份的值在 30 到 99 之间时，Excel 将其转换为 1930 到 1999 之间相对应的年份，如输入"48-8-1"时会被自动转换为 1948 年 8 月 1 日。

Excel 中，日期是以数字的形式来存储和管理的，一个整数对应一个日期，又称为这个日期的序列号（serial_number），代表从 1900 年 1 月 1 日以来的天数。如序列号 1 的对应日期 1900 年 1 月 1 日，序列号 2 的对应日期为 1900 年 1 月 2 日，依此类推，由于精度等原因在 Excel 2010 中可以表示的最大的日期为 9999 年 12 月 31 日，对应的序列号为 2 958 465。在日期序列号的基础上，每天 24 小时的序列号依次为：1/24，2/24，……依此类推到分秒等。

（2）输入时间

与日常生活中相同，Excel 中的时间格式不仅要用"："隔开，而且也分 12 小时制（默认状态）和 24 小时制。在输入 12 小时制的时间时，需要在时间的后面空一格再输入字母 am（或 AM）来表示上午，或输入 pm（或 PM）来表示下午。

如果要输入 2012 年 12 月 8 日下午 3 点 10 分，可以使用的输入格式为：12–12–8 15:10 或 12–12–8 3:10 pm。

如果要输入当前的时间，可通过按下【Ctrl+Shift+;】组合键来完成。

4．数据输入技巧

在 Excel 中输入一些有规律的数据时，除了要注意输入规则外，还可以使用一些快速输入数据的技巧，以提高我们输入数据的效率。

（1）使用填充柄填充输入

在 Excel 中输入有规律的数据时，填充柄是一个很方便的工具，使用填充柄可以在输入数据或公式的过程中，给同一行（或同一列）的单元格中快速填充某种有规律的数据，而用户只需拖动当前单元格的填充柄即可完成。当前单元格的填充柄位于该单元格边框的右下角，当光标指向该位置时，会自动变为填充柄形状✚，此时按下鼠标左键不放并拖动填充柄，便能将拖动过程中填充柄所经过的单元格区域进行数据填充，不同形式或规律的数据采用不同的填充方法。

① 相同数据填充。填充相同数据的操作为：先在填充区域的起始单元格中输入要填充的数据，在该单元格中使用填充柄拖动直到填充区域的最后一个单元格，就能将输入的数据填充到填充柄移过的单元格。如图 4-46 所示为在单元格 C1 中输入 255 后再使用填充柄拖动直到 C9 单元格时的效果。

② 数据序列填充。填充数据序列的操作为：先在填充区域的前两个单元格中依次输入要填充的数据序列的前两项，选定这两个单元格，使用填充柄拖动直到填充区域的最后一个单元格完成填充，新填充的数据与先前输入的两个数据按照单元格顺序一起构成一个数据序列，且每两项间递增（或递减）的值（也称为步长）与先前输入的两个数据间的步长相同。如在 C1、C2 中输入 2、4 后，拖动填充柄到 C9 后的结果如图 4-47 所示。

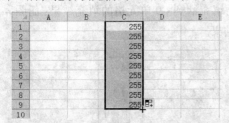

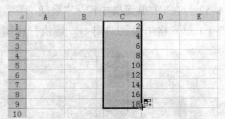

图 4-46　相同数据填充效果　　　　　　　图 4-47　数据序列填充效果

（2）使用菜单填充输入

数据填充操作也可以通过菜单的方式进行，而且通过菜单方式填充的数据序列类型更多，具体操作如下：

先在填充区域的起始单元格中输入要填充的起始数据，从该单元格开始（包括该单元格）选定要填充的行或列区域，单击"开始"选项卡中"填充"按钮 填充·右侧的 按钮，在弹出的如图 4-48 所示的菜单中选择相应的填充方向完成填充。Excel 会从选定的单元格出发，根据选择的填充方向填充与输入数据相同的数据到选定的行或行区域。如在 C1 单元格中输入 2 再选定 C1 到 C9 区域，接着在图 4-48 所示的菜单中选择"向下"选项后的结果如图 4-49 所示。

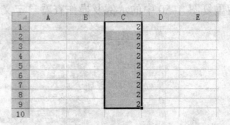

图 4-48　填充方式设置菜单　　　　　图 4-49　使用菜单填充相同数据后的效果

如果要填充的是数据序列，也可在图 4-48 中的菜单中选择"系列"选项，在弹出的"序列"对话框（如图 4-50 所示）中选择相应的序列选项再单击"确定"按钮完成操作。如在 C1 单元格中输入 2 再选定 C1 到 C9 区域，接着按图 4-50 中所示的"序列"对话框进行设置后的结果如图 4-51 所示。

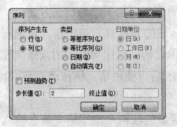

图 4-50　"序列"对话框

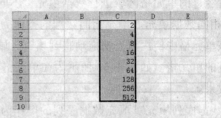

图 4-51　使用菜单填充序列数据后的效果

（3）通过自定义序列填充输入

在 Excel 中某些有规律的数据序列，如月份：一月、二月、……；星期：星期一、星期二、……等。这些数据序列，可通过输入其中一项后直接拖动填充柄在同行（或同列）填充出该组序列。如图 4-52 为在 C1 单元格中输入"星期一"后直接拖动填充柄到 C9 单元格的填充结果；而图 4-53 则为在 C1 单元格中输入"周一"后执行相同操作的结果。

图 4-52　规律数据序列填充示例

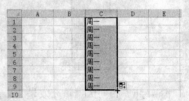

图 4-53　一般数据内容填充示例

要让图 4-56 中也按我们想要的序列如"周一、周二、周三、周四、周五、周六、周日"来进行填充，我们需要在 Excel 2010 中自己定义该序列，具体操作步骤如下：

打开"文件"选项卡，在弹出的下拉菜单中选择"选项"命令项，弹出"Excel 选项"对话框，在该对话框的左侧窗格中选择"高级"选项，将右侧窗格中的滚动条向下滚动直到当前显示的为"常规"栏为止（如图 4-54 所示），单击"常规"栏中的"编辑自定义列表"按钮，在弹出的"自定义序列"对话框中左侧列表选择"新序列"选项，右侧的"输入序列"编辑框中按图 4-55 所示的方式输入"周一"到"周日"的自定义序列并单击"添加"按钮，可以看到，该序列已经被添加到左侧的"自定义序列"列表底端（如图 4-56 所示），单击"确定"按钮退出"自定义序列"对话框后重复图 4-50 中的示例及操作查看自定义序列"周一"到"周日"方式的填充效果。

图 4-54　自定义序列过程

如果要删除自定义序列，可在"自定义序列"对话框左侧列表中选中要删除的自定义序列，再单击"删除"按钮，在弹出的提醒对话框中单击"确定"按钮即可。

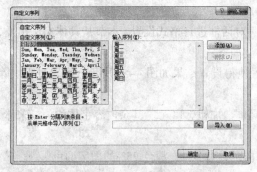

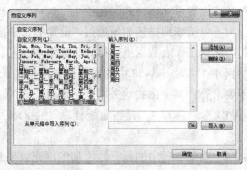

图 4-55　输入自定义序列　　　　　　　　图 4-56　添加自定义序列

从"自定义序列"对话框左侧列表中可以看出，之所以在默认情况下可以直接填充"星期一"到"星期日"等序列是因为这些序列已经被 Excel 默认添加到自定义序列中了。

5. 编辑表格数据

Excel 中，当输入的数据需要编辑时，可通过直接双击数据所在单击格进入单元格编辑状态，将光标定位到需要编辑的位置（或选定需要编辑的部分数据）进行编辑操作；也可以先选择要编辑的单元格，将光标定位到编辑栏中进行编辑。

除此之外，Excel 中还允许通过导入外部数据等方式输入表格数据以及通过查找和替换等操作同时对多个单元格数据进行批量的编辑和数据更新。

4.3　工作表的格式化

Excel 2010 还提供了许多工具对工作表的格式进行美化，利用这些工具可以更合理地对工作表中的数据进行编排和布局等操作，使制作的表格更加清晰和美观。

Excel 2010 中可以从多方面对工作表格式进行设置，其中数据显示格式设置、对齐方式设置、文字格式设置、边框和填充格式设置以及工作表保护设置等操作都可通过"设置单元格格式"对话框（如图 4-57 所示）进行，具体打开该对话框的操作如下：

图 4-57　"设置单元格格式"对话框

选择要设置格式的单元格区域，单击"开始"选项卡"单元格"选项组中的"格式"按钮，在弹出的菜单中选择"设置单元格格式"选项即可（也可通过单击鼠标右键，在弹出的快捷菜单中选择"设置单元格格式"选项）。

为了更清晰地描述如何通过"设置单元格格式"对话框进行格式设置，本节从具体实例出发，通过实际对工作表数据进行格式设置演示，具体实例如下：

例 4-1　对图 4-58 中的数据表格进行格式设置使得设置结果如图 4-59 所示，设置过程中除以下要求外，其余格式均采用默认设置：

（1）标题内容"商品销售统计表"的字体为：黑体、加粗、14 号，其余内容字体均为：宋体、11 号字。

（2）对第 2 行中的列标题添加的填充效果为：白色，背景 1，深色 25%的图案颜色。

	A	B	C	D	E	F
1	商品销售统计表					
2	商品编号	商品名称	商品价格	折扣率	销售数量	销售总额
3	3.35404E+12	多普达(S900)	6139	0.1	4	22100.4
4	4.58722E+11	多普达(P660)	3920	0.1	4	14112
5	3.6549E+11	苹果(1Phone 8G)	6384	0.05	2	12129.6
6	3.21457E+12	诺基亚(N82)	4704	0.05	2	8937.6
7	6.54879E+12	诺基亚(N73)	3024	0.05	2	5745.6
8	6.45403E+12	多普达(P860)	7560	0.05	1	7182
9	5.6479E+11	多普达(S600)	3710	0.15	6	18921
10	6.2149E+11	多普达(S1)	4991	0.15	7	29696.45
11	7.84567E+12	苹果(1Phone 16G)	7714	0.2	12	74054.4

图 4-58　实例表格原始数据

	A	B	C	D	E	F
1	商品销售统计表					
2	商品编号	商品名称	商品价格	折扣率	销售数量	销售总额
3	3354038974524	多普达(S900)	¥6,139	10%	4	¥22,100
4	458722369847	多普达(P660)	¥3,920	10%	4	¥14,112
5	365489745252	苹果(1Phone 8G)	¥6,384	5%	2	¥12,130
6	3214566857445	诺基亚(N82)	¥4,704	5%	2	¥8,938
7	6548789554821	诺基亚(N73)	¥3,024	5%	2	¥5,746
8	6454025674551	多普达(P860)	¥7,560	5%	1	¥7,182
9	564789741556	多普达(S600)	¥3,710	15%	6	¥18,921
10	621489954458	多普达(S1)	¥4,991	15%	7	¥29,696
11	7845665442326	苹果(1Phone 16G)	¥7,714	20%	12	¥74,054

图 4-59　实例表格格式设置效果

4.3.1　设置数据显示格式

Excel 在输入数据的同时，还提供了对数据进行显示格式设置的功能，包括：小数、货币及百分比等格式的设置，例 4.1 中可以通过设置数据显示格式实现的效果有：A 列中商品编号的数值格式，C 列、F 列中数值的货币格式以及 D 列数值的百分数格式。

1. 设置 A 列商品编号的数值格式

选择 A3 到 A11 数据区域，进入"设置单元格格式"对话框的"数字"选项卡，在该选项卡左侧的"分类"列表中选择"数值"选项，并在右侧的"小数位数"编辑框中输入 0 值，其他保持默认，设置过程如图 4-60 所示，单击"确定"按钮确认设置。

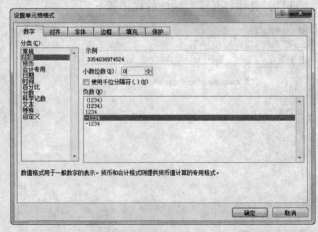

图 4-60　设置数据显示格式过程

2．设置 C 列、F 列中数值的货币格式

选择 C3 到 C11 和 F3 到 F11 两块区域，同样的步骤进入"数字"选项卡，在该选项卡左侧的"分类"列表中选择"货币"选项，并在右侧的"小数位数"编辑框中输入 0 值，其他保持默认，单击"确定"按钮关闭对话框。

3．设置 D 列数值的百分数格式

选择 D3 到 D11 数据区域，单击"设置单元格格式"对话框中的"数字"按钮，在该选项卡左侧的"分类"列表中选择"百分比"选项，同样在右侧的"小数位数"编辑框中输入 0 值，其他保持默认，单击"确定"按钮退出对话框。

4.3.2 设置对齐方式

对齐方式设置主要控制数据在单元格显示时的相对位置，如：左对齐、右对齐以及合并居中对齐等。在默认情况下，单元格中的文本是左对齐的，数字是右对齐的。因此，例 4.1 中，可通过对齐方式设置的效果有：标题内容"商品销售统计表"的合并居中对齐、A 列中商品编号的左对齐以及各列标题和 C、D、E、F 列中数值的居中对齐。

1．设置标题内容"商品销售统计表"的合并居中对齐

选择第一行中 A1 到 F1 的单元格区域，进入"设置单元格格式"对话框的"对齐"选项卡，在该选项卡的"水平对齐"和"垂直对齐"下拉列表中均选择"居中"选项，选中"合并单元格"复选按钮，设置过程如图 4-61 所示，单击"确定"按钮关闭对话框。

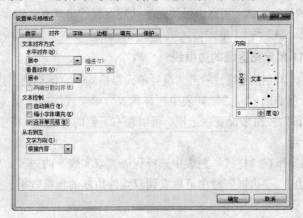

图 4-61　设置对齐方式过程

3．设置 A 列中商品编号的左对齐

选择 A2 到 A11 单元格区域，打开"设置单元格格式"对话框的"对齐"选项卡，在该按钮的"水平对齐"下拉列表中选择"左对齐"选项，单击"确定"按钮完成操作。

4．设置各列标题和 C、D、E、F 列中数值的居中对齐

选择 A2 到 F2 以及 C3 到 F11 两块区域，打开"设置单元格格式"对话框的"对齐"选项卡，在该选项卡的"水平对齐"下拉列表中选择"居中"选项，单击"确定"按钮即可。

4.3.3 设置文字格式

文字格式主要控制数据显示的字体、字号以及字体颜色等。实例中可通过文字格式设置标题内容"商品销售统计表"的文字格式，具体步骤如下：

选择第一行中标题内容"商品销售统计表"所在的合并单元格，单击"设置单元格格式"对话框的"字体"按钮，在该选项卡的"字体"列表中选择"黑体"选项，"字形"列表中选择"加粗"选项，"字号"编辑框中输入 14，设置过程如图 4-62 所示，单击"确定"按钮完成操作。

图 4-62　设置字体格式过程

4.3.4　设置边框和填充格式

在默认状态下，Excel 中的数据表格都没有边框线，通过设置边框和填充格式可对数据表格添加多种样式的边框线和填充格式。实例中可通过本功能设置的格式有：A2 到 F11 单元格区域的双线外边框和单线内边框、A2 到 F2 单元格区域的填充格式。

1. 设置 A2 到 F11 单元格区域的边框线

① 选择 A2 到 F11 单元格区域，单击"设置单元格格式"对话框的"边框"按钮。

② 在"边框"选项卡的"样式"列表中选择代表"单实线"的选项（该选项为默认选项），"预置"栏中单击"内部"按钮来设置内边框，可以在右下侧的"边框"栏看到内边框设置的预览效果，如图 4-63 所示。

③ 与②中类似的操作在"样式"列表中选择代表"双实线"的选项，"预置"栏中单击"外边框"按钮来设置外边框，"边框"栏中可以看到双线外边框的预览效果，如图 4-64 所示。

④ 单击"确定"按钮完成操作。

图 4-63　设置内边框格式过程

图 4-64　设置外边框格式过程

2．设置 A2 到 F2 单元格区域的填充格式

选择 A2 到 F2 单元格区域，单击"设置单元格格式"对话框的"填充"按钮，单击该选项卡中"图案颜色"下的下拉按钮，在弹出的颜色选择控件中移动光标，移动过程中可以观察跟随光标的颜色提示控件，找到并选择"白色，背景 1，深色 25%"所对应的颜色选项（选择过程见图 4-65）后，单击"确定"按钮完成操作。

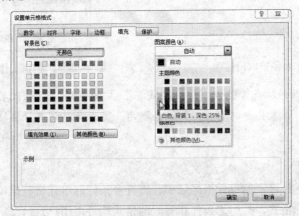

图 4-65　设置图案颜色格式过程

4.3.5　保护工作表

保护工作表功能主要用于防止他人在浏览表格数据时对某些单元格的数据进行修改或删除。在对这些单元格区域设置保护工作表格式后，可以对所保护单元格区域内的数据、公式、图表中的项目以及图形等对象起到保护作用。

工作表保护通常用于保护处于"锁定"状态的单元格区域，因此，要对某个单元格区域设置工作表保护格式，需要先将该区域设置为"锁定"状态。该区域可以是整个工作表，也可以是表中的一部分区域。当设置工作表保护格式后，保护区域中的单元格就不能进行任何的修改操作。

设置保护工作表格式的具体操作步骤为：

① 选择要设置保护格式的单元格区域，单击"设置单元格格式"对话框的"保护"按钮，选中该选项卡的"锁定"复选按钮后单击"确定"按钮退出对话框。

② 单击功能区"审阅"选项卡"更改"选项组中的"保护工作表"按钮，在弹出的"保护工作表"对话框（见图 4-66）中输入要取消保护时的密码，其他保持默认，单击"确定"按钮后在弹出的对话框中再重新确认输入密码完成操作。

在设置保护工作表格式时还可以在"保护工作表"对话框中自定义保护后允许用户进行的操作，或者通过"审阅"选项卡"更改"选项组中的"保护工作簿"按钮对整个工作簿设置保护状态。

取消保护工作表格式的具体操作步骤为：

打开"文件"选项卡，在弹出的菜单中选择"信息"选项（见图 4-67），可以看到在右侧的窗格中显示出当前文件的信息，选择"保护工作簿"按钮右侧"取消保护"选项，在弹出的如图 4-68 所示的"撤销工作表保护"对话框中输入保护时设置的

图 4-66　"保护工作表"对话框

密码，单击"确定"按钮结束操作。

图 4-67　工作表保护取消过程

图 4-68　"撤销工作表保护"对话框

注意：Excel 中，默认状态时整个工作表区域都处于"锁定"状态，因此要只设置部分区域为保护状态，需先将整个工作表区域的"锁定"状态取消，重新只对该部分区域进行"锁定"设置后再进行保护操作。

4.3.6　设置条件格式

条件格式即在设置该格式的单元格区域中，将符合条件的单元格数据以相应的格式显示，不符合条件的保持原来的格式，其中的条件和对应的格式均可由用户自己设定。

通常我们使用条件格式将表格中符合条件的数据突出显示，如可以将不及格的成绩以红色字体显示，将 90 分以上的成绩以蓝色且加下划线的形式显示。

1. 设置条件格式

设置条件格式的步骤如下：

（1）选择要设置条件格式的单元格区域。

（2）单击"开始"选项卡"样式"选项组的"条件格式"按钮 ，在弹出的菜单中有多个菜单项供我们选择（具体见图 4-69），在进行选择之前，有必要先来认识一下这些选项：

① 突出显示单元格规则：在该选项下用户可以使用大于、小于及介于等比较运算符来设置条件规则，该规则常用于突出显示用户所关注的数据。

② 项目选取规则：该选项可通过满足某个条件的前（或后）几个或高（或低）于平均值等方式来设置条件规则，该规则常用于突出和强调异常数据。

③ 数据条：该选项把当前单元格中的数据以数据条的形式来表示，数据条的长度即代表单元格中的值的大小，长度越长值越大，越短则越小。在观察大量的数据时，数据条可帮助用户更直观地查看当前单元格相对于其他单元格中的值。

④ 色阶：即将多种颜色间的渐变过程与数据大小的变化过程相联系，在用色阶设置时，颜色的深浅程度就表示当前单元格中数据的大小。例如：在红、白、蓝色阶中，可以指定数据较大的单元格颜色更红，数据较小的单元格颜色更蓝，而中间值的单元格颜色则为白色。色阶格式常用于帮助我们了解数据的分布和变化情况。

图 4-69　条件格式菜单

⑤ 图标集：在图标集选项下，将单元格区域中的数据按照某些阈值分为三到五个类别，每个类别用一个图标来代表，设置效果中图标的不同代表当前值所在的类别不同，间接地表示该数

据值的大小。例如：用三个方向的箭头集合表示三个类别，绿色的上箭头代表较大值，黄色的横向箭头代表中间值，红色的下箭头代表较小的值；也可以选择只对符合条件的单元格显示图标。通过图标集选项可起到对单元格添加注释的作用。

（3）在图 4-69 所示的菜单中选择合适的选项后，会弹出相应的图 4-68 中的某一个子菜单，根据要求在子菜单中选择相应的命令项。

（4）对于图 4-70 中的前两个子菜单在选择某一选项后还会弹出对应规则的设置界面，如图 4-71 为在第一个子菜单中选择"大于"选项后弹出的设置界面，图 4-72 则为在第二个子菜单中选择"值最大的 10 项"选项后弹出的设置界面，根据提示按要求进行设置即可；对于后面的三个子菜单在选择某一选项后即已完成设置过程，可直接查看设置结果。

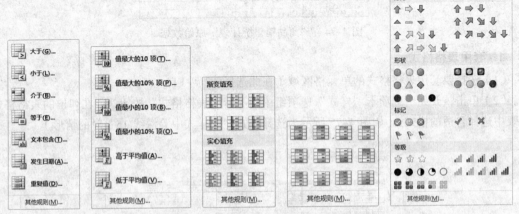

图 4-70　条件格式菜单的前五个子菜单

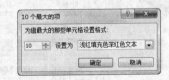

图 4-71　"大于"条件格式设置界面　　　　图 4-72　"10 个最大的项"条件格式设置界面

2．管理和清除条件格式

在设置条件格式时，若在图 4-69 的菜单中单击"管理规则"按钮，就会进入如图 4-73 所示的"条件格式规则管理器"对话框，在该对话框中单击对应的按钮即可进行新建、编辑和删除条件规则等操作，进而对条件格式起到修改和清除的作用。

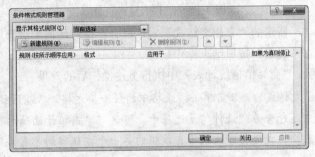

图 4-73　"条件格式规则管理器"对话框

4.3.7 设置表格样式

为了提高工作表美化效率，在 Excel 2010 中预置了 60 余种常用的表格样式，用户可以通过直接套用这些预先定义好的表格样式完成多种特殊效果的设置。在此以实例的形式对表格样式的使用分两部分进行描述。

对如图 4-74 所示的"商品销售统计表"套用合适的表格格式。

商品编号	商品名称	商品价格	折扣率	销售数量	销售总额
3354038974524	多普达（S900）	¥6,139	10%	4	¥22,100
4587222369847	多普达（P660）	¥3,920	10%	4	¥14,112
365489745252	苹果（iPhone 8G）	¥6,384	5%	2	¥12,130
3214566857445	诺基亚（N82）	¥4,704	5%	2	¥8,938
6548789554821	诺基亚（N73）	¥3,024	5%	2	¥5,746
6454025674551	多普达（P860）	¥7,560	5%	1	¥7,182
564789741556	多普达（S600）	¥3,710	15%	6	¥18,921
621489954458	多普达（S1）	¥4,991	15%	7	¥29,696
7845665442326	苹果（iPhone 16G）	¥7,714	20%	12	¥74,054

图 4-74　"商品销售统计表"原始数据

1. 套用表格格式

（1）选择要套用表格格式的单元格区域（在此选择 A2 到 F11）。

（2）单击"开始"选项卡"样式"选项组中的"套用表格格式"按钮，在弹出的表格格式列表中选择合适的格式，（如图 4-75 所示为选择样式"表样式中等深线 15"时的情形）。

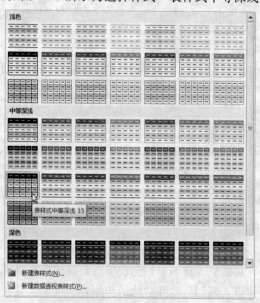

图 4-75　选择表样式界面

（3）弹出如图 4-76 所示的"套用表格式"对话框，在该对话框中对套用格式的单元格区域进行确认或修改后单击"确定"按钮结束操作。

图 4-77 所示即为在"商品销售统计表"中执行上述操作后的效果。

注意：表格套用了表样式后，只需单击该表格中的任一单元格，功能区就会出现"表格工具"选项卡，在该选项卡中还包含着"设计"子选项卡，可通过单击该子选项卡下"表格样式"组中的相应按钮对套用的表格样式进行修改或单击该组的第一个按钮回到无表格样式的状态。

图 4-76　"套用表格式"对话框

	商品销售统计表				
商品编号 ▼	商品名称 ▼	商品价格 ▼	折扣率 ▼	销售数量 ▼	销售总额 ▼
3354038974524	多普达(S900)	¥6,139.00	0.1	4	¥22,100.40
458722369847	多普达(P660)	¥3,920.00	0.1	4	¥14,112.00
365489745252	苹果(iPhone 8G)	¥6,384.00	0.05	2	¥12,129.60
3214566857445	诺基亚(N82)	¥4,704.00	0.05	2	¥8,937.60
6548789554821	诺基亚(N73)	¥3,024.00	0.05	1	¥5,745.60
6454025674551	多普达(P860)	¥7,560.00	0.05	1	¥7,182.00
564789741556	多普达(S600)	¥3,710.00	0.15	6	¥18,921.00
621489954458	多普达(S1)	¥4,991.00	0.15	7	¥29,696.45
7845665442326	苹果(iPhone 16G)	¥7,714.00	0.2	12	¥74,054.40

图 4-77　表格格式设置效果

2．单元格样式

（1）选择要套用单元格格式的单元格区域（在此选择表格标题"商品销售统计表"所在的合并单元格）。

（2）单击"开始"选项卡"样式"选项组中的"单元格样式"按钮，在弹出的单元格样式列表中选择合适的样式（图 4-78 所示为选择样式"标题 1"时的情形）。

图 4-79 所示即为在图 4-77 的基础上执行上述操作后的效果。

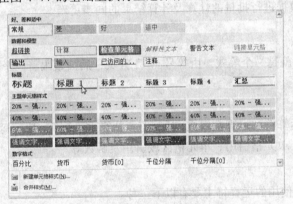

图 4-78　选择单元格样式界面

从图 4-78 中可以看出，套用表格格式不仅给表格设置了某种格式，还给表格中的各列标题添加了一个下拉箭头按钮，通过点击该按钮可以弹出相应的筛选器窗口，并进行一定的排序、筛选等操作，图 4-80 即为选择"商品销售统计表"中"商品名称"单元格右侧的下拉箭头按钮后弹出的筛选器窗口。

	商品销售统计表				
商品编号 ▼	商品名称 ▼	商品价格 ▼	折扣率 ▼	销售数量 ▼	销售总额 ▼
3354038974524	多普达(S900)	¥6,139.00	0.1	4	¥22,100.40
458722369847	多普达(P660)	¥3,920.00	0.1	4	¥14,112.00
365489745252	苹果(iPhone 8G)	¥6,384.00	0.05	2	¥12,129.60
3214566857445	诺基亚(N82)	¥4,704.00	0.05	2	¥8,937.60
6548789554821	诺基亚(N73)	¥3,024.00	0.05	1	¥5,745.60
6454025674551	多普达(P860)	¥7,560.00	0.05	1	¥7,182.00
564789741556	多普达(S600)	¥3,710.00	0.15	6	¥18,921.00
621489954458	多普达(S1)	¥4,991.00	0.15	7	¥29,696.45
7845665442326	苹果(iPhone 16G)	¥7,714.00	0.2	12	¥74,054.40

图 4-79　单元格样式设置效果

图 4-80　"商品名称"筛选器窗口

在设置表格样式时，除了系统预置的各种样式外，用户还可以自己新建样式来满足更多的要求。

在工作表格式化过程中，除了使用前面描述的一系列菜单及窗口外，还可以借助组合键、格式刷以及功能区的相应功能按钮来快速完成相应的操作。如图 4-81 所示即为"开始"选项卡中的部分格式设置按钮。

图 4-81　"开始"选项卡中的格式化命令按钮

4.4　公式和函数

在 Excel 中处理批量数据时，使用公式和函数将会带来很大的方便。公式和函数是 Excel 的重要组成部分，可以对数据进行批量的计算及计算结果的同步更新。

4.4.1　公式概述

在 Excel 中，公式就是一个等式，由等号"="开头，后面紧跟着一个表达式。因此 Excel 中的公式可以表示如下：

=表达式

其中的表达式由运算符和运算数组成，运算符包括算术运算符、比较运算符和文本运算符等；运算数则可以是常量、单元格引用、单元格区域引用及函数等。

1．运算符

在 Excel 公式中，使用的运算符主要有以下三种：

（1）算术运算符

算术运算符在公式中主要用来完成基本的数学运算，如加、减、乘、除等。具体的算术运算符及其表示的意义如下：

加（+）、减（-）、乘（*）、除（/）、百分号（%）、负号（-）、乘幂（^）

在 Excel 公式中，算术运算符的运算优先级与数学中的相同，如公式"=10-50%*3"中先计算"*"的部分后计算"-"的部分，最后的值为 8.5。

（2）比较运算符

比较运算符主要用来判断条件是否成立，若成立，则结果为 TRUE（真），反之则结果为 FALSE（假）。Excel 中的比较运算符有：

小于（<）、小于等于（<=）、大于（>）、大于等于（>=）、等于（=）、不等于（<>）

比较运算符的优先级低于算术运算符的优先级。使用比较运算符的公式如"=4<>5"表示判断 4 是否不等于 5，其结果显然是成立的，因此该公式的结果为 TRUE。

（3）字符运算符

字符运算符主要用来连接两个或多个字符串，运算结果为连接后生成的新字符串。字符运算符只有一个：

连接（&）

字符运算符的优先级高于比较运算符的优先级，但又低于算术运算符的优先级。使用字符运算符构成的公式如"="How"&"are"&"you""，表示公式中的三个字符串连接到一起，结果为"How are you"。

2．单元格引用

Excel 中的单元格引用可以理解为使用单元格名称来代替单元格中的数据来参与公式运算的一种现象。一般分为以三种情况：

（1）相对引用

Excel 中默认的单元格引用为相对引用，相对引用是引用相对于公式位置的单元格，用列标、行号表示，如 A1、B1 等。

在相对引用中，当复制粘贴一个使用相对引用的公式时，会根据移动的位置自动调整公式中引用的单元格地址。

例如，将单元格 C1 中的公式"B1+100"复制到 C2 ~ C5 时，公式中的 B1 会自动调整为 B2 ~ B5，如图 4-82 所示。

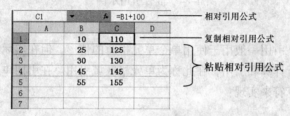

图 4-82　相对引用示例

（2）绝对引用

绝对引用始终引用某一指定的单元格地址，在列标、行号前均加上"$"符号表示，如$A$1，$B$1 等。

在绝对引用中复制公式时，引用的单元格地址不随位置变化而改变。

例如，将单元格 D1 中的公式"B1+100"复制到 D2 ~ D5 时，公式中的B1 始终不变，如图 4-83 所示。

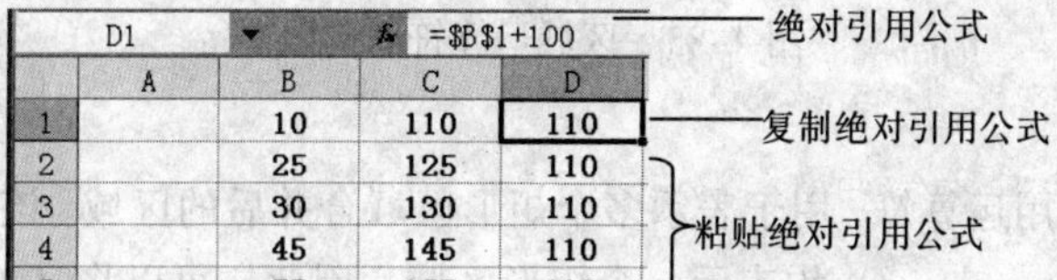

图 4-83　绝对引用示例

（3）混合引用

使用相对引用后的公式可用来解决填充时单元格名称的行号或列号均允许变化的情况，如 E3；使用绝对引用后的公式则用来解决填充时单元格名称的行号和列号均保持不变的情况，如E3。

有时我们会出现"行变列不变"或"列变行不变"的情形，此时需要使用的单元格引用方式称为混合引用。其中"行变列不变"如$E3 表示在向列方向填充时，行号 3 会表现出以 1 递增（或递减）的规律性变化，列号 E 则因为前面添加了美元符号"$"，不管向哪个方向填充都保持不变；"列变行不变"如 E$3 则正好相反，在向行方向填充时，列号 E 会表现出以 1 递增（或递减）的规律性变化，行号 3 则因为前面添加了美元符号"$"，不管向哪个方向填充都保持不变。

例如，打印九九乘法表，如图 4-84 所示。

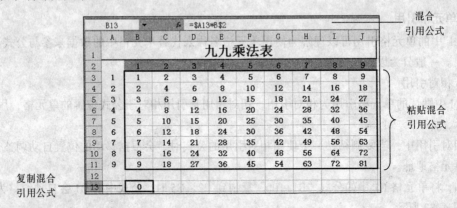

图 4-84   混合引用示例

3. 单元格区域引用

在 Excel 中，单元格引用一般用于使用单个单元格时的情形，但在实际计算中，往往需要的是对一个单元格区域进行计算和引用，在此称为单元格区域引用。在引用单元格区域时我们借助以下单元格区域引用运算符来实现：

（1）冒号（:）

冒号也称为区域运算符，用于表示工作表中的一个矩形区域。该运算符的使用格式为：A:B，其中 A 表示矩形区域左上角的单元格名称，B 表示矩形区域右下角的单元格名称。因此，可以将 A:B 理解为单元格 A 到单元格 B 的矩形区域，如下面三个图形（如图 4-85 所示）中选定的区域依次可以用 B2:D5，C2:C5，B3:D3 来表示。

图 4-85   区域运算符示例图

（2）逗号（,）

逗号也称为联合引用运算符，用于表示多个矩形区域合并后的区域。该运算符的使用格式为：A,B,C,……，其中 A、B、C、……均表示一个矩形区域。因此，可以将 A,B,C 理解为由小矩形区域 A、B、C 合并后形成的数据区域，如图 4-86 中选定的区域可以用 B2:B3,C4:D5,E2:G3 来表示。

（3）空格

空格又称为交叉引用运算符，用于表示多个矩形区域相交的区域。该运算符的使用格式为：A B C ……，其中 A、B、C、……均表示一个矩形区域。因此，可以将 A B C 理解为矩形区域 A、B、C 所共同重叠的矩形区域，如图 4-87 中选定的区域可以用 B2:F4 D3:G6 来表示。从图中也可以看出通过 B2:F4 D3:G6 所引用的区域就是 D3:F4。

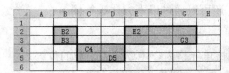

图 4-86　联合引用运算符使用实例

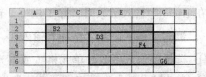

图 4-87　交叉引用运算符使用实例

（4）感叹号（!）

感叹号又称为三维引用运算符，可用于引用不在当前工作表中的单元格区域，其表示形式为：A!B，其中 A 为引用区域所在的工作表名称，B 为引用的单元格区域。如 Sheet1!A3:B5 表示引用 Sheet1 工作表中的 A3:B5 区域。

4.4.2　公式输入技巧

在输入 Excel 公式时，不管计算什么问题必须先输入等号"="，接着才能输入表达式，因此，此时的等号"="也可以理解为公式的一个标志，其后面的表达式才是公式真正的内容。有时可通过以下方式快速输入公式：

1. 鼠标选取输入

输入公式时常会用到单元格或单元格区域的引用，可通过鼠标选择要引用的单元格区域向公式中插入这些引用。如输入公式"=B3+C3"的操作步骤为：先输入等号"="，再用鼠标单击 B3 单元格，接着输入减号"-"，最后用鼠标单击 C3 单元格即可。

2. 复制和移动公式

在输入公式时，移动和复制公式也是经常需要进行的操作，在某些情况下，使用这两种操作更能方便公式的输入。

可通过移动公式所在单元格的操作改变公式的位置，在 Excel 中移动公式时，无论使用哪种单元格引用方式，移动后的公式内容和移动前的一样，不会发生变化。如将公式"=C3+D3"从 E3 移到 E10 后内容仍为"=C3+D3"。

复制公式操作可把当前公式复制到其他位置，和移动公式不同的是，复制公式操作会使公式中的单元格引用发生变化，变化的规律与单元格的引用方式和复制前后的相对位置有关。如将公式"=C3+D3"从 E3 复制到 E10 后内容将变为"=C10+D10"。

Excel 中输入公式时，公式中的字母是不区分大小写的，如单元格引用 A4 和 a4 指的为同一个单元格。

4.4.3　函数及其输入

函数是由 Excel 预先定义好的特殊公式，如 SUM 函数表示求和、AVERAGE 函数则表示求平均等。函数通过参数来接受要计算的数据并返回计算结果，如函数表达式 SUM（A3:E10）表示求 A3 到 E10 区域中所有数据的和，其中"A3:E10"就是 SUM 函数的参数。函数的输入格式如下：

函数名（参数 1，参数 2……）

其中，参数的个数和类别由该函数的功能和性质决定，各参数之间用逗号分隔。

Excel 2010 为用户提供了丰富的内置函数，按照功能可分为：统计函数、数学与三角函数、逻辑函数、日期与时间函数、文本函数、财务函数、查找与引用函数、数据库函数、信息函数等 12 种类型。

在 Excel 中输入函数时，除了用手工输入之外，还可以通过以下方法进行输入：

1. 通过"插入函数"按钮 *fx* 输入

① 选择要输入函数的单元格（或将光标定位到该单元格内容中要输入函数的位置）。

② 单击"公式"选项卡"函数库"选项组中的"插入函数"按钮 *fx*（也可直接单击编辑栏左侧的"插入函数"按钮 *fx*），在打开的如图 4-88 所示的"插入函数"对话框中通过选择或搜索找到相应的函数后单击"确定"按钮进入该函数参数的设置界面。

③ 在函数参数的设置界面（如图 4-89 即为 SUM 函数参数设置界面）可借助设置界面中关于参数意义的提示等信息，通过鼠标选择或手工输入设置好参数后，单击"确定"按钮完成函数输入操作。

图 4-88　"插入函数"对话框

图 4-89　SUM 函数参数设置界面

2. 通过"公式"选项卡输入

在插入函数时如果已经知道函数所在的类别，就可以直接单击选项卡中对应的类别按钮快速查找该函数，具体操作如下：

① 打开"公式"选项卡，在如图 4-88 所示的"函数库"选项组功能按钮中单击与函数类型相对应的按钮。

② 在弹出的下拉列表中选择要插入的函数名称后直接进入函数参数设置界面，在参数设置完成后单击"确定"按钮完成操作。

在图 4-90 显示的功能区按钮中还可以看到一个"最近使用的函数"按钮，通过该按钮可打开最近使用过的函数加快函数查找过程。

3. 使用"公式记忆式输入功能"

在 Excel 2010 中输入函数时，还可以只输入函数的前几个字母，Excel 2010 的"公式记忆式输入功能"会自动列出以这些字母开头的函数名称供我们选择，如图 4-91 即为输入 SUM 函数时的过程。借助该功能可以预防我们在输入函数名称时出现拼写错误等问题。

图 4-91　"公式记忆式输入功能"示例

图 4-90　"公式"选项卡中的"函数库"组

4.4.4　常用函数介绍

为了方便使用，Excel 2010 中的函数名称往往已经描述了该函数的功能，以下的常用函数便充分体现了这一点。

1. 数学和三角函数

数学和三角函数类型中常用的函数有求和（SUM），取整（INT）等。

（1）SUM 函数

使用格式：SUM(number1, number2, ……)

函数功能：计算所有参数的总和。

参数说明：number1、number2、……均代表需要参与求和的数据，可以是具体的数值、单元格或单元格区域的引用等。Excel 2010 的 SUM 函数中这样的参数最多可以有 255 个。

函数示例：SUM(7,A3,D5:D7) 用来计算 3 部分数据的总和，这 3 部分数据依次为：整数 7、A3 单元格中的值、D5 到 D7 区域中所有单元格中的值。

（2）SUMIF 函数

使用格式：SUMIF(range, criteria, sum_range)

函数功能：计算符合指定条件的所有单元格的数值和。

参数说明：range 为一个单元格区域，函数功能中判断指定条件是否符合就是基于这个单元格区域来判断的。

criteria 为一个条件表达式，表示函数功能中提到的指定条件，在输入时该参数一般要用双引号 "" 括起来。

sum_range 也为一个单元格区域，代表想要求和的值所在的单元格区域。

（3）INT 函数

使用格式：INT(number)

函数功能：将数值向下取整为最接近的整数，并返回该整数作为结果。

参数说明：number 为要取整的数值或该数值所在的单元格名称。

函数示例：INT(3.5)将对 3.5 进行向下取整，结果为 3。又如 INT(-3.5)将对-3.5 进行向下取整，结果为-4。

（4）MOD 函数

使用格式：MOD(number, divisor)

函数功能：计算两数相除后的余数。

参数说明：number 即为函数功能中提到的两数相除时的被除数或被除数所在的单元格名称。divisor 即为函数功能中提到的两数相除时的除数或除数所在的单元格名称。

函数示例：MOD(9,4)用于求 9 除以 4 的余数，结果为 1。

（5）ROUND 函数

使用格式：ROUND(number, num_digits)

函数功能：将指定的数值按指定位数进行四舍五入，并返回舍入后的数值作为结果。

参数说明：number 即为函数功能中提到的要四舍五入的数值或该数值所在的单元格名称。

divisor 即为执行四舍五入时舍入的位数或该位数值所在的单元格名称。该参数可以是正数、负数和零，当此参数为正数 x 时，将舍入到小数点后 x 位；为零时，将舍入为最接近的整数；为负数时，将舍入到小数点前且从个位为第 0 位开始的第绝对值 x 位。

函数示例：ROUND(3.14159,4)用于将 3.14159 四舍五入到小数点后 4 位小数，结果为 3.1416；而 ROUND(123456.123,−2)则是将 123456.123 四舍五入到百位后的值，结果为 123500。

2．统计函数

常用的统计函数有求平均（AVERAGE）、求最大值（MAX）等。

（1）AVERAGE 函数

使用格式：AVERAGE(number1, number2, ……)

函数功能：计算所有参数的算术平均值。

参数说明：number1、number2、……均代表需要参与求算术平均值的数据，这些参数可以是具体的数值、单元格或单元格区域的引用等且这样的参数最多可以有 255 个。

（2）MAX 或 MIN 函数

使用格式：MAX(number1, number2, ……)或 MIN(number1,number2, ……)

函数功能：计算所有参数中的最大值或最小值。

参数说明：number1、number2、……均代表需要参与求最大值的数据，这些参数可以是具体的数值、单元格或单元格区域的引用等且最多可以有 255 个。

函数示例：MAX(F2:F6)用来计算表格的"F2:F6"区域中总分的最大值；"MIN(D2:D6)"则用来计算表格的"D2:D6"区域中英语成绩的最小值。

（3）COUNT 函数

使用格式：COUNT(value1, value2, ……)

函数功能：统计某个单元格区域中内容为数字的单元格个数。

参数说明：value1、value2、……均代表需要参与数字统计的数据，这些参数可以是具体的数值、单元格或单元格区域的引用等且最多可以有 255 个，但 COUNT 函数统计时只对这些参数中是数字类型的参数进行计数。

函数示例：COUNT(7,2.3,A2,B3:F7)用来在 4 部分数据中统计数字的个数，这 4 部分数据包括：整数 7、小数 2.3、单元格 A2 中的数据、单元格区域"B3:F7"上的所有数据，虽然不知道 A2 单元格和 B3:F7 区域中的数据，但可以肯定的是结果应该为大于等于 2 的整数。

虽然 COUNT 函数只能统计数字的个数，但 COUNT 系列还有其他函数可以统计数字以外的数据：如 COUNTA 函数用于统计某个区域中非空单元格的个数，在统计时与这些单元格中的数据类型无关；COUNTBLANK 则用来统计空单元格的个数。

（4）COUNTIF 函数

使用格式：COUNTIF(range, criteria)

函数功能：统计某个单元格区域中符合指定条件的单元格数目。

参数说明：range 为一个单元格区域的引用，代表函数功能中提到的要统计的单元格区域。

criteria 为一个条件表达式，表示函数功能中提到的指定条件，在输入函数时该参数一般要用双引号""括起来。

函数示例：COUNTIF(C2:C6,">90")用来统计表格的"C2:C6"区域中取值大于 90 的数据个数，换句话说统计高数成绩大于 90 分的人数。COUNTIF 函数中的条件一般只能包含一个比较运算符，因此，统计高数成绩大于等于 80 且小于 90 的人数的公式可写为"=COUNTIF (C2:C6,"<90")

–COUNTIF(C2:C6, "<80")"，即小于 90 的人数减去小于 80 的人数。

3．逻辑函数

Excel 中逻辑函数的个数较少，在此我们介绍常用的 IF 函数。

使用格式：IF(logical_test, value_if_true, value_if_false)

函数功能：根据对指定条件的真假判断结果，返回相应的值。如果指定条件为真，则函数结果为第 2 个参数的值，否则函数结果为第 3 个参数的值。

参数说明：logical_test 为一个逻辑判断表达式，它只有"真"或"假"两种判断结果，它用来表示函数功能中的指定条件；value_if_true 为一个表达式，它的结果在函数功能中代表指定条件为真时的取值，如果此参数忽略则默认为是 0；value_if_false 为一个表达式，它的结果在函数功能中代表指定条件为假时的取值，如果此参数忽略则默认为是 0。

4．日期和时间函数

常用的日期和时间函数有时间（TIME）、日期（DATE）等。

（1）DATE 函数

使用格式：DATE(year, month, day)

函数功能：根据指定的数值构造一个日期，并返回该日期作为结果。

参数说明：year 为非负整数（一般在 1900 到 9999 之间）或该数所在的单元格名称，代表构造日期时依据的年份信息；month 为非负整数（可大于 12）或该数所在的单元格名称，代表构造日期时依据的月份信息；day 为非负整数（可大于 31）或该数所在的单元格名称，代表构造日期时依据的天数信息。

函数示例：输入公式"=DATE(2013,3,25)"并确认后显示的结果为"2013/3/25"，在输入公式"=DATE(2012,15,25)"后显示的结果仍为"2013/3/25"。

（2）YEAR 函数

使用格式：YEAR(serial_number)

函数功能：返回指定日期中的年份信息，结果为 1900 到 9999 之间的整数。

参数说明：serial_number 为日期格式的数据或该日期对应的序列号，也可以是该日期或序列号所在的单元格名称，代表函数功能中提到的指定日期，若为日期格式的数据时该数据一般要用双引号""括起来。

函数示例：输入公式"=YEAR("2013-3-25")"并确认后得到的结果为 2013。

注意：除了用 YEAR 函数可以获取日期数据的年份信息外，日期数据的其他信息也有相应函数进行获取，如 MONTH 函数用来获取日期的月份，DAY 函数则用来获取日期的天数，且它们的用法与 YEAR 类似。

（3）TODAY 函数

使用格式：TODAY()

函数功能：给出当前的系统日期。

参数说明：该函数没有参数。

函数示例：输入公式"=TODAY()"并确认后显示的结果即为当前系统的日期，在系统日期发生了改变时，只要按下【F9】键，即可让其随之更新。若显示的日期格式不满意，可通过设置单元格格式进行设置。

（4）TIME 函数

使用格式：TIME(hour, minute, second)

函数功能：根据指定的数值构造一个时间，并返回该时间作为结果。

参数说明：hour 为一个非负整数（可大于 24）或该数所在的单元格名称，代表构造时间时依据的小时数；minute 为一个非负整数（可大于 60）或该数所在的单元格名称，代表构造时间时依据的分钟数；second 为一个非负整数（可大于 60）或该数所在的单元格名称，代表构造时间时依据的秒数。

函数示例：输入公式"=TIME(24,70,50)"并确认后显示的结果为 1:10 AM，若显示的时间格式不满意，也可通过设置单元格格式进行设置。

（5）HOUR 函数

使用格式：HOUR(serial_number)

函数功能：返回指定时间中的小时数，结果为 0 到 23 之间的整数。

参数说明：serial_number 为时间格式的数据或该时间对应的序列号，也可以是该时间或序列号所在的单元格名称，代表函数功能中提到的指定时间，若为时间格式的数据时该数据一般要用双引号""括起来。

函数示例：输入公式"=HOUR("11:20 PM")"并确认后显示的结果为 23。

注意：除了用 HOUR 函数可以获取时间数据的小时数外，时间数据的其他信息也有相应函数进行获取，如 MINUTE 函数用来获取时间的分钟数，SECOND 函数则用来获取时间的秒数，且他们的用法与 HOUR 类似。

（6）NOW 函数

使用格式：NOW()

函数功能：给出当前系统的日期和时间。

参数说明：该函数没有参数。

函数示例：输入公式"=NOW()"并确认后显示的结果即为当前系统的时间，在系统时间发生了改变时，只要按下【F9】键，即可让其随之更新。若显示的时间格式不满意，可通过设置单元格格式进行设置。

5. 字符串函数

常用的字符串函数有取子串（MID）、内容替换（REPLACE）等。

（1）MID 函数

使用格式：MID(text, start_num, num_chars)

函数功能：从一个文本字符串中，通过指定起始位置和指定数目来截取其中的一个子字符串。

参数说明：text 为一个字符串或该字符串所在的单元格名称，代表函数功能中提到的文本字符串；start_num 为一个从 1 开始的整数，代表函数功能中提到的截取子串时的起始位置，字符串中第一个字符的位置为 1；num_chars 为一个非负整数，代表函数功能中提到的截取的子串中包含几个字符。

函数示例：公式"= MID("0573-83644575",4,1)"的结果为"3"。

注意：使用 MID 函数得到的结果为字符串类型，因此，要判断上述公式得到的结果内容是否为"3"时的公式为："= MID("0573-83644575",4,1)= "3""，其中的第二个双引号不能省略，即不能写作："= MID("0573-83644575",4,1)= 3"

（2）REPLACE 函数

使用格式：REPLACE(old_text, start_num, num_chars, new_text)

函数功能：在某个文本字符串中，通过指定起始位置和字符个数进而指定子字符串，并将该指定子字符串替换为新的子字符串。

参数说明：

old_text 为一个字符串或该字符串所在的单元格名称，代表函数功能中提到的要在其中进行替换操作的文本字符串。

start_num 为一个从 1 开始的整数，代表函数功能中提到的指定的起始位置，字符串中第一个字符的位置为 1。

num_chars 为一个非负整数，代表函数功能中提到的指定的字符个数。

new_text 为一个字符串，代表函数功能中提到的新子字符串

函数示例：输入公式 "=REPLACE("2013091",5,3,"092")" 并确认后显示的结果为"2013092"。

注意：REPLACE 函数常被用于替换操作，但在有些时候通过巧妙的参数设置还可以起到插入子字符串的作用，如公式 "=REPLACE("2013091",5,0,"100")" 的结果为"2013100091"，其中将第三个参数取 0 值，起到了在字符串"2013091"的第 5 个位置插入子串"100"的效果。

手工计算的复杂度，如可以通过 SLN 函数计算某产品在使用时的折旧信息。

4.4.5　公式出错信息

在 Excel 中输入公式或函数时，在了解需求的基础上，还需要按照 Excel 规定好的规则进行输入。但在计算过程比较复杂等情况下，输入的公式出错在所难免，我们可以根据 Excel 给出的出错信息来区分公式中出现的问题以方便进一步更正，具体如表 4-1 所示。

表 4-1　Excel 公式出错信息一览表

出错信息	说　明
######	出现该错误的原因一般为单元格列宽太窄以致无法全部显示或容纳该单元格中的内容或单元格中包含了负的日期或时间。可通过调整列宽和检查是否存在较小日期与较大日期之间的减法运算等方法进行修改
#DIV/0!	一般在公式中出现了除数为零或空白单元格的除法运算时出现该错误
#VALUE!	公式中出现了不符合规则的数据类型或参数时一般会出现该错误，如公式中用一个人的姓名除以年龄的情况等
#NAME?	公式中如出现了 Excel 无法识别的文本时会出现该错误，如函数名称拼写错误时
#NUM!	当公式或函数中包含无效数值时一般会出现此错误，如公式 "=DATE(−30,5,6)" 中用−30 表示的年份信息是无效的
#N/A	当在公式或函数中引用了一个不包含所需数据的单元格时会出现该错误，此出错信息常会出现在使用查找函数的过程中，如果查找的表格中没有预期要查找的数据时就会出现
#REF!	当单元格引用无效时会出现该错误，如将当前工作表中的公式复制到其他表格但公式中所引用的单元格数据没有同时复制过去时就会出现
#NULL!	该错误一般出现的原因是使用了单元格区域引用的交集运算符（即空格）但实际不存在相交的区域

在 Excel 中，除了注意以上的规则等注意事项之外，还需要注意输入法切换、多重括号时括号的位置以及输入公式时公式所在的单元格格式等方面的问题。

4.5　数据统计与分析

在 Excel 中处理大量数据时，用户可以通过 Excel 的排序、筛选、分类汇总等工具方便对数据的管理、检索和维护等过程。

4.5.1　数据清单

熟悉数据库的读者们都知道，当把数据存储到数据库中后，可以在数据库中对表格数据进行相应的数据库操作，如查找、排序和分类汇总等，但要在数据库中进行这些操作，首先需要了解较多数据库方面的专业知识，这给我们的日常数据处理等过程带来了不便。作为表格数据处理的有力工具，Excel 以更简单的方式提供了类似数据库中的常用表格数据处理操作，不仅降低了学习的难度更能方便地解决问题。

要了解 Excel 中实现的类似数据库的操作，首先要了解 Excel 中提出的以下概念：

1. 数据清单

对于用户来讲，数据清单就是一个如图 4-92 中 "A1:F9" 区域表示的数据表格，是 Excel 工作表中满足以下特征的矩形单元格区域：

姓名	性别	系别	外语	计算机	数学
张强	男	财金	89	98	89
赵小丽	女	工商	52	76	96
陈大斌	男	信管	78	86	80
李珊	女	会计	82	76	82
冯哲	男	工商	83	88	85
张青松	男	会计	82	52	90
封小莉	女	财金	74	82	86
周晓	女	信管	78	82	74

图 4-92　数据清单示例

① 数据清单所包含的矩形单元格区域一般和其他数据间所在的单元格不能紧邻，至少要空出一个空行或空列，这样做是为了在执行排序等操作时，有利于 Excel 软件自动检测和选定数据清单。

② 数据清单中的第一行为列标题。如图 4-92 中的 "姓名" 一行。

③ 数据清单中的每一列存放相同类型的数据。如表格中的 "姓名" 列都是文本类型的数据，不能突然出现数字。

④ 数据清单中的每个单元格都不能为空，否则可能会影响某些数据操作的准确性。

2. 记录

在有了数据清单后，将数据清单中的某一行数据（除列标题行之外）称为一条记录，我们平时对数据清单的操作往往都是针对记录进行的。

在实际应用中，需要对数据清单进行数据统计和分析等操作，其中常见的操作有排序、筛选和分类汇总等。

4.5.2　数据排序

数据排序是使数据清单中的数据按某种特征或规律进行重新排列的过程，可通过此操作对数据清单中的记录进行规律性排列。

1. 单个条件排序

单个条件排序就是在排序过程中依据某一列的数据规则完成的排序。如果对图 4-92 所示表格中的数据清单按照"性别"进行降序排序的操作步骤如下：

① 选定要进行排序操作的整个数据清单区域，将功能区切换到"数据"选项卡，单击"排序和筛选"选项组中的"排序"按钮 。

② 在弹出的"排序"对话框中进行如图 4-93 所示的设置后单击"确定"按钮结束。

图 4-93　单个条件排序过程

2. 多个条件排序

多个条件排序就是在排序过程中依据多列的数据规则完成的排序。如对图 4-92 表格中的数据清单按照"性别"进行降序排序，在"性别"相同时则按"计算机"进行升序排序的操作步骤如下：

① 选定要进行排序操作的整个数据清单区域，将功能区切换到"数据"选项卡，单击"排序和筛选"选项组中的"排序"按钮 。

② 在弹出的"排序"对话框中先进行如图 4-93 所示的设置，再通过单击"添加条件"（也可以是"复制条件"）按钮添加一个新的条件并对该条件按照题目要求进行设置，设置最终结果如图 4-93 所示，单击"确定"按钮完成排序。

图 4-94　多个条件排序过程

在上述"排序"对话框中还可以通过单击"删除条件"对已经添加的选定条件进行删除；也可以通过单击"选项"按钮，在弹出的对话框中对默认的排序选项进行更改；还可以通过选择"次序"下拉列表中的"自定义序列"选项，根据自定义序列的规律对数据清单进行自定义排序操作。

注意：数据清单中一般都为多列数据，在进行排序时，一般都是以记录为单位进行操作（即所有列均参与操作），如果仅对一列或部分列进行排序操作，将打乱整个数据清单中原来的数据对应关系。

4.5.3　数据筛选

数据筛选是将数据清单中满足指定条件的记录显示出来，同时隐藏不满足条件的记录的操作。下面介绍 Excel 2010 中的几种筛选方法。

1. 自动筛选

自动筛选是一种快捷的筛选方法，借助 Excel 提供的列筛选器等工具通过简单操作即可筛选出相应的记录。

（1）单条件筛选

单条件筛选即在筛选过程中只用一个筛选条件的筛选操作，具体通过以下示例来介绍。

在图 4-92 所示的数据清单中筛选出性别为"女"的所有记录。

具体操作步骤如下：

① 选择数据清单区域中的任一单元格，将功能区切换到"数据"选项卡，单击"排序和筛选"选项组中的"筛选"按钮 进入自动筛选状态。

② 可以看到在数据清单的每个列标题右侧均出现了下拉箭头按钮（见图 4-95），可通过单击某列的箭头按钮进入对应的列筛选器界面设置与该列相关的筛选条件，在此我们单击"性别"列上的下拉箭头按钮。

③ 在弹出列筛选器界面中，根据当前列中的不同数据出现相应的复选按钮（默认状态时全选）供我们选择，按图 4-96 所示只选中名称为"女"的复选按钮（或在"搜索"框中输入"女"），再单击筛选器中的"确定"按钮即可得到如图 4-97 所示的筛选结果。

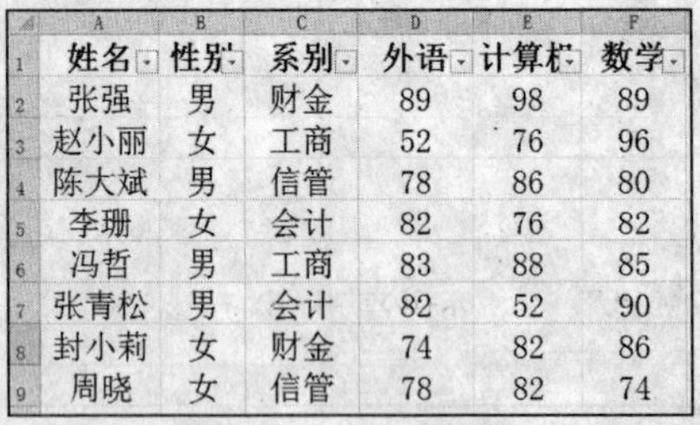

图 4-95　自动筛选状态　　　　　　图 4-96　"性别"筛选器界面

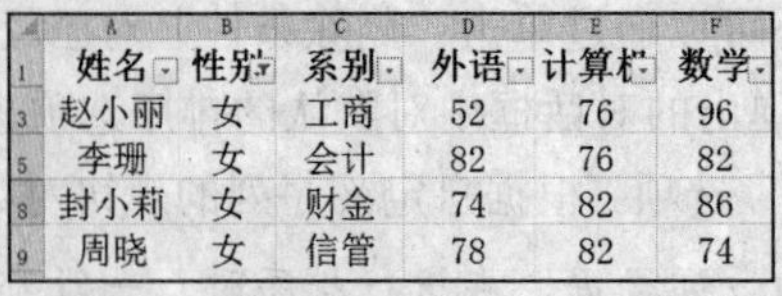

图 4-97　"自动筛选"操作效果

从图 4-97 的筛选结果中可以看出，设置筛选条件后列标题右侧的下拉箭头按钮 会变为 形状的按钮，代表该列设置了筛选条件，将鼠标移到该按钮上即可显示出设置的筛选条件。

（2）多条件筛选

多条件筛选需要通过设置多个筛选条件才能完成，在图 4-92 的数据清单中要筛选"女性且数学高于 85"的记录，可通过如下操作来实现。

① 先筛选出性别为"女"的所有记录，操作结果如图 4-97 所示，再按以下步骤继续筛选符合第二个条件"数学高于 85"的记录。

② 单击"数学"列上的下拉箭头按钮，在弹出的列筛选器中点"数字筛选"选"大于"输入 85，如图 4-98 所示，单击"确定"按钮完成操作，筛选结果如图 4-99 所示。

图 4-98　"年龄"筛选器设置条件界面

姓名	性别	系别	外语	计算机	数学
赵小丽	女	工商	52	76	96
封小莉	女	财金	74	82	86

图 4-99　"多条件筛选"操作效果

自动筛选完成后，要退出自动筛选状态只需再次单击"数据"选项卡"排序和筛选"选项组中的"筛选"按钮 ▼ 即可。若只是想删除某个筛选条件只需再次进入该筛选条件的设置界面并将其恢复为默认状态即可。

2. 高级筛选

高级筛选适用于通过多个复杂的筛选条件进行的筛选过程，在功能更加强大的同时，操作过程也相对复杂，首先需要我们将筛选条件以如下格式输入到工作表中，通常我们也将筛选条件所在的区域称为条件区域。

（1）条件区域至少为两行且不能与原数据清单区域紧邻（至少空一行或一列），条件区域的第一行一般为筛选条件中所包含的列标题名称（必须与数据清单中的列标题名称保持一致），有多个条件时各列标题名称的顺序尽量与原数据清单中各列标题名称的顺序相同。

（2）从第二行开始在列标题的正下方从左往右依次输入当前列的筛选条件，多个条件时通过条件之间的相对位置表示这些条件之间的"与""或"关系，若多个条件输入在同一行表示"与"，若输入在不同行则表示"或"。

如图 4-100 中左侧的条件区域表示的筛选条件为：性别为"男"、外语高于 80 且计算机高于 90；右侧中的条件区域则表示的筛选条件为：性别为"男"或外语高于 80 或计算机高于 90。

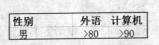

图 4-100　条件区域示例

使用高级筛选对图 4-92 的数据清单进行筛选，要求筛选结果满足：性别为"男"、外语高于 80 且计算机高于 90，并将筛选结果放到 H1 开始的区域。

具体操作步骤如下：

① 如图 4-101 所示首先在数据清单的下方输入条件区域（B11:E12 区域）。

② 选定要执行高级筛选操作的数据清单区域，将功能区切换到"数据"选项卡，单击"排序和筛选"选项组中的"高级"按钮 打开如图 4-102 所示的"高级筛选"对话框。

③ 在"高级筛选"对话框的"列表区域"编辑框中会显示选定的数据清单区域，若区域有问题可单击该编辑框右侧的区域选择按钮，出现如图 4-103 所示的"高级筛选-列表区域："对话框后使用鼠标重新选择新的数据清单区域，选择完成后单击"关闭"按钮再回到"高级筛选"对话框。

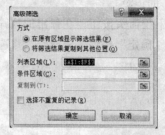

图 4-101　高级筛选条件区域　　　　图 4-102　"高级筛选"对话框　　　图 4-103　区域选择对话框

④和③中类似的操作在"高级筛选"对话框的"条件区域"编辑框中通过区域选择按钮设置对应的条件区域，如图 4-104 即为本例的设置界面，单击"确定"按钮查看筛选结果（见图 4-105）。

图 4-104　"高级筛选"设置界面　　　　　图 4-105　"高级筛选"操作效果

4.5.4　分类汇总

分类汇总操作可将数据清单中的数据按某列进行分类，并同时实现按类统计和汇总。在分类汇总时，系统会自动创建相应的公式如求和、求平均值等对各类数据进行运算，并将运算结果以分组的形式显示出来。

分类汇总操作主要分为两步进行，即先分类再汇总，体现在 Excel 中就是先排序再汇总。

1. 简单分类汇总

简单分类汇总即只进行一次汇总操作或运算的分类汇总。

在如图 4-106 所示的数据清单中，分别对男、女同学的各门成绩进行求和汇总且要求将汇总结果显示在数据下方。

	A	B	C	D	E	F	G
1	学号	姓名	性别	语文	数学	英语	总分
2	200931110	王海强	男	96.0	72.5	100.0	268.5
3	200931315	李巧	女	88.0	82.5	83.0	253.5
4	200982101	赵强	男	76.5	77.5	69.0	223.0
5	200982104	伊然	男	79.5	98.5	68.0	246.0
6	200982106	沈燕	女	88.0	97.5	68.0	253.5
7	200982112	张月	女	74.0	72.5	67.0	213.5
8	200982119	刘一成	男	75.5	88.5	80.0	244.0
9	200982120	杜丝蓉	女	58.5	90.0	88.5	237.0

图 4-106　原始数据

具体操作步骤如下：

① 首先通过"数据"选项卡"排序和筛选"选项组中的"排序"按钮 对数据清单按"性别"进行升序排序（降序也行，此例中并无严格要求）。这样就完成了分类汇总的第一步即分类（或排序）操作，按分类要求对数据清单进行排序操作后，会将分类列中的同类数据均集中在一起。

② 在排序后的数据清单中选择任一单元格，单击"数据"选项卡下"分级显示"选项组中的"分类汇总"按钮，进入"分类汇总"对话框。

③ 在"分类汇总"对话框的"分类字段"下拉列表中设置相应的分类字段，在此选择"性别"选项，"汇总方式"下拉列表中选择"求和"选项，在"选定汇总项"列表中选择三门成绩对应的"语文"、"数学"和"英语"复选框，如图 4-107 所示。

④ 单击"分类汇总"对话框中的"确定"按钮即可查看汇总结果（见图 4-108）。

分类汇总后的数据是分级显示的，在汇总结果的左侧有类似于树形控件的分级显示控制窗格，可通过单击该窗格中的 或 按钮来控制分类结果等信息的显示和隐藏。

图 4-107　"简单分类汇总"设置界面　　　　　图 4-108　"求和汇总"操作结果

2. 多重分类汇总

多重分类汇总可对同一个数据清单进行多次不同方式的汇总。

在图 4-106 的数据清单中，分别对男、女同学的各门成绩进行求和汇总、对总分进行求平均汇总且将汇总结果显示在数据下方。

具体操作步骤如下：

① 先分别对男、女同学的各门成绩进行求和汇总，操作结果如图 4-108 所示，接着按以下步骤继续进行对总分的平均汇总过程。

② 在步骤①完成的分类汇总结果区域中，先用鼠标单击任一单元格，再单击"数据"选项卡"分级显示"选项组中的"分类汇总"按钮，进入"分类汇总"对话框。

③ 在"分类汇总"对话框中，按图 4-109 进行设置，其中对话框下方的"替换当前分类汇总"复选按钮必须呈不选中状态，用来表示对总分进行的平均汇总不会替换掉已有结果中对各门成绩的求和汇总，而是两个汇总结果同时显示在数据下方，单击"确定"按钮完成操作，结果如图 4-110 所示。

图 4-109　"多重分类汇总"设置界面

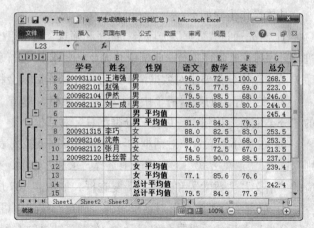

图 4-110　操作结果

3．清除分类汇总

如果已经不再需要分类汇总结果或者分类汇总操作出现问题，可将其清除回到数据清单最初的状态后再进行后续操作。清除分类汇总的具体步骤如下：

① 将光标定位到分类汇总区域中，单击"数据"选项卡"分级显示"选项组中的"分类汇总"按钮，进入"分类汇总"对话框。

② 在"分类汇总"对话框中单击左下角的"全部删除"按钮完成操作。

4.5.5　其他工具

在 Excel 2010 中，除了排序、筛选及分类汇总等操作外，还可以通过分列、删除重复项、数据有效性、合并计算、模拟分析、创建和取消组等方式来实现多种方式的表格数据统计和分析操作，在此进行简单介绍。

（1）分列功能

该功能允许用户快速对一列中的数据进行细分，通过简单的设置将该列数据根据特定的规则分成多列数据以方便进行后续操作。

（2）删除重复项

允许用户对表格数据中重复（可以是单列数据重复也可以是扩展后的多列数据重复）的数据进行删除，起到了自动剔除重复数据的效果。

（3）数据有效性

通过设置数据有效性的方式可起到防止输入无效值及数据有效性提示等效果，以免为后续的操作带来不便，如输入一个人的年龄时，可限制其只输入数据型数据，且为正整数，更进一步可设置该数据的取值区间在 1～200 之间，因为年龄值一般不会超过 200，若输入的值不在此区间时自动给出相应的提示信息。

（4）合并计算

该功能允许将多张工作表作为子工作表进行数据合并，如四个工作表分别存放第一季度、第二季度、第三季度和第四季度的开销数据，要想将这些数据整理到一个年度开销数据工作表中即可通过此功能进行。

4.6　使用图表分析数据

在使用数据统计和分析工具对数据进行分析的同时，Excel 2010 中还提供了丰富的图表功能，通过将数据以图表的方式形象地表现出来，还可以利用图表的双向联动等特点在生成图表后通过增加或更改数据源并观察图表的变化，使数据之间的差异及规律更加清晰易懂。

4.6.1　数据图表

图表是 Excel 2010 中常被用来表现数据关系的图形工具，Excel 2010 中大约包含有 11 种内部的图表类型，每种图表类型中又有很多子类型，还可以通过自定义图表形式满足用户的各种需求。

1. 创建数据图表

在 Excel 中，可通过以下两种方法对表格数据创建数据图表：

（1）通过功能区按钮创建

① 在表格数据中选择想要创建图表的数据区域（可以不连续）。

② 通过单击"插入"选项卡"图表"选项组（见图 4-111）中的相应图表按钮选择相应的图表类型，再在单击后弹出的相应菜单中选择相应的子类型即可。

（2）通过"插入图表"对话框创建

① 在表格数据中选择想要创建图表的数据区域（可以不连续）。

② 通过单击"插入"选项卡下"图表"选项组右下角的按钮，在弹出的"插入图表"对话框（见图 4-112）中左侧选择想要的图表类型，右侧选择相应的子图表类型（也可直接在右侧选择相应的子图表类型）。

图 4-111　"图表"选项组按钮

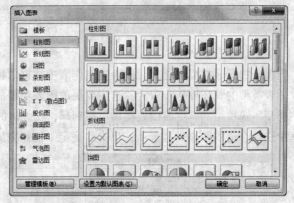

图 4-112　"插入图表"对话框

③ 单击"插入图表"对话框中的"确定"按钮查看创建的图表。

按照上述两种方法操作后，创建的图表会直接显示在当前工作表中，如图 4-113 中右侧的图表就是根据左侧的表格数据创建的，其中图表的类型为堆积圆柱图。

2. 编辑数据图表

图表主要由图表区、绘图区、图表标题、数据系列、坐标轴、图例、模拟运算表和三维背景等子对象组成。通常，当鼠标指针停留在这些图表子对象上方时，就会显示该子对象的名称，以方便用户查找或编辑。

	A	B	C	D	E	F	G	H	I
1	姓名	性别	年龄	语文	数学	英语	计算机	美术	体育
2	王海洋	男	22	96.0	72.5	100.0	86.0	62.0	87.5
3	李巧燕	女	22	88.0	82.5	83.0	75.5	72.0	90.0
4	赵强强	男	21	76.5	77.5	69.0	78.0	80.0	97.0
5	伊然红	男	22	79.5	98.5	68.0	100.0	96.0	66.0
6	沈燕	女	21	88.0	97.5	68.0	79.0	77.0	87.0
7	张月珊	女	22	74.0	72.5	67.0	94.0	78.0	90.0
8	刘三成	男	21	75.5	88.5	80.0	72.0	77.0	82.5
9	杜丝融	女	22	58.5	90.0	88.5	97.0	72.0	65.0
10	李彤彤	女	22	75.0	89.5	82.0	93.0	68.0	67.5
11	张严敏	女	22	95.0	95.0	70.0	89.5	61.5	61.5
12	刘斯云	女	22	92.5	93.5	77.0	73.0	57.0	84.0

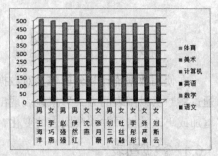

图 4-113　图表及其对应的表格数据

　　通过在图表的图表区单击即可选中该图表，图表被选中后功能区会出现如图 4-114 所示的"图表工具"选项卡，在该选项卡中又包含三个子选项卡，依次为："设计""布局"和"格式"选项卡，可通过这三个子选项卡对选中的图表做多种编辑操作。

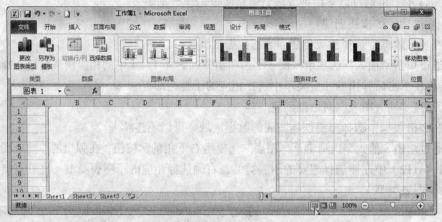

图 4-114　　"图表工具"选项卡

（1）更改图表类型

　　当图表的图表类型不能直观地表达工作表中数据的特点时，可以考虑使用更合适的图表类型，更改图表类型的具体操作步骤为：选中要更改图表类型的图表，单击图 4-112 中"设计"子选项卡"类型"选项组的"更改图表类型"按钮 ，在弹出的如图 4-115 所示的"更改图表类型"对话框中选择合适的图表类型选项，单击"确定"按钮完成操作。

图 4-115　　"更改图表类型"对话框

（2）修改图表数据

在创建好图表后，图表中的数据也可以进行修改，如添加、删除和图表行列切换等。要进行这些操作需先打开"选择数据源"对话框，具体步骤为如下（以图 4-113 中的图表为例）：

先选中要修改数据的图表，打开功能区"图表工具"选项卡中的"设计"子选项卡，单击该子选项卡"数据"选项组中的"选择数据"按钮即可。

进入"选择数据源"对话框（见图 4-116）后可根据要求进行下列操作：

① 添加图表数据，单击"添加"按钮，进入如图 4-117 所示的"编辑数据系列"对话框，使用该对话框中"系列名称"编辑框右侧的区域选择按钮选择要添加的数据列名称（如：体育）所在的单元格（如：I1），使用"系列值"编辑框右侧的区域选择按钮选择要添加的数据所在的单元格区域（如：I2:I12），单击"确定"按钮完成操作，可以看到在"选择数据源"对话框的"图例项（系列）"列表和图表的系列中都已经显示出刚刚添加的数据。

 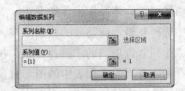

图 4-116 "选择数据源"对话框   图 4-117 "编辑数据系列"对话框

② 删除图表数据，在"选择数据源"对话框的"图例项（系列）"列表中选择要删除的数据系列名称（如：数学），单击"删除"按钮后再单击"确定"按钮确认删除操作。

③ 调整数据系列次序，在"选择数据源"对话框的"图例项（系列）"列表中选择要调整次序的数据系列名称（如：数学），单击列表右上角代表上下方向的箭头按钮或来调整适合的系列次序位置，调整完成后单击"确定"按钮完成操作。

④ 图表行列切换，在"选择数据源"对话框中单击"切换行/列"按钮即可完成图表行列切换操作。

（3）调整图表布局

可通过两种方式来调整图表布局：

① 使用 Excel 的预置布局方案调整以及通过自定义图表布局来调整。

② 使用 Excel 的预置布局方案进行图表布局时需要先选中要调整的图表，进入功能区"图表工具"选项卡中的"设计"子选项卡，单击"图表布局"组中的相应按钮选择对应的预置布局方案。

通过自定义图表布局进行图表布局的操作为先选中要调整的图表，进入功能区"图表工具"选项卡中的"布局"子选项卡，在该子选项卡中可通过选择相应的按钮，在弹出的菜单中选择合适的选项来调整对应的图表子对象的布局情况。图 4-118 为单击"模拟运算表"按钮后弹出的菜单。

图 4-118 "模拟动算表"子菜单

（4）调整图表大小

调整图表大小时可先选中图表，将鼠标移到图表的图表区边框的控制点上，当光标变为↖、↔或↕形状中的一种时按下鼠标左键不放并拖动鼠标即可调整图表大小。

（5）移动和复制图表

移动图表也分为两种情况：同一工作表中的移动和不同工作表间的移动。

① 在同一工作表中移动图表时要先选中图表，将鼠标移到图表的图表区，当光标变为🖑形状时按下鼠标左键不放并拖动鼠标到合适的位置再释放即完成操作。

② 不同工作表间的图表移动操作步骤为：选中要移动的数据图表，单击功能区"图表工具"选项卡中的"设计"子选项卡中的"移动图表"按钮🗐，在弹出的"移动图表"对话框（见图 4–119）中按照要求选择相应的图表位置并单击"确定"按钮即可。

复制图表的操作与复制一般对象相似，右击图表的图表区，在弹出的右键菜单中选择"复制"选项，再右击要粘贴图表的单元格在弹出的右键菜单中选择"保留源格式"粘贴选项即可。

（6）显示和隐藏图表

当建立了多个图表时可通过显示和隐藏图表操作只显示当前想要查看的图表，而其他的图表自动隐藏。具体操作步骤如下：

选择要显示或隐藏的数据图表，进入功能区"图表工具"选项卡中的"格式"子选项卡，单击"排列"选项组的"选择窗格"按钮🗟，在弹出的"选择和可见性"窗格（见图 4–120）中可以看到所有当前工作表中的图形对象，通过单击每个图形对象右侧的🗺按钮设置该图形是否可见，如图 4–120 中的设置将使得图表 2 显示但图表 1 隐藏。

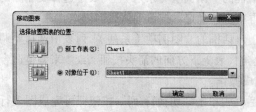

图 4–119　"移动图表"对话框

图 4–120　"选择和可见性"窗格

（7）图表的排列与组合

在有多个图表时还可对这些图表进行整齐排列，具体步骤为：进入功能区"图表工具"选项卡中的"格式"子选项卡，单击"排列"选项组的"对齐"按钮🗖，在弹出的菜单中选择相应的对齐方式即可。

将多个图表进行组合时需要先选中要组合的多个图表，单击"格式"子选项卡"排列"选项组中的"组合"按钮🗗，在弹出的菜单中选择"组合"选项即可。

3．设置图表格式

为了使图表更美观，在创建好图表后，还可对其设置格式，对其进行美化。

（1）设置形状样式

设置形状样式主要是对图表对象中涉及的各种边框颜色及边框样式等进行的设置。具体设置步骤如下：

① 选择要设置格式的图表，进入功能区"图表工具"选项卡中的"格式"子选项卡（见

图 4-121），在该子选项卡的"当前所选内容"选项组上方存在一个下拉列表，从中可以选择要设置格式的图表子对象。

图 4-121　"格式"子选项卡

② 在"当前所选内容"选项组下拉列表中选择图表子对象后（也可以直接通过鼠标单击该子对象进行选择），单击"形状样式"选项组右下角的按钮，会弹出与该子对象对应的格式设置对话框，如图 4-122 所示的为选择图表区后弹出的"设置图表区格式"对话框。

③ 在格式设置对话框的左侧选择要设置格式的选项，右侧进行相应格式的设置，完成后单击"关闭"按钮即可。

（2）设置文本样式

设置文本样式的操作与设置形状样式操作类似，具体步骤如下：

① 选择要设置格式的图表，进入功能区"图表工具"选项卡中的"格式"子选项卡，在该子选项卡"当前所选内容"选项组的下拉列表选择要设置格式的图表子对象（也可以直接通过鼠标单击该子对象进行选择）。

② 单击"艺术字样式"选项组右下角的按钮，弹出如图 4-123 所示的"设置文本效果格式"对话框。

图 4-122　"设置图表区格式"对话框

图 4-123　"设置文本效果格式"对话框

③ 在"设置文本效果格式"对话框的左侧选择要设置格式的选项，右侧进行相应格式的设置，完成后单击"关闭"按钮即可查看设置效果。

注意：在编辑图表时，也可以通过右键单击要编辑的图表子对象，在弹出的右键菜单中选择相应的命令来设置图表格式；在图表中选择图表系列的某一数据项时（如柱形图中的某一个柱），可通过鼠标两次单击该数据项所对应的图表子对象进行。

4.6.2　数据透视表

数据透视表可认为是一种快速汇总、分析和浏览大量数据的有效工具和交互式方法，通过数据透视表可形象地呈现表格数据的汇总结果。

在创建数据透视表的同时还可以创建基于透视表的数据透视图，数据透视图是数据透视表的图形表示形式，它与数据透视表相关联，在透视表中任何字段的布局或数据更改将立即在透视图中反映出来。

1. 创建数据透视表

创建数据透视表的操作步骤如下。

① 打开功能区的"插入"选项卡，单击"表格"选项组中的"数据透视表"按钮，打开"创建数据透视表"对话框，如图 4-124 所示。

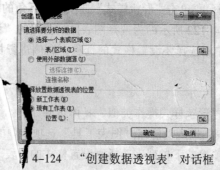

图 4-124   "创建数据透视表"对话框

② 在"创建数据透视表"对话框中先选中"选择一个表或区域"单选按钮，在"表/区域"编辑框中手工输入或使用区域选择按钮来设置创建数据透视表的数据区域，如 A1：F8（也可通过选中"使用外部数据源"单选按钮来设置相应的外部数据源），再选中"现有工作表"单选按钮在"位置"编辑框中以类似的方式设置数据透视表的位置，一般为一个空单元格名称如 E12（或通过选中"新工作表"单选按钮将数据透视表放置到新的工作表中），设置完成后单击"确定"按钮。

③ 经由前两个步骤生成如图 4-125 所示的数据透视表设置界面，其中左侧为一个空数据透视表，右侧为"数据透视表字段列表"。在右侧的"数据透视表字段列表"窗口中按要求将该窗口上方的数据字段名全部或部分拖放到该窗口下方的四个或部分几个空区域中完成设置过程。随着拖放的字段不同原来的空数据透视表就会生成相应的数据透视表，图 4-126 所示即为字段设置结果以及对应生成的数据透视表，其中"列标签"区域中的"数值"项是在设置其他区域的字段后自动生成的。

图 4-125   数据透视表设置界面

图 4-126   数据透视表设置结果

2. 创建数据透视图

数据透视表只是以汇总数据表格的形式来表示汇总结果，还可以在创建数据透视表的同时创建基于此数据透视表的数据透视图。创建过程分为以下两种情况：

（1）同时创建数据透视表和数据透视图

要同时创建数据透视图时需要先打开功能区的"插入"选项卡，单击该选项卡"表格"选项组中"数据透视表"按钮🗔右下方的🔽按钮，在弹出的菜单中选择"数据透视图"选项，剩余步骤与创建透视表的类似。图 4-127 为与图 4-126 中同样设置后的数据透视图效果。

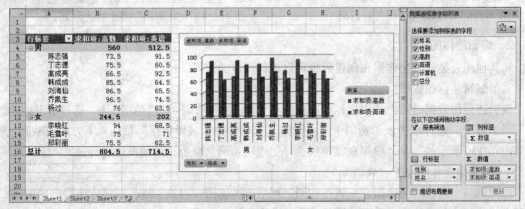

图 4-127　数据透视表和数据透视图

（2）创建已有数据透视表对应的数据透视图

创建数据透视图时先单击数据透视表中的某一单元格，打开功能区"数据透视表工具"选项卡的"选项"子选项卡，单击该子选项卡"工具"选项组中的"数据透视图"按钮🗔，在弹出的"插入图表"对话框中选择合适的图表类型后单击"确定"按钮完成操作。

4.6.3　迷你图制作

迷你图也是 Excel 2010 中的一个新增功能，与前面的图表相比，迷你图是一种单元格中的微型图表，与一般的图表不同，迷你图不是对象，可以认为它是一种特殊的单元格背景。

在具备能体现数据之间的变化规律等功能的同时，迷你图又有独自的特点：

① 迷你图可以更清晰简明的图形表示方法显示相邻数据间的发展趋势。

② 迷你图不仅占用的空间较少，还可以通过在包含迷你图的单元格上使用填充柄将其填充到其他相邻的单元格。

③ 在打印包含迷你图的工作表时，迷你图也将被打印。

本小节中对迷你图的介绍主要从以下几个方面进行：

1. 创建迷你图

创建迷你图的操作步骤为：

① 选择要在其中创建一个或多个迷你图的一个或多个空白单元格。

② 打开功能区的"插入"选项卡，单击该选项卡下"迷你图"选项组中代表各迷你图类型的按钮，弹出如图 4-128 所示的"创建迷你图"对话框。

③ 在"创建迷你图"对话框的"数据范围"编辑框中设置相应的要创建迷你图的单元格区域，以类似的步骤通过"位置范围"编辑框修改迷你图显示的位置，设置完成后单击"确定"按钮。如图 4-129 所示即为在该图中数据区域按图 4-128 所示的设置而创建的"柱形图"类型的迷你图。

图 4-128　"创建迷你图"对话框

A	姓名	性别	伙食费	住宿费	交通费	其他	迷你图
1	姓名	性别	伙食费	住宿费	交通费	其他	迷你图
2	王勇明	男	1050	800	200	300	
3	李志强	男	1200	850	250	350	
4	康兰兰	女	700	900	450	400	
5	刘卫国	男	1150	850	300	280	
6	张建峰	男	1100	800	280	300	
7	赵丽君	女	800	800	400	500	

图 4-129　"柱形图"类型的迷你图

2. 编辑迷你图

和其他图表类似，迷你图在创建后也可以进行相应的编辑操作。

（1）编辑迷你图数据

编辑迷你图数据时需先选中迷你图所在的单元格，打开功能区"迷你图工具"选项卡下的"设计"子选项卡，通过单击该子选项卡"迷你图"选项组中"编辑数据"按钮下方的按钮，弹出如图 4-130 所示的菜单，根据在菜单中选择的选项不同又分为三种情况来进行：

① 编辑组迷你图位置和数据

选择第一个选项后会弹出"编辑迷你图"对话框（见图 4-131）进行组迷你图数据的编辑，按要求修改相应的组迷你图数据范围后单击"确定"按钮完成。

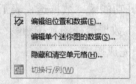

图 4-30　编辑迷你图数据菜单

图 4-131　"编辑迷你图"对话框

② 编辑单个迷你图数据

选择第二个选项后会弹出"编辑迷你图数据"对话框（见图 4-132）进行单个迷你图数据的编辑，按要求修改相应的单个迷你图数据范围后单击"确定"按钮完成。

③ 隐藏单元格和空单元格设置

选择第三个选项后会弹出"隐藏和空单元格设置"对话框（见图 4-133）进行针对隐藏单元格和空单元格数据生成的迷你图编辑，按要求选择相应的选项后单击"确定"按钮完成操作。

图 4-132　"编辑迷你图数据"对话框

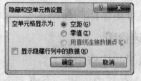

图 4-133　"隐藏和空单元格设置"对话框

（2）更改迷你图样式

更改迷你图样式时可先选中迷你图所在的单元格，打开功能区"迷你图工具"选项卡下的"设计"子选项卡，通过单击该子选项卡"类型"选项组中对应的类型按钮即可。

（3）迷你图中添加文本

迷你图只是一种特殊的单元格背景，因此要在迷你图所在的单元格中添加文本时可直接像在一般单元格中输入数据一样手工输入即可。

注意：除了以上编辑操作外，还可以打开功能区"迷你图工具"选项卡下的"设计"子选项卡，通过单击该子选项卡"分组"选项组中的相应按钮对迷你图进行添加坐标轴、组合及清除等操作。

4.7　工作表的打印与输出

在工作表制作完成后，可通过打印将其以纸质的形式呈现出来，方便用户阅读。在 Excel 2010 中要想对已有的表格设置合适的打印格式，通常需要了解以下内容。

4.7.1　设置打印页面

设置打印页面主要是用来对打印的文档做版面设置，合理的打印页面设置不仅可以打印出满意的效果，还能在节省版面材料的同时提高打印质量。

Excel 2010 中主要通过"页面设置"对话框来进行打印页面的设置操作，打开该对话框的具体操作步骤为：打开功能区的"页面布局"选项卡，单击该选项卡中"页面设置"选项组右下角的按钮即可。进入"页面设置"对话框后主要从四方面对打印页面进行设置。

1. 设置页面

设置页面操作主要是对工作表的缩放比例、打印方向等进行设置。主要通过"页面设置"对话框的"页面"标签页（见图 4-134）来完成。

图 4-134　"页面"标签页

（1）设置打印页面的方向

打印页面的方向主要有横向和纵向两个，可通过选择"页面"标签页中"方向"区域的"纵向"或"横向"按钮来设置相应的方向，其中纵向表示打印后以打印纸的窄边作为顶端，即高度大于宽度，横向则相反。

（2）设置打印时的缩放比例

当打印的区域大小和纸张大小不一致时，为了适应纸张大小，可以通过将打印区域进行缩放，按照要求和操作习惯单击"缩放"区域下两个单选按钮中的一个，并在按钮右侧的编辑框中输入相应的缩放参数即可设置缩放比例。

（3）设置纸张大小

在实际操作中，我们主要是根据打印纸的大小来设置打印机中的纸张大小，操作时在"纸张大小"下拉列表中选择对应的纸张即可。

（4）设置打印质量

打印质量主要用来调整打印的分辨率，分辨率越高，打印出来的效果就越好，根据打印机的配置不同，可供选择的打印分辨率不同。当然，打印分辨率也不是越大越好，分辨率设置越大越会缩短打印机的寿命。通过在"打印质量"下拉列表中选择对应的选项来设置打印质量。

（5）设置打印时的起始页码

默认情况时打印的起始页面为自动，即从第1页开始，如果需要更改时可在"起始页码"编辑框中输入想要修改的页码，打印机将自动从该页开始打印。

2. 设置页边距

页边距是指在打印后打印内容的边界与打印纸边沿间的距离，分为上、下、左和右边距，主要通过"页面设置"对话框的"页边距"标签页（见图 4-135）来设置页边距。

图 4-135　"页边距"标签页

"上""下""左"和"右"文本框分别用来设置上、下、左和右边距，分别输入要设置的值即可；"页眉""页脚"文本框则用来设置页眉和页脚的位置。

"居中方式"区域用来设置打印内容是否在页边距以内的区域居中及如何居中，通过一个都不选中或选中其中的一个复选按钮来设置相应的居中方式。

3. 设置页眉/页脚

页眉或页脚是指在打印后位于打印内容的顶端或底端的内容，用于标明打印内容的标题、当前的页码或总共的页数等信息。页眉和页脚不是实际工作表数据的一部分，设置的页眉和页脚不会显示在工作簿的普通视图中，但可以打印出来。主要通过"页面设置"对话框的"页眉/页脚"标签页（如图 4-136 所示）来设置页边距。

（1）设置预置页眉或页脚格式

Excel 中提供了多种预置的页眉或页脚格式方便用户使用，设置时可单击"页眉"或"页脚"下拉列表，从弹出的下拉列表选项中选择想要的预置格式。

（2）自定义页眉或页脚格式

通常用户更希望按照自己的要求设置页眉或页脚格式，操作时先需要单击"自定义页眉"或

"自定义页脚"按钮，在弹出的如图 4-137 所示的"页眉"或"页脚"对话框中设计合适的页眉或页脚。

图 4-136　"页眉/页脚"标签页

图 4-137　"页眉"对话框

在"页眉"或"页脚"对话框中设计页眉或页脚可通过手工输入或使用该对话框中间的一排命令按钮两种方式，最终设计好的页眉或页脚将显示在"左""中"或"右"编辑框中，分别代表页眉或页脚是左对齐、居中对齐还是右对齐。只需在设计之前将鼠标定位到这三个编辑框中的对应编辑框就可以进行后续操作。其中对话框中按钮的功能从左到右依次为：

① "格式文本"按钮▲：单击该按钮将弹出"字体"对话框，用来设置字体效果。

② "插入页码"按钮：单击该按钮将在所编辑的页眉或页脚中插入当前页码。

③ "插入页数"按钮：单击该按钮将在所编辑的页眉或页脚中插入总页数。

④ "插入日期"按钮：单击该按钮将在所编辑的页眉或页脚中插入当前的系统日期。

⑤ "插入时间"按钮：单击该按钮将在所编辑的页眉或页脚中插入当前的系统时间。

⑥ "插入文件路径"按钮：单击该按钮将在所编辑的页眉或页脚中插入当前文件的绝对路径。

⑦ "插入文件名"按钮：单击该按钮将在所编辑的页眉或页脚中插入当前文件的文件名。

⑧ "插入数据表名称"按钮：单击该按钮将在所编辑的页眉或页脚中插入当前的工作表名称。

⑨ "插入图片"按钮：单击该按钮将弹出"插入图片"对话框，从中可以选择相应的图片并将该图片插入到所编辑的页眉或页脚中。

⑩ "设置图片格式"按钮：在所编辑的页眉或页脚中插入图片后，此按钮将处于激活状态，

单击该按钮可对插入的图片格式进行设置。

4．设置打印区域

默认状态下，Excel 2010 会自动根据当前工作表中的内容选择有内容的区域作为打印区域，如果希望只打印某指定区域内的数据，可通过"页面设置"对话框的"工作表"标签页来设置，如图 4-138 所示。

图 4-138　"工作表"标签页

（1）设置打印区域

在"打印区域"编辑框中手工输入或通过区域选择按钮设置需要打印的单元格区域引用即可。

（2）设置打印标题

当打印的内容较多时将分成多页打印，如果需要在每页的顶端都显示行标题或列标题时，可在"顶端标题行"和"左端标题列"编辑框中手工输入或通过区域选择按钮来设置需要显示的标题行或列；也可通过选中对话框中的其他复选按钮或单选按钮设置对应的打印效果，操作简单在此不做详细介绍。

注意：在设置打印页面时，也可以通过功能区"页面布局"选项卡"页面设置"选项组中的相应按钮完成一定的操作。

4.7.2　打印工作表

在打印工作表时，除了设置打印页面还需要对当前设置结果进行预览以及对打印区域进行合理的分页控制等操作。

1．插入分页符

在打印内容较多时，Excel 将自动在合适的位置插入分页符实现打印时的分页效果，如果不想让 Excel 自动分页，可通过插入分页符的方式实现由用户来指定打印时的分页位置。具体操作步骤如下：

先单击要插入分页符的单元格，再打开功能区的"页面布局"选项卡，单击该选项卡"页面设置"选项组中的"分隔符"按钮，在弹出的菜单中选择"插入分页符"选项，可以看到在当前单元格的左上角出现了两条呈十字形的虚线，这就是分页符，打印时遇到分页符将自动分页。

要移动分页符时，可切换到分页预览视图，在切换时会显示如图 4-139 所示的"欢迎使用"分页预览"视图"对话框，提示用户可通过鼠标单击并拖动的方式调整分页符，单击"确定"按钮进入分页视图，在该视图中将鼠标移动到分页符附近，当光标变为如图 4-140 中所示的形状时单击鼠标并拖动即可移动该分页符。

如果要删除分页符，只要单击分页符下一行或下一列中的任一单元格，再单击"页面布局"选项卡下"页面设置"选项组中的"分隔符"按钮，在弹出的菜单中选择"删除分页符"选项即可。

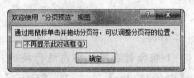

图 4-139　"欢迎使用"分页预览"视图"对话框

图 4-140　移动分页符示例

当插入的分页符都不需要时，可通过单击"页面布局"选项卡下"页面设置"选项组中的"分隔符"按钮，在弹出的菜单中选择"重设所有分页符"选项来恢复到默认状态。

插入分页符时也可通过先选中一行或一列后再进行插入操作，此时将只插入一条水平或垂直的分页符。

2．打印预览

若要查看当前设置下的打印效果，可通过打印预览功能进行查看，具体操作步骤如下：

单击"文件"选项卡，在弹出的下拉菜单中选择"打印"选项，在窗口的右侧即可看到预览效果，还可通过右下角的"显示比例"控件调整最佳的查看比例。

3．打印当前工作表

页面设置好后就可以打印输出，打印当前工作表的操作如下：

单击"文件"选项卡，在弹出的下拉菜单中选择"打印"选项，在窗口的中间区域可设置打印的份数，要使用的打印机、设置打印的工作表范围和页码范围等。按提示设置完成后单击窗口中的"打印"按钮，即可显示如图 4-141 所示的正在打印提示对话框，在该对话框退出后即可查看打印好的文件。

图 4-141　打印过程提示对话框

习　题

一、填空题

1．在 Excel 2010 的＿＿＿＿＿＿区中将各种命令以分组的形式进行组织，更加方便用户的使用。

2．Excel 中可通过＿＿＿＿＿＿工具来批量填充有规律的数据。

3. 一般情况下，Excel 中公式是由_____开头的等式。

4. Excel 的公式中用 "<>" 为表示的运算符的意义是_____。

5. Excel 公式 "=3=5" 的计算结果为_____。

二、单项选择题

1. 使用 Excel 创建的文件一般称为（　　）文件。

　　A. 工作表　　　　　B. 工作簿　　　　　　C. 表格数据　　　　　D. 单元格数据

2. 使用 Excel 2010 创建的文件的默认扩展名为（　　）。

　　A. xls　　　　　　B. doc　　　　　　　C. txt　　　　　　　D. xlsx

3. 使用 Excel 2010 时，默认情况下创建的第一个文件的主名称为（　　）。

　　A. 工作表 1　　　　B. Sheet1　　　　　C. 工作簿 1　　　　　D. 表格 1

4. 若想在一个单元格中输入多行数据，可通过（　　）组合键在单元格内进行换行。

　　A.【Ctrl+Enter】　　B.【Alt+Enter】　　C.【Shift+Enter】　　D.【Enter】

5. 在 Excel 中输入公式出错时，错误提示信息总是以（　　）开头。

　　A. #　　　　　　　B. $　　　　　　　　C. %　　　　　　　　D. &

6. 以下输入方式中，能直接显示成 "1/4" 的是（　　）。

　　A. 1/4　　　　　　B. 0.25　　　　　　C. 0 1/4　　　　　　D. 2/8

7. 下列选项中，（　　）选项不能用于计算 A3 到 A5 区域上的数据和。

　　A. =A3+A4+A5　　　　　　　　　　　B. =SUM(A3:A5)

　　C. =SUM(A1:A5 A3:C7)　　　　　　　D. =SUM(A3,A5)

8. 公式 "=AVERAGE(12,13,14)" 的计算结果为（　　）。

　　A. 12　　　　　　B. 13　　　　　　　C. 14　　　　　　　D. 公式出错

9. 在 Excel 中，公式 "=RANK(A3,A$3:A$10)" 中的 A$3 表示的是（　　）引用方式。

　　A. 交叉　　　　　　B. 混合　　　　　　C. 相对　　　　　　D. 绝对

10. 在 Excel 中，公式 "=4&" >5"" 的计算结果为（　　）。

　　A. 4>5　　　　　　B. 1　　　　　　　C. TRUE　　　　　　D. FALSE

第 5 章 ┃ PowerPoint 2010 演示文稿制作软件

PowerPoint 2010 是一种专用于制作多媒体投影片/幻灯片的工具，它以页为单位制作演示文稿，然后将制作好的页集合起来，形成一个完整的演示文稿。制作的演示文稿可以在计算机上或投影屏幕上播放，也可打印成幻灯片或透明胶片。通过本章的学习，可以非常方便地运用 PowerPoint 输入文字，绘制图形，加入图像、声音、动画、视频影像等各种媒体信息，并根据需要设计各种演示效果。只需单击鼠标，就可播放出制作好的一幅幅精美的文字和画面，也可按事先安排好的顺序自动连续播放。

本章介绍运用 PowerPoint 2010 制作和播放演示文稿的主要环节。

5.1 PowerPoint 2010 概述

PowerPoint 2010 作为 Office 2010 的重要组件之一，其启动方式与 Word、Excel 启动方式类似。

5.1.1 PowerPoint 2010 的启动

启动 PowerPoint 2010 有三种方式。

① 常规的"开始"菜单方式：单击"开始"菜单，选择"程序"下的"Microsoft Office"按钮，从 PowerPoint 2010 命令来启动。

② 快捷方式：在指定位置先创建一个 PowerPoint 2010 的快捷方式图标（其对应的应用程序名称是 POWERPOINT.EXE），然后双击该图标即可。

③ 通过已有的 PowerPoint 2010 文档启动：首先找到相应的 PowerPoint 2010 演示文稿，然后双击该文件图标。

5.1.2 PowerPoint 2010 的窗口及视图方式

PowerPoint 2010 的窗口如图 5-1 所示，其中主要包括：标题栏、快速访问工具栏、"开始"按钮、选项卡（标签）、功能区、大纲窗格、幻灯片窗格、备注窗格和状态栏等。

1. 标题栏

标题栏位于窗口顶端，主要包括控制菜单按钮、当前演示文稿名称、程序名和"最小化"按钮、"最大化/还原"按钮、"关闭"按钮。

2. 快速访问工具栏

快速访问工具栏位于标题栏左侧，在编辑演示文稿的过程中，出现的常见或重复性操作，可以使用快速访问工具栏。主要有 ▥ 保存、� 撤销、↺ 恢复，还可以点击右侧▾根据需要自定义功能按钮。

图 5-1　PowerPoint 2010 窗口

3. "开始"按钮

"开始"按钮位于选项卡最前端，集成了 PowerPoint 演示文稿制作中最常用的命令。

4. 功能区

功能区包含了 PowerPoint 2003 及更早版本中菜单和工具栏上的命令和其他菜单项，用户可以快速找到所需的命令。

在功能区中，设置了包含任务的选项卡，在每个选项卡中集成了各种操作命令，而这些命令根据完成任务的不同分布在各个不同的组中，功能区中的每个按钮可以执行一个具体的操作，或是显示下一级菜单命令。

5. 视图按钮

在窗口右下角有四个视图切换按钮 ▭▭▭▭ ，从左至右依次是"普通视图""幻灯片浏览视图""阅读视图"和"幻灯片放映视图"。用户也可以在"视图"选项卡中选择合适的方式以适用于不同场合的需要，如图 5-2 所示。

图 5-2　演示文稿视图

（1）普通视图

这是一种最常用的视图方式，PowerPoint 2010 启动后默认为普通视图方式，如图 5-1 所示。在普通视图中，不仅可以处理文本和图形，还可以处理声音、动画和其他效果。该视图下窗口被分成三个区域：幻灯片窗格、大纲窗格和备注窗格，拖动窗格的边框可以对其进行尺寸调整。

幻灯片选项卡在编辑时以缩略图大小的图像在演示文稿中观看幻灯片，以便于浏览演示文稿以及设计更改的效果，还能对幻灯片进行重新排列、添加或删除。

大纲选项卡显示演示文稿的文字部分，为用户提供了集中组织材料、编写大纲的环境。在大纲选项卡中也可以重新排列幻灯片顺序，选中需要调整的幻灯片拖至相应位置。

在幻灯片窗格中可以查看和编辑每张幻灯片中对象的布局效果，是制作幻灯片的主要场所。使用备注窗格，可以添加备注信息，但在幻灯片放映时不显示备注信息。

（2）幻灯片浏览视图

在该视图中，页码按由小到大的顺序依次显示演示文稿中全部的幻灯片缩略图，如图 5-3 所示，该视图中对幻灯片进行复制、移动或删除等操作较为便捷。当要将演示文稿作为一个整体进行观看并需要重新安排幻灯片演示的顺序时，可以使用幻灯片浏览视图。

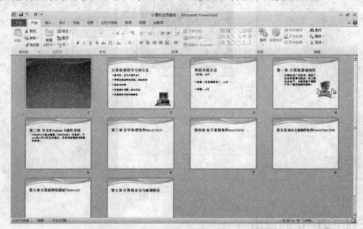

图 5-3　幻灯片浏览视图

（3）阅读视图

在该视图中，演示文稿中的幻灯片内容以全屏方式显示，如果用户设置了画面切换效果、动画效果等，在该视图方式下能全部显示出来，如图 5-4 所示。

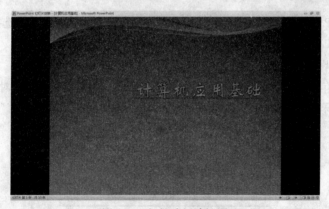

图 5-4　幻灯片阅读视图

（4）幻灯片放映视图

在该视图中，演示文稿中的幻灯片按先后顺序依次显示，默认情况下，每次单击，显示下一张幻灯片。如果用户设置了动画效果或插入了声音与视频等多媒体对象，在该视图方式下将全部显示。幻灯片放映视图占据整个屏幕，像播放真实的幻灯片一样，按照预先定义的顺序一幅一幅地动态显示演示文稿的幻灯片。

（5）备注视图

备注视图用于输入和编辑备注信息，也可以在普通视图中输入备注信息，如图 5-5 所示。如果在该视图下，无法看清备注信息，可在"视图"选项卡中单击"显示比例"按钮，选择一个合适的显示比例。

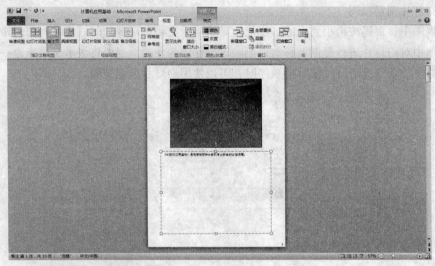

图 5-5　备注视图

5.1.3　PowerPoint 2010 的退出

若退出 PowerPoint 2010，返回到 Windows 桌面，有以下多种方式：

① 单击 PowerPoint 2010 窗口中标题栏右侧的"关闭"按钮。

② 单击 PowerPoint 2010 窗口中标题栏左侧的控制菜单图标，在弹出的快捷菜单中选择"关闭"命令。

③ 右击 PowerPoint 2010 窗口中标题栏任意位置，在弹出的快捷菜单中选择"关闭"命令。

④ 单击 PowerPoint 2010 窗口中"文件"菜单下的"退出"命令。

⑤ 使用【Alt+F4】组合键。

注意：如果没有预先保存文件的话，以上方式都会弹出询问是否保存的对话框，如图 5-6 所示，单击"保存"则保存退出；单击"不保存"则放弃保存直接退出；单击"取消"则返回 PowerPoint 2010 编辑状态。

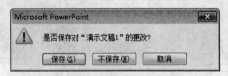

图 5-6　提示保存对话框

5.2　PowerPoint 2010 的基本操作

利用 PowerPoint 制作出来的各种演示材料通常被称为"演示文稿"，这些材料包括文字、表格、图形、图像和声音，将这些材料以页面的形式组织起来，编排完成后向人们展示。一份演示文稿由若干张幻灯片组成，以扩展名为.pptx 的文件形式保存。

5.2.1　演示文稿的创建、打开和保存

1. 新建演示文稿

PowerPoint 2010 提供多种创建新演示文稿的方法，常用的方法有以下四种，先选择"文件"下"新建"选项，如图 5-7 所示。

图 5-7　"新建演示文稿"对话框

（1）创建空白演示文稿

在图 5-7 所示的窗口中选择"空白演示文稿"选项，再选择窗口右侧的"创建"按钮，PowerPoint 2010 会打开一个没有任何设计方案和示例，只有默认版式（标题幻灯片）的空白幻灯片，如图 5-8 所示，用户可根据需要添加并设计多张幻灯片。

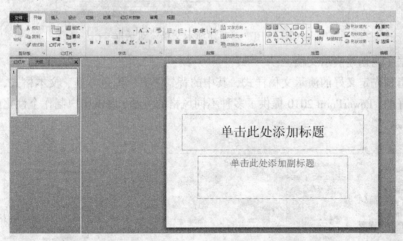

图 5-8　"创建空白演示文稿"对话框

（2）根据模板创建演示文稿

模板是系统提供已经设计好的演示文稿，PowerPoint 2010 提供多种丰富多彩的内置模板，用户可在此基础上创建更加出众的演示文稿，在图 5-7 所示的窗口中选择"样本模板"选项，然后在"可用的模板和主题"中选择相应的模板，再选择窗口右侧的"创建"按钮，如图 5-9 所示。

（3）根据自定义模板创建演示文稿

当系统提供的内置模板不能满足需求时，用户还可以自行设计演示文稿，并存为模板备用。这种方法不但能够帮助用户完成演示文稿相关格式的设置，还能帮助用户输入演示文稿的主要内容。在图 5-7 所示的窗口中选择"我的模板"选项，弹出"新建演示文稿"对话框，在"个人模

板"下选择需要使用的模板。在右侧"预览"区域中可以预览该模板样式，如图 5-10 所示。

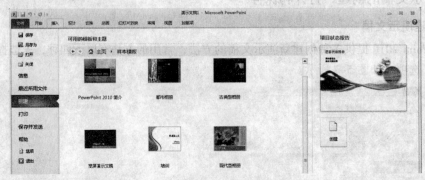

图 5-9　"根据模板创建演示文稿"对话框

图 5-10　"新建演示文稿"对话框

（4）根据主题创建演示文稿

主题是指预先定义好的演示文稿样式，其中的背景图案、配色方案、文本格式、标题层次都是已经设计好的。PowerPoint 2010 提供了多种不同风格的主题，以供用户制作个性化的演示文稿，如图 5-11 所示。

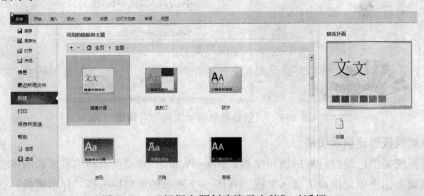

图 5-11　"根据主题创建演示文稿"对话框

2．保存演示文稿

创建完成演示文稿后，可将其保存，具体方法有以下三种：

① 单击"文件"选项卡中的"保存"按钮。

② 单击快速访问栏上的"保存"按钮。

③ 使用【Ctrl+S】组合键。

执行以上命令后，如果当前文档是初次保存，将会弹出"另存为"对话框，在"保存位置"中设置保存位置；在"文件名"中输入文件名称，在"保存类型"中选择要保存文件的类型，如果文件需要在低版本上运行，保存时可选择"PowerPoint 97–2003 演示文稿（*.ppt）"类型；如果文件需要保存为自定义模板，保存时可选择"PowerPoint 模板（*.potx）"类型；如果需要将演示文稿存为每次打开时自动放映的类型，保存时可选择"PowerPoint 放映（*.ppsx）"类型，然后单击"保存"按钮。

3．打开演示文稿

在 PowerPoint 已经运行时打开演示文稿有以下三种方法：

① 单击"文件"选项卡下的"打开"选项。

② 单击快速访问工具栏上的"打开"按钮。

③ 使用【Ctrl+O】组合键。

当 PowerPoint 未运行时要打开演示文稿，则先找到要打开文件所在的位置，然后双击该文件即可。

5.2.2　编辑幻灯片

一个演示文稿由多张幻灯片组成，因此需要了解如何处理演示文稿中的幻灯片，下面主要介绍有关幻灯片的基本操作。

1．在幻灯片中输入文本

在一般情况下，幻灯片中包含了一个或多个带有虚线边框的区域，称为占位符。在创建空白演示文稿的幻灯片中，只有占位符而没有其他内容，用户可以在占位符中输入文本。如果在占位符以外的任何位置输入文本，可以在幻灯片中插入文本框，需要单击"插入"选项卡中的"文本框"按钮。

2．幻灯片的选择

对幻灯片进行编辑、修改等操作前都必须进行选定，选定幻灯片的方式有：

① 选定单张幻灯片：在左侧大纲窗格幻灯片选项卡下单击某张幻灯片。

② 选定多张连续的幻灯片：在左侧大纲窗格幻灯片选项卡下，单击需要选定的第一张幻灯片，然后按住【Shift】键，单击需要选定的最后一张幻灯片。

③ 选定多张不连续的幻灯片：在左侧大纲窗格幻灯片选项卡下，单击需要选定的第一张幻灯片，然后按住【Ctrl】键，再分别单击需要选定的幻灯片。

在幻灯片浏览视图中也可以通过此方法选定幻灯片。

3．幻灯片的插入

在制作演示文稿的过程中，可以随时插入新的幻灯片，方法如下：

① 打开需要添加幻灯片的演示文稿，在左侧大纲窗格幻灯片选项卡下选择幻灯片后右击，在弹出的快捷菜单中单击"新建幻灯片"按钮，如图 5–12 所示，新建的幻灯片将插至选定幻灯片之后。

② 单击"开始"选项卡下的"幻灯片"按钮，如果希望新幻灯片具有与对应幻灯片相同的布局，只需单击"新建幻灯片"按钮或按【Ctrl+M】组合键；如果新的幻灯片需要不同的布局，

则单击"幻灯片"组中"新建幻灯片"命令旁边的箭头 幻灯片▾，在弹出的下拉面板中选择所需的幻灯片版式。新的幻灯片也将插至选定幻灯片之后。

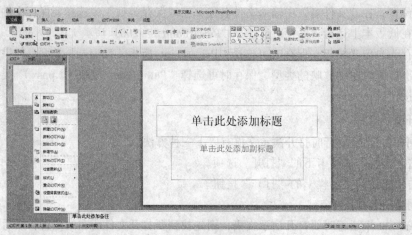

图 5-12　新建幻灯片

4. 幻灯片的复制

在制作演示文稿的过程中，如果用户当前创建的幻灯片与已存在的幻灯片风格基本一致，只是其中的部分文本框架或内容不同，则采用复制幻灯片，再稍作修改更为便捷。

5. 幻灯片的删除

在制作演示文稿中，如需要删除幻灯片，其方法如下：

① 在左侧大纲窗格幻灯片选项卡下，选择要删除的幻灯片，单击鼠标右键，在弹出的快捷菜单中单击"删除幻灯片"按钮。

② 在左侧大纲窗格幻灯片选项卡下，选择要删除的幻灯片，按【Delete】键删除。

6. 幻灯片的隐藏

用户可以根据需要在放映时，将不需要放映的幻灯片隐藏，而不必将这些幻灯片删除，操作步骤如下：

① 选择需要隐藏的幻灯片。

② 选择"幻灯片放映"选项卡下的"隐藏幻灯片"选项，如图 5-13 所示。

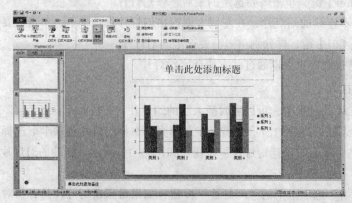

图 5-13　隐藏幻灯片

隐藏了的幻灯片仍然保留在演示文稿文件中。

5.2.3　使用幻灯片版式

幻灯片版式包含了要在幻灯片上显示的全部内容,版式设计是幻灯片制作中的一个重要环节,通过在幻灯片中巧妙的安排多个对象的位置,能够更好的达到吸引观众注意力的目的。PowerPoint 2010 提供了如图 5-14 所示的内置幻灯片版式,每种版式都显示了需要添加文本或图形的各种占位符的位置,此外,用户还可以自定义版式。

使用幻灯片版式有以下几种情况:

① 在创建新幻灯片时,用户根据需要选择相应的幻灯片版式,如图 5-15 所示。

图 5-14　幻灯片版式

图 5-15　根据版式新建幻灯片

② 在演示文稿制作过程中,也可以依据具体需求修改幻灯片版式,操作步骤如下:

(a)选择需要修改幻灯片版式的幻灯片。

(b)选择"开始"选项卡中"幻灯片"组中的"版式"命令,在出现的下拉列表中选择相应的版式进行修改,如图 5-16 所示。

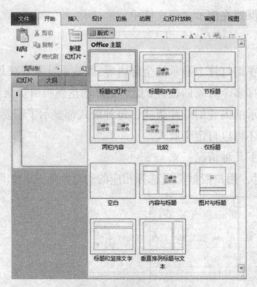

图 5-16　修改幻灯片版式

5.3　演示文稿的格式化及可视化

创建完成幻灯片之后，需要进一步设计幻灯片，使其更为美观大方。

5.3.1　设置幻灯片中的文字格式

文字格式设置包括字体、字号、文字颜色、间距和特殊效果等，具体操作步骤如下：

① 选择要设置格式的文字。

② 单击鼠标右键选择菜单中的"字体"命令，打开"字体"对话框，如图 5-17 所示，根据用户自身需要进行设置。

③ 单击"确定"按钮。

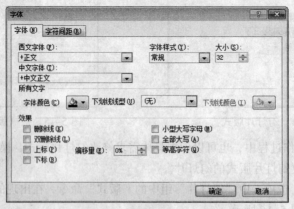

图 5-17　"字体"对话框

5.3.2　项目符号和编号

在 PowerPoint 2010 中除标题幻灯片中输入的文本没有项目符号和编号，其他带有文本输入版式中的文本都有默认的项目符号和编号，具体操作步骤如下：

① 选择要添加项目符号或编号的文本行。

② 单击"开始"选项卡下"段落"组中的"项目符号"按钮或"编号"按钮，打开下拉列表框选择"项目符号和编号"，如图 5-18 所示。

③ 根据需要进行相应设置，在此对话框中还可对项目符号或编号的大小、颜色、自定义样式等进行设置。

图 5-18　"项目符号和编号"对话框

5.3.3　设计幻灯片的外观

PowerPoint 可以使演示文稿中所有的幻灯片具有一致的外观，包括应用主题、编辑主题方案、使用母版、设置幻灯片背景等内容。

1. 应用主题改变所有幻灯片的外观

为了使整个演示文稿达到统一的效果，用户可以在演示文稿创建后，通过"应用主题"给整个演示文稿设置统一的样式，具体操作方法如下：

① 打开演示文稿，切换到幻灯片视图。

② 单击"设计"选项卡中的"主题"按钮，右击任何一种主题，可以作为选定幻灯片或所有幻灯片的主题，如图 5-19 所示。

图 5-19　"主题"窗口

2．编辑主题方案

主题方案是一组用于演示文稿中的预设颜色，分别针对背景、文本和线条、阴影、标题文本、填充、强调文字和超链接等，方案中的每种颜色都可自动应用于幻灯片上的不同组件，可以选择一种方案应用于选定幻灯片或整个演示文稿。

（1）应用主题颜色

① 选择要应用主题颜色的幻灯片。

② 单击"设计"选项卡中的"主题"按钮，右击的"颜色"按钮，弹出内置颜色列表。

③ 选择所需的主题颜色，右击，如果只需将主题颜色应用于当前选定的幻灯片，则在弹出的快捷菜单中选择"应用于所选幻灯片"；如果需要应用于所有幻灯片，则选择"应用于所有幻灯片"选项。

（2）新建主题颜色

① 单击"设计"选项卡中的"主题"组中右侧的"颜色"按钮，弹出内置颜色列表，单击底部"新建主题颜色"按钮，弹出如图 5-20 所示的对话框。

② 根据需要设置相应部分的颜色，然后输入自定义名称并保存即可。

图 5-20　"新建主题颜色"对话框

（3）应用主题字体

① 单击要应用主题字体的幻灯片。

② 选择"设计"选项卡中的"主题"组中右侧的"字体"按钮，弹出内置字体列表。

③ 如果需要将主题字体应用于所有幻灯片，则选择"应用于所有幻灯片"选项。

（4）新建主题字体

① 单击"设计"选项卡中的"主题"组中右侧的"字体"按钮，弹出内置字体列表，单击底部"新建主题字体"按钮，弹出如图 5-21 所示的对话框。

② 根据需要设置主题的西文和中文字体，然后输入自定义名称并保存。

（5）应用主题效果

① 选择要应用主题效果的幻灯片。

② 单击"设计"选项卡中的"主题"组中右侧的"效果"按钮，弹出内置效果列表，如图 5-22 所示。

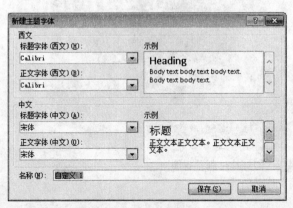

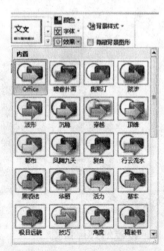

图 5-21　"新建主题字体"对话框　　　　　　图 5-22　"效果"下拉列表

③ 如果需要将主题效果应用于所有幻灯片，右击，在弹出的快捷菜单中选择"应用于所有幻灯片"选项。

3. 使用母版

母版是指一张具有特殊用途的幻灯片，用于创建幻灯片的框架。用户对母版中格式、背景等设置，可以快速应用到系列幻灯片中。在 PowerPoint 2010 "视图"选项卡下"母版视图"组中有3 种母版类型：幻灯片母版、讲义母版和备注母版，如图 5-23 所示。

图 5-23　母版视图

幻灯片母版包含字形、占位符大小和位置、背景设计等信息，目的是方便用户进行全局更改，并快速应用到演示文稿中的所有幻灯片。其中包括标题母版和幻灯片母版：标题母版用来控制标题幻灯片的格式和位置，通常区别于演示文稿中的其余幻灯片；幻灯片母版可以控制当前演示文稿中除标题幻灯片之外的其他幻灯片，使它们具有相同的外观。

讲义母版用来设置讲义的打印格式，添加或修改幻灯片的讲义视图中每页讲义上出现的页眉或页脚信息，应用讲义母版可将多张幻灯片打印在一页纸上；备注母版用来设置备注的格式。

如果需要统一修改多张幻灯片，只需要在幻灯片母版上做修改即可。如果仅希望个别幻灯片的外观不同，应直接修改该幻灯片。

修改幻灯片母版，单击"视图"选项卡下"母版视图"组中的"幻灯片母版"按钮，切换到幻灯片母版视图中，如图 5-24 所示。然后根据需求在相应位置做修改，最后单击"幻灯片母版"选项卡中的"关闭母版视图"，返回到幻灯片普通视图。

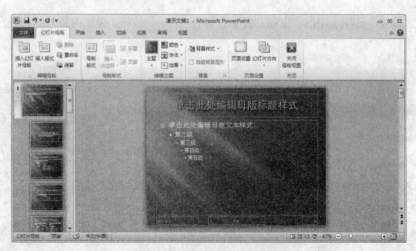

图 5-24　"幻灯片母版"视图

4. 设置幻灯片背景

幻灯片的背景可以通过背景样式实现，用户可以按照需求进行选择，其操作步骤如下。

① 选定要设置背景的幻灯片。

② 单击"设计"选项卡中"背景"组中的"背景样式"按钮，打开"背景样式"库。

③ 单击"背景样式"列表中的"设置背景格式"按钮，打开如图 5-25 所示的对话框。

④ 根据需要对"设置背景格式"对话框中的相关内容进行设置。

图 5-25　"设置背景格式"对话框

5.3.4　添加可视化项目

向幻灯片中插入各种可视化项目，包括图片、表格、图表、组织结构图、声音和视频等对象，以增强幻灯片的视觉效果。

1. 插入图片

插入图片有两种方法：

① 在"插入"选项卡上的"插图"组中，单击"图片"按钮，弹出如图 5-26 所示的对话框，选择相应的图片，点击"插入"按钮，可以将图片插入到选定的幻灯片中。

图 5-26　插入"图片"

② 在"插入"选项卡上的"插图"组中，单击"剪贴画"按钮，弹出"剪贴画"任务窗格，选择所需剪贴画后右击，在出现的快捷菜单中单击"插入"按钮，将选中的剪贴画插入到选定的幻灯片中，如图 5-27 所示。

图 5-27　"剪贴画"窗格

插入图片以后，可以对插入的图片进行编辑，具体方法有两种：

① 单击图片，出现"图片工具/格式"选项卡，如图 5-28 所示，在"调整""图片样式""排列"和"大小"组中可对图片进行编辑。

图 5-28　"图片工具格式"选项卡

② 选择图片右击，在弹出的快捷菜单中，单击"设置图片格式"按钮，弹出"设置图片格式窗口"对话框，如图 5-29 所示，可进行相应的格式设置。

图 5-29　"设置图片格式"对话框

2. 插入图形

如果需要在幻灯片中绘制一些圆、矩形等简单的图形，可以使用 PowerPoint 2010 提供的绘图功能。在"插入"选项卡上的"插图"组中，单击"形状"旁边的下拉箭头，打开如图 5-30 所示的列表，选择所需形状，在指定的位置拖动鼠标到合适大小。

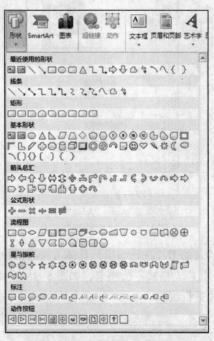

图 5-30　"形状"列表

插入图形以后，可以对插入的图形进行编辑，具体操作方法有以下两种：

① 选择形状，出现"绘图工具/格式"选项卡，在"插入形状""形状样式""排列"和"大

小"组中可对图形进行编辑。

② 选择形状后右击,在弹出的快捷菜单中,单击"设置形状格式"按钮,弹出"设置形状格式窗口",进行相应的格式设置即可。

3. 插入 SmartArt 图形

SmartArt 图形主要包括图形列表、流程图、关系图以及更为复杂的图形,例如维恩图和组织结构图。SmartArt 图形可以清楚地表示层级关系、附属关系、循环关系等。用户可以从多种不同布局中进行选择,从而快速的创建所需形式,以便有效的传达信息或观点。

在幻灯片中插入 SmartArt 图形的具体操作步骤如下。

① 选定要插入 SmartArt 图形的幻灯片。

② 在"插入"选项卡上的"插图"组中,选择"SmartArt"选项,或者选择幻灯片中占位符内的 按钮,弹出如图 5-31 所示的对话框。

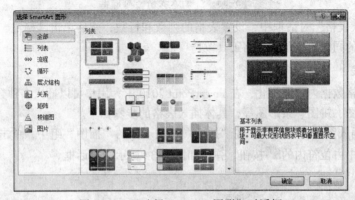

图 5-31　"选择 SmartArt 图形"对话框

③ 选择图形中相关布局,然后点击"确定"按钮,弹出如图 5-32 所示的对话框。

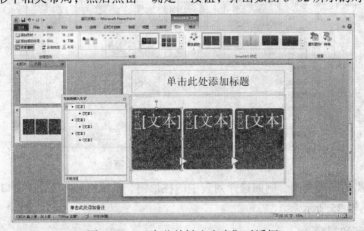

图 5-32　"在此处键入文字"对话框

④ 可以在"在此处键入文字"文本框中输入流程图的内容。

⑤ 单击 SmartArt 图形会出现"SmartArt 工具"下的"格式"和"设计"按钮,在此可以完成 SmartArt 图形的各项设置。

4．插入表格

PowerPoint 2010 中内置了插入表格的功能，用户可以根据需要插入表格，插入的方法和 Word 中插入表格的方法类似。

在幻灯片中插入表格的具体操作步骤如下：

① 选择要插入表格的幻灯片，在"插入"选项卡下的"表格"组中，单击"表格"下拉箭头按钮，在弹出的下拉列表中选择"插入表格"命令，或者选择幻灯片中占位符内的 ⊞ 按钮，弹出如图 5-33 所示的对话框。

图 5-33   "插入表格"对话框

② 在"插入表格"对话框中，设置表格的列数和行数，然后单击"确定"按钮，在幻灯片中显示插入表格的同时，显示"表格工具"选项卡。

5．插入图表

图表是将表格数据内容图形化，在 PowerPoint 2010 中，用户可以插入多种数据图表和图形，如柱形图、折线图、饼图、条形图等，具体插入表格的步骤如下。

① 选择要插入图表的幻灯片，在"插入"选项卡下的"插图"组中，单击"图表"按钮，或者选择幻灯片中占位符内的 ▮▮ 按钮，弹出如图 5-34 所示的对话框。

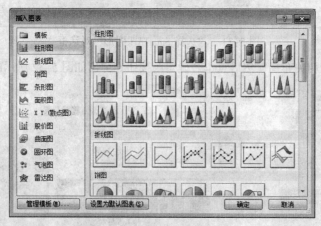

图 5-34   "插入图表"对话框

② 选择所需的图表类型，例如选择列表中的柱形图，系统将弹出 Excel 窗口用以输入相关的数据内容，如图 5-35 所示。

6．插入声音和视频

为了增强幻灯片的播放效果，烘托幻灯片的场景，还可以把声音和视频添加到幻灯片中。PowerPoint 2010 提供在幻灯片放映时播放声音和视频的功能，用户既可以从剪辑库中选择需添加的声音和视频，也可以从硬盘中插入多媒体对象。

（1）在幻灯片中插入声音

在制作幻灯片时，用户可以根据需要在幻灯片中插入声音，以增加向观众传达信息的通道，具体操作步骤如下：

① 选择要添加声音的幻灯片。

② 单击"插入"选项卡中"媒体"组中的"音频"下拉按钮，打开如图 5-36 所示的下拉列表。

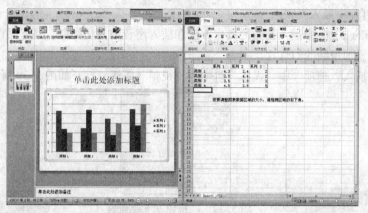

图 5-35　插入图表

图 5-36　"音频"下拉列表

③ 在出现的下拉列表中，单击"文件中的音频"按钮，在打开的"插入音频"对话框中选择需要插入的音频文件。

如果需要使用剪辑库中的声音，可以选择"剪贴画音频"选项，在打开的"剪贴画"窗格中，选取所需要的音频文件；如果需要录制自己的声音，可以选择"录制音频"选项。

④ 插入声音文件后幻灯片中会出现一个喇叭图标，如图 5-37 所示。再通过"音频工具"选项卡完成音频设置，如图 5-38 所示。

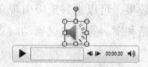

图 5-37　插入"音频"文件

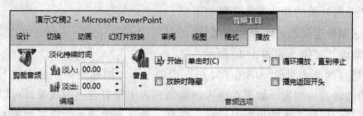

图 5-38　"音频工具"选项卡

注意：在 PowerPoint 2010 中，如果插入的声音文件大于 100 KB，默认自动将声音链接到文件，而不是嵌入文件。演示文稿链接到文件后，为了防止可能出现的链接问题，最后在添加演示文稿之前将声音文件复制到演示文稿所在的文件夹中。

（2）在幻灯片中插入视频

在 PowerPoint 2010 中插入视频的操作方法和插入声音的方法类似，具体操作步骤如下：

① 选择要添加视频的幻灯片。

② 单击"插入"选项卡中"媒体"组中的"视频"按钮，打开如图 5-39 所示的下拉列表。

图 5-39　"视频"下拉列表

③ 在出现的下拉列表中，选择"文件中的视频"命令，在打开的"插入视频"对话框中选择需要插入的视频文件。

注意：如果需要使用网站上的视频，则选择"来自网站的视频"选项，在出现的"从网站插入视频"对话框中输入网站的视频链接地址；如果需要使用剪辑库中的声音，可以选择"剪贴画视频"选项，在打开的"剪贴画"窗格中，选取所需要的视频文件。

视频文件始终链接到演示文稿，而不是嵌入到演示文稿中。插入视频文件时，PowerPoint 2010 会创建一个指向视频文件当前位置的链接。如果以后改变该视频文件的位置，则在播放时会找不到播放文件，因此最好在插入视频前将视频文件复制到演示文稿所在的文件夹中。

5.4　演示文稿的放映

制作一个演示文稿的目的是要通过演示文稿的内容来表达观点与传达信息。在放映演示文稿之前，一般要先对幻灯片进行动画效果设置、动作设置、超链接以及幻灯片切换等操作。

5.4.1　设置动画效果

在演示文稿中添加适当的动画效果，可以更好地吸引观众的注意力。PowerPoint 2010 可以在幻灯片中为文本、插入的图片、表格和图表等对象设置动画效果，以增强幻灯片的感染力，达到突出重点、控制信息的流程目的。

1. 自定义动画

设置自定义动画效果的具体操作步骤如下：

① 选择要添加自定义动画效果的幻灯片。

② 单击"动画"按钮，如图 5-40 所示。

③ 选定幻灯片的某个对象，单击"动画"选项卡下"添加动画"组中的下拉按钮，打开如图 5-41 所示的动画效果列表，如果在进入的效果列表中没有合适的效果，可以单击"更多进入效果"按钮，打开"添加进入效果"对话框，选择一种满意的动画效果，如图 5-42 所示。

图 5-40　"自定义动画"窗格

图 5-41　"动画效果"下拉列表

图 5-42　"添加进入效果"对话框

④ 添加完动画效果后还可以对其进行修改，单击"动画"选项卡下"高级动画"组中的"动画窗格"按钮，在屏幕右侧会出现动画窗格，如图 5-43 所示。选择动画效果右侧下拉按钮，如图 5-44 所示，在打开的菜单中选择并进行动画效果的各项设置。当"动画窗格"列表框中有多个对象时，可以使用"重新排序"上下按钮来调整动画效果的顺序。

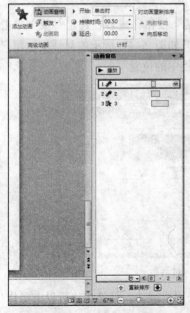

图 5-43　"动画窗格"

图 5-44　修改动画效果

2．添加动作路径

用户可以根据需要添加动作路径，具体操作步骤如下：

① 选择要添加动作路径的对象。

② 单击"动画"选项卡下"动画"组中的"其他"按钮，在弹出的下拉列表中选择"其他动作路径"命令，打开如图 5-45 所示的对话框。

③ 点击"确定"按钮后，添加动作路径的对象上会出现动作路径控制点，如图 5-46 所示。

图 5-45　"添加动作路径"对话框

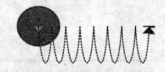

图 5-46　设置动作路径

5.4.2　超链接

用户可以在演示文稿中添加超链接，利用其跳转到指定的不同位置。例如，跳转到演示文稿中的某一张幻灯片、其他文件、Internet 上的 Web 等，具体操作步骤如下：

① 选择要创建超链接的对象，可以是文字或图片。

② 单击"插入"选项卡下"链接"组中的"超链接"按钮；或者在选定对象上单击鼠标右键，在弹出的快捷菜单中单击"超链接"命令，均会打开如图 5-47 所示的对话框。用户可以在该对话框中选择"链接到"的位置，例如链接到"本文档中的位置"等。

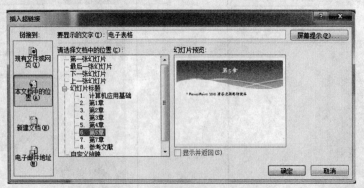

图 5-47　"插入超链接"对话框

③ 创建完成的超链接可以进行编辑修改操作，方法同步骤②，只是在执行以上操作步骤后，打开的是"编辑超链接"对话框，如图 5-48 所示。

图 5-48　"编辑超链接"对话框

④ 如果要取消超链接关系，则选择已创建完成的超链接对象，单击鼠标右键，在弹出的快捷菜单中单击"取消超链接"按钮。

5.4.3 动作按钮

PowerPoint 2010 预先定义了一些动作按钮，在幻灯片中应用这些动作按钮，可以跳转到某一指定位置，如跳转到演示文稿的某张幻灯片、其他演示文稿、Word 文档，或者跳转到 Internet 上，具体操作步骤如下：

① 选定要插入动作按钮的幻灯片。

② 单击"插入"选项卡中的"插图"组中的"形状"按钮，出现如图 5-49 所示的下拉列表，在最下面的"动作按钮"形状中选择所需的动作按钮。

③ 在幻灯片需要放置动作按钮的位置单击，弹出"动作设置"对话框，如图 5-50 所示。

④ 在"动作设置"对话框中完成相应的设置。

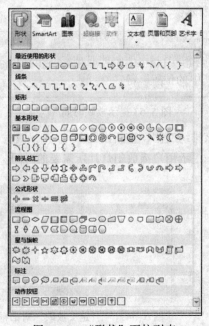

图 5-49　"形状"下拉列表

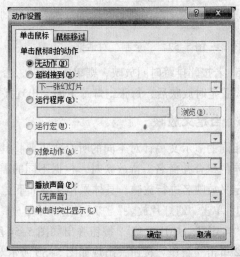

图 5-50　"动作设置"对话框

5.4.4 幻灯片切换

幻灯片切换是指在演示文稿中从一张幻灯片更换到下一张幻灯片的操作，用户可以通过鼠标单击切换、定时切换和按排练时间切换三种方式来实现。

1. 鼠标单击切换和定时切换幻灯片

具体操作步骤如下：

① 在幻灯片浏览视图中，选择一张或多张需要添加切换效果的幻灯片。

② 单击"切换"按钮，打开如图 5-51 所示的"幻灯片切换"窗口。

图 5-51 "幻灯片切换"窗口

③ 在"换片方式"中，如果单击"单击鼠标时"按钮，则单击鼠标时切换幻灯片；如果单击"设置自动换片时间"按钮，并输入时间间隔，则按指定间隔时间切换幻灯片。

④ 单击"计时"中的"全部应用"按钮，则应用到演示文稿中所有的幻灯片上。

2. 按排练时间切换幻灯片

通过排练计时设定幻灯片的切换间隔时间的具体操作步骤如下：

① 选择要设置放映时间的演示文稿。

② 单击"幻灯片放映"选项卡下"设置"组中的"排练计时"按钮。

③ 执行上述操作后，系统开始从第一张幻灯片开始放映，同时出现"录制"对话框，如图 5-52 所示。

④ 单击鼠标左键，则切换到下一张幻灯片，当所有的幻灯片全部放映完毕，系统会弹出一个对话框，提示放映整个演示文稿所需时间，如图 5-53 所示。

图 5-52 "录制"对话框

图 5-53 提示放映时间

⑤ 若按此排练时间放映，则单击"是"，否则放弃该排练时间，重新设置。

设置定时放映后，每张幻灯片下面会出现播放时间，提示用户播放幻灯片所需要的时间。

5.4.5 自定义放映

相同的演示文稿针对不同的听众，需要将其中幻灯片进行不同的组合并命名。待放映时，根据不同的需求选择其中的自定义放映名进行放映，具体操作步骤如下：

① 单击"幻灯片放映"选项卡下"开始放映幻灯片"组中的"自定义幻灯片放映"，按钮弹出如图 5-54 所示对话框。

②单击"新建"按钮，出现如图 5-55 所示对话框。

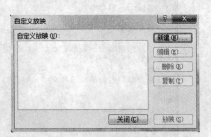

图 5-54 "自定义放映"对话框

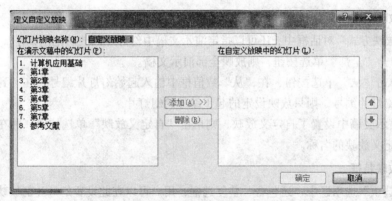

图 5-55　"定义自定义放映"对话框

③ 在"幻灯片放映名称"中输入自定义的放映名称。

④ 在"在演示文稿中的幻灯片"列表框中，显示了当前演示文稿中所有幻灯片的编号和标题。选择其中所需的幻灯片，然后单击"添加"按钮，选定的幻灯片被添加到右侧的列表框中。

⑤ 选择完毕，单击"确定"按钮。

5.4.6　设置放映方式

PowerPoint 2010 为放映演示文稿提供了三种不同的放映方式，单击"幻灯片放映"选项卡下"设置"组中的"设置幻灯片放映"按钮，出现如图 5-56 所示的对话框。

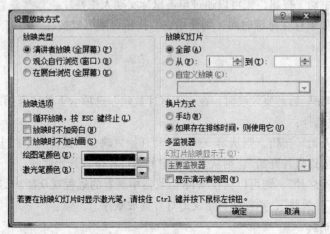

图 5-56　"设置放映方式"对话框

1. 放映类型

① 演讲者放映（全屏幕）：此方式是最为常用的一种放映方式，也是系统默认的选项，在放映过程中幻灯片全屏显示，演讲者可采用自动或人工的方式运行放映演示文稿，能够暂定幻灯片放映，添加会议细节，录制旁白等。

② 观众自行浏览（窗口）：此放映方式适用于小规模的演示，幻灯片放映在标准窗口中进行。窗口中显示菜单和浏览工具栏，在播放的过程中提供移动、编辑、复制和打印等命令。

③ 在展台浏览（全屏幕）：此放映方式适用于展览会场或会议中，幻灯片以自动的方式运行。幻灯片的放映只能按照事先设置好的放映参数进行，需要时按【Esc】键终止放映。

2．指定放映范围

在"设置放映方式"对话框中，还可以指定演示文稿中幻灯片的放映范围，有以下几种情况。

① 如果单击"全部"单选按钮，则放映全部演示文稿。

② 如果单击"从"单选按钮，在"从"数值框中输入起始幻灯片编号；在"到"数值框中输入最后一张幻灯片编号，则只放映设定的起止编号的幻灯片。

③ 如果演示文稿中设置了自定义放映，则单击"自定义放映"单选按钮，并在下面的下拉列表中选择自定义放映的名称。

3．设置放映特征

在"放映选项"选项区中，还包含一些复选框，用户可以在此设置幻灯片的放映特征，有以下几种情况：

① 如果单击"循环放映，按 Esc 键终止"按钮，则循环放映演示文稿，若要退出循环放映，按【Esc】键。如果选中"在展台浏览（全屏幕）"单选按钮，则自动选中该复选框。

② 如果单击"放映时不加旁白"按钮，则在放映幻灯片时，隐藏旁白但不删除旁白。

③ 如果单击"放映时不加动画"按钮，则在放映幻灯片时，隐藏对象设置的动画效果但并不删除动画效果。

4．指定换片方式

在"换片方式"选项区中可以指定幻灯片的换片方式，有以下两种情况：

① 如果单击"手动"按钮，则可以通过单击鼠标实现人工换片。

② 如果单击"如果存在排练时间，则使用它"按钮，则可以按在"幻灯片切换"窗格中设定的时间自动换片。

5.4.7　观看放映

当演示文稿制作完毕后需要放映时，在"幻灯片放映"选项卡下的"开始放映幻灯片"组中有以下四种方式可供选择：

① 单击"从头开始"按钮，则从第一张幻灯片开始放映，快捷键为【F5】。

② 单击"从当前幻灯片开始"，则从当前选定的幻灯片位置开始放映。

③ 单击"广播幻灯片"，则可以向在 Web 浏览器中观看的远程观众播放幻灯片。

④ "自定义幻灯片放映"，则创建自定义幻灯片播放顺序。

1．控制幻灯片放映

在放映过程中，除了可以根据排练时间自动播放以外，还可以控制放映某一张幻灯片。在放映过程中，单击鼠标右键，弹出如图 5-57 所示的快捷菜单，可以选择以下操作：

① "下一张"：放映下一张幻灯片，在幻灯片空白地方单击，或按【Page Down】键也可以实现。

② "上一张"：放映上一张幻灯片，按【Page Up】键也可以实现。

③ "定位至幻灯片"：放映指定的幻灯片，在如图 5-58 所示的级联菜单中选择需要定位的幻灯片。

④ "结束放映"：提前结束放映，按【Esc】键同样可以实现。

图 5-57 放映快捷菜单   图 5-58 "定位至幻灯片"菜单

2. 绘图笔的使用

在幻灯片放映过程中,可以使用 PowerPoint 2010 提供的绘图笔功能,直接在屏幕上进行标注和强调,操作步骤如下:

① 在放映过程中,单击鼠标右键,弹出如图 5-57 所示的快捷菜单,选择其中的"指针选项"命令,在出现的级联菜单中,选择相应的画笔命令即可。

② 如果需要改变绘图笔的颜色,在图 5-57 所示的快捷菜单中单击"指针选项"按钮,在出现的级联菜单中单击"墨迹颜色"按钮,再选择所需的颜色。

③ 按住鼠标左键,在幻灯片上直接标注或绘画。

④ 如果要擦除标注的内容,单击鼠标右键,在弹出的快捷菜单中选择"屏幕"命令,在出现的级联菜单中选择"擦除笔迹"命令。

⑤ 当不需要绘图笔时,单击鼠标右键,在弹出的快捷菜单中选择"指针选项"命令,在出现的级联菜单中选择"箭头按钮"命令。

5.5 演示文稿的打印与打包

5.5.1 演示文稿的打印

在 PowerPoint 中用户可以用彩色、灰度或黑白打印整个演示文稿的幻灯片、大纲、备注和观众讲义,也可打印特定的幻灯片、讲义、备注页或大纲页。在打印之前应先进行页面、打印等有关设置。

1. 页面设置

① 单击"设计"选项卡下"页面设置"组中的"页面设置"按钮,打开"页面设置"对话框,如图 5-59 所示。

② 在"幻灯片大小"下拉列表中选择要打印的纸张大小,如果选择"自定义"命令,则要在"宽度"和"高度"文本框中输入所需的尺寸。

③ 在"方向"选项区中,可以设置幻灯片的打印方向,演示文稿中所有的幻灯片将为同一方向,不能为单独的幻灯片设置不同的方向。

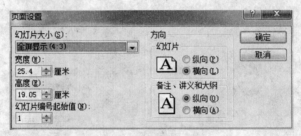

图 5-59　"页面设置"对话框

2. 打印演示文稿

在幻灯片视图、大纲视图、备注页视图和幻灯片浏览视图中都可以进行打印工作，具体操作方法如下：

① 单击"文件"选项卡中的"打印"按钮，打开"打印"列表。

② 在"打印机"区域中选择所使用的打印机类型。

③ 在"设置"区域中选择要打印的范围，可以打印整个演示文稿，打印当前幻灯片，也可以输入幻灯片编号来指定范围。

④ 选择"整页幻灯片"版式，弹出"打印版式"和"讲义"选项集，如图 5-60 所示。整页幻灯片是在每页打印一张幻灯片，备注页可以打印指定范围中的幻灯片备注信息，大纲可以打印演示文稿的大纲；设置讲义打印版式，可以在每页讲义中打印 1～9 张幻灯片。

⑤ 设置单面打印或双面打印，设置颜色模式，可以设置颜色、灰度或是纯黑白。

⑥ 完成各项设置之后，在"份数"区域中指定打印份数，最后选择"打印"按钮。

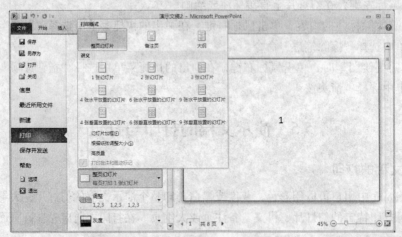

图 5-60　"打印版式"列表

5.5.2　演示文稿的打包

制作完成的演示文稿复制到其他计算机上演示时，有时会出现某些字体消失，或是一些特殊效果无法实现等情况，这是源于该计算机上没有完全安装 PowerPoint 或是版本较低所致。若将制作完成的演示文稿打包，便可以解决 PowerPoint 的兼容性问题，具体操作方法如下：

① 单击"文件"选项卡中的"保存并发送"按钮，选择"将演示文稿打包成 CD"对话框，如图 5-61 所示。

图 5-61　"将演示文稿打包成 CD" 对话框

② 单击"打包成 CD"按钮，打开"打包成 CD"对话框，单击"添加"按钮，选择要进行打包的文件并确认，如图 5-62 所示。选择"选项"按钮，打开"选项"对话框，如图 5-63 所示，可选择演示文稿中所用到的链接文件，如果使用特殊字体，则需要选择"嵌入的 TrueType 字体"，还可以设置打开或修改文件的密码。再单击"复制到文件夹"按钮，打开如图 5-64 所示的对话框，设置打包后的路径和文件夹的名称，最后单击"确定"按钮。

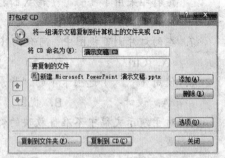

图 5-62　"打包成 CD" 对话框

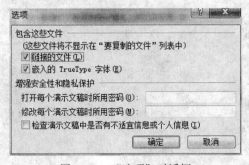

图 5-63　"选项" 对话框

图 5-64　"复制到文件夹" 对话框

习　　题

单项选择题

1. 在 office2010 中，PowerPoint 的主文件名为（　　　）。

　　A. powerpint.exe　　　　　　　　　　B. pwpoint.exe

　　C. powerpoint.exe　　　　　　　　　　D. powpoint.exe

2. 在 PowerPoint 2010 中，当新建一个演示文稿时，演示文稿标题栏中显示的默认名为（　　　）。

　　A. Untitle_1　　　　B. 演示文稿1　　　　C. 文档1　　　　　　　D. office_1

3. 下列操作中，不能退出 PowerPoint 2010 的操作是（　　）。

　　A. 单击"文件"选项卡下的"退出"命令

　　B. 单击"文件"选项卡下的"关闭"命令

　　C. Alt+F4

　　D. 双击控制菜单

4. 演示文稿中每张幻灯片都是基于某种（　　）创建的，它预定义了新建幻灯片的各种占位符布局情况。

　　A. 视图　　　　　B. 母版　　　　　C. 模板　　　　　D. 版式

5. 在 PowerPoint 2010 中，为了在切换幻灯片时添加声音，可以使用（　　）选项卡中的"声音"命令。

　　A. 插入　　　　B. 设计　　　　C. 切换　　　　D. 幻灯片放映

6. 在 PowerPoint 2010 中打印演示文稿时，允许在一页纸中以幻灯片的格式打印多张幻灯片，该打印采用了（　　）形式的打印内容。

　　A. 幻灯片　　　　B. 讲义　　　　C. 备注页　　　　D. 大纲

7. 在幻灯片浏览视图中，可使用（　　）键+拖动来复制选定的幻灯片。

　　A. Ctrl　　　　B. Alt　　　　C. Shift　　　　D. Tab

8. 使用（　　）选项卡下的"背景样式"命令可以改变幻灯片的背景。

　　A. 设计　　　　B. 视图　　　　C. 切换　　　　D. 幻灯片放映

9. 对于演示文稿中不准备放映的幻灯片可以用（　　）选项卡下的"隐藏幻灯片"命令隐藏。

　　A. 设计　　　　B. 视图　　　　C. 幻灯片放映　　　D. 切换

10. 打印演示文稿时，如在设置中选择"讲义"选项，则每页打印纸上最多能打印出（　　）张幻灯片。

　　A. 3　　　　　B. 4　　　　　C. 6　　　　　D. 9

第 6 章 | 计算机网络基础及 Internet

众所周知，21世纪的重要特征就是数字化、网络化和信息化，这是一个以计算机网络为核心的信息时代。要实现信息化就必须依靠完善的网络，因为网络可以迅速地传递信息。因此，计算机网络成为信息社会的命脉和发展知识经济的重要基础，对社会生活的各个方面，以及社会经济的发展产生了极大的影响。当前，网络技术已经成为计算机网络工程技术人员、计算机通信专业人员必须掌握的技术，同时也成为信息管理人员以及非计算机专业人员应该掌握的基本知识。为了使读者对计算机网络基础知识有一个全面、准确的认识，本章对计算机网络的发展、定义、功能、分类、组成与结构等内容进行介绍。

6.1 计算机网络基础知识

自从20世纪90年代以后，以因特网（Internet）为代表的计算机网络得到了迅速发展，它已从最初的教育科研网络逐步发展成为商业网络。如今，因特网正在改变着我们的工作和生活。试想在某一天，计算机网络突然出现故障不能工作了，会出现什么结果呢？那时，我们无法购买机票或火车票，因为售票员无法知道还有多少票可以出售；无法到银行存钱和取钱；在图书馆，我们无法检索图书资料。网络出了故障，我们既不能上网查询有关资料，也无法使用电子邮件和朋友及时交流信息。总之，我们现在的生活、工作、学习和交往都已经离不开因特网。

6.1.1 计算机网络的发展历程

自从计算机网络出现以后，它的发展速度与应用的广泛程度十分惊人。纵观计算机网络的发展，其大致经历了以下四个阶段：

1. 诞生阶段

20世纪60年代中期之前的第一代计算机网络是以单个计算机为中心的远程联机系统，典型应用是由一台计算机和全美范围内2000多个终端组成的飞机订票系统，终端是一台计算机的外围设备，包括显示器和键盘，无CPU和内存。随着远程终端的增多，在主机前增加了前端机（FEP）。当时，人们把计算机网络定义为"以传输信息为目的而连接起来，实现远程信息处理或进一步达到资源共享的系统"，这样的通信系统已具备网络的雏形。

2. 形成阶段

20世纪60年代中期至70年代的第二代计算机网络是以多个主机通过通信线路互联起来，为用户提供服务，兴起于60年代后期，典型代表是美国国防部高级研究计划局协助开发的ARPANET。主机之间不是直接用线路相连，而是由接口报文处理机（IMP）转接后互联的。IMP

和它们之间互联的通信线路一起负责主机间的通信任务，构成了通信子网。通信子网互联的主机负责运行程序，提供资源共享，组成资源子网。这个时期，网络概念为"以能够相互共享资源为目的互联起来的具有独立功能的计算机之集合体"，形成了计算机网络的基本概念。

3. 互联互通阶段

20 世纪 70 年代末至 90 年代的第三代计算机网络是具有统一的网络体系结构并遵守国际标准的开放式和标准化的网络。ARPANET 兴起后，计算机网络发展迅猛，各大计算机公司相继推出自己的网络体系结构及实现这些结构的软硬件产品。由于没有统一的标准，不同厂商的产品之间互联很困难，人们迫切需要一种开放性的标准化实用网络环境，这样应运而生了两种国际通用的最重要的体系结构，即 TCP/IP 体系结构和国际标准化组织的 OSI 体系结构。

4. 高速网络技术阶段

20 世纪 90 年代至今的第四代计算机网络，由于局域网技术发展成熟，出现光纤及高速网络技术，整个网络就像一个对用户透明的大的计算机系统，发展为以因特网（Internet）为代表的互联网。

6.1.2 计算机网络的定义和功能

1. 计算机网络的定义

计算机网络也称计算机通信网。关于计算机网络的最简单定义是：一些相互连接的、以共享资源为目的的、自治的计算机的集合。若按此定义，则早期的面向终端的网络都不能算是计算机网络，而只能称为联机系统（因为那时的许多终端不能算是自治的计算机）。但随着硬件价格的下降，许多终端都具有一定的智能，因而"终端"和"自治的计算机"逐渐失去了严格的界限。若用微型计算机作为终端使用，按上述定义，则早期的那种面向终端的网络也可称为计算机网络。

从逻辑功能上看，计算机网络是以传输信息为目的，用通信线路将多个计算机连接起来的计算机系统的集合。

从物理结构上看，计算机网络又可定义为在协议的控制下，由若干计算机、终端设备、数据传输设备和通信控制处理机组成的系统集合。该定义强调计算机网是在协议控制下，通过通信系统实现计算机之间的连接，网络协议是区别计算机网络与一般的计算机互联系统的标志。

从用户角度看，计算机网络是这样定义的：一个能为用户自动管理的网络操作系统。由它调用完成用户所调用的资源，而整个网络像一个大的计算机系统，对用户是透明的。

从整体上来说，计算机网络就是把分布在不同地理区域的计算机与专门的外围设备用通信线路互联成一个规模大、功能强的系统，从而使众多的计算机可以方便地互相传递信息，共享硬件、软件、数据信息等资源。简单来说，计算机网络就是由通信线路互相连接的许多自主工作的计算机构成的集合体。

2. 计算机网络的功能

（1）数据通信

数据通信是计算机网络的最主要的功能之一。数据通信是依照一定的通信协议，利用数据传输技术在两个终端之间传递数据信息的一种通信方式和通信业务。它可实现计算机和计算机、计算机和终端以及终端与终端之间的数据信息传递，是继电报、电话业务之后的第三种最大的通信业务。数据通信中传递的信息均以二进制数据形式来表现，数据通信的另一个特点是总是与远程信息处理相联系，是包括科学计算、过程控制、信息检索等内容的广义的信息处理。

（2）资源共享

资源共享是人们建立计算机网络的主要目的之一。计算机资源包括硬件资源、软件资源和数据资源。硬件资源的共享可以提高设备的利用率，避免设备的重复投资，如利用计算机网络建立网络打印机；软件资源和数据资源的共享可以充分利用已有的信息资源，减少软件开发过程中的劳动，避免大型数据库的重复建设。

（3）集中管理

计算机网络技术的发展和应用，已使得现代的办公手段、经营管理等发生了变化。目前，已经有了许多管理信息系统、办公自动化系统等，通过这些系统可以实现日常工作的集中管理，提高工作效率，增加经济效益。

（4）实现分布式处理

网络技术的发展，使得分布式计算成为可能。对于大型的课题，可以分为许许多多小题目，由不同的计算机分别完成，然后再集中起来，解决问题。

（5）负荷均衡

负荷均衡是指工作被均匀的分配给网络上的各台计算机系统。网络控制中心负责分配和检测，当某台计算机负荷过重时，系统会自动转移负荷到较轻的计算机系统去处理。

由此可见，计算机网络可以大大扩展计算机系统的功能，扩大其应用范围，提高可靠性，为用户提供方便，同时也减少了费用，提高了性能价格比。

6.1.3　计算机网络的分类

计算机网络有多种类别，下面用不同的分类方法进行简单的介绍：

1. 按网络的覆盖范围分类

按照网络的覆盖范围来分类是目前网络分类最为常用的方法，它将网络分为局域网、城域网和广域网。

（1）局域网

局域网（Local Area Network，LAN）是在一个较小的范围（如 1km）内，如一个公司、一个学校或者一栋大楼，将计算机、终端和各种外围设备通过物理线路连接起来的网络，以实现局部范围内的资源共享。这种网络组网便利、传输效率高。

（2）城域网

城域网（Metropolitan Area Network，MAN）的覆盖范围一般为一个城市。城域网的出现较晚，于 20 世纪 90 年代初开始出现。在目前的城市现代化建设过程中，人们越来越多地要求在城市范围内实现多媒体信息的传输。它将政府部门、事业单位、社会服务机构以及大型企业等重要机构进行联网，实现数字、声音、图像、视频和动画等信息交换。

城域网不同于局域网，它的服务范围不同，城域网作用于整个城市，在其建设过程中更多地集中在对通信子网的建设，是本市用户连接世界的桥梁；而局域网则是服务于某个部门，其建设通常包括资源子网和通信子网两部分。

（3）广域网

广域网（Wide Area Network，WAN）的覆盖范围可以从几百平方千米至上万平方千米，可以是一个地区，也可以是一个国家，甚至全球。广域网一般由多个部门或多个国家联合组建，能实现大范围内的资源共享。如我国的电话交换网（PSDN）、公用数字数据网（China DDN）、公用分组交换数据网（China PAC）等都是广域网。因特网（Internet）又称网际网，是用网络互联设备将各种类型的广域网和局域网互联起来，形成的网中网。因特网的出现，使计算机网络从局部到全国进而将全世界连成一片，真正实现世界范围的通信和数据共享。

2．按照不同使用者分类

按照网络的使用者分类，有公用网和专用网。

（1）公用网

公用网是由政府出资建设，由电信部门统一进行管理和控制的网络，网络中的传输和交换装置可以租给任何部门使用，部门的局域网就可以通过公用网连接到广域网上，实现信息的扩展。公用网又分为公用电话网（PSTN）、公用数据网（PDN）、数字数据网（DDN）和综合业务数据网（ISDN）等类型。

（2）专用网

专用网由一个单位或一个部门承建，属于本部门内部网络，没有授权，单位是无法使用的。专用网也可以租用公用网的传输线路，其建设费用往往很高。我国的金融、军队和石油等部门均建立了自己的专用网。

3．按网络的传输技术分类

按照网络中的数据传输技术可以将网络分为广播式网络和点对点网络。

（1）广播式网络

所谓广播式网络，顾名思义应该有一条通信的主干道，网络中的计算机共享这个通信信道。当一台计算机发出数据信息时，数据包就沿着这条通信干线发送到其他联网的所有计算机上，如果该信息的发送地址和接受方的地址相吻合，该计算机就进行处理，否则将信息丢弃。在总线拓扑结构的网络中使用的就是广播式的数据传输技术。

（2）点对点网络

每两台计算机之间通过一条物理线路连接起来的网络称为点对点网络。如果网络中有计算机之间没有直接的物理连接，则数据包就必须通过一个或多个中间站点的接收、存储和转发，才能发送到目标计算机中。因此，当连接计算机数量很多时，这种网络的结构将会非常复杂；同时信息传输可能会有多条路径的选择，选择数据传输的最佳途径显得尤为重要。

4．按照不同传输介质分类的网络

按照网络传输介质的不同，可以分为有线网络（包括双绞线、同轴电缆和光纤等介质）、无线网络和混合介质网络（包括有线介质和无线介质）。

5．按照不同拓扑结构分类的网络

按网络拓扑结构的不同，有星状、总线、环状和不规则网状。星状、总线和环状多用于局域网，不规则网络多用于广域网。我们将在下一节中讨论各种不同拓扑结构的网络。

6.1.4　计算机网络的组成与结构

一个完整的计算机网络系统是由网络硬件和网络软件所组成的。网络硬件是计算机网络系统的物理实现，一般指网络的计算机、传输介质和网络连接设备等；网络软件是网络系统中的技术支持，一般指网络操作系统、网络通信协议等。两者相互作用，共同完成网络功能。

由于计算机网络要完成数据处理与数据通信两大主要任务，因此，它在结构上分成两个部分：一部分是负责处理数据的主机与终端，另一部分是负责处理数据通信的通信控制处理机与通信线路。从计算机网络组成看，典型的计算机网络从逻辑功能上分为资源子网和通信子网两部分，其基本结构如图 6-1 所示。

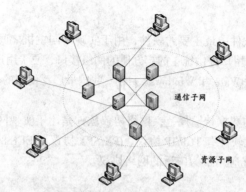

图 6-1　通信子网和资源子网

1. 资源子网

资源子网由主计算机系统、终端、终端控制器、联网外设、各种软件资源与信息资源组成。资源子网负责处理全网的数据处理业务，向网络用户提供各种网络资源与网络服务。

（1）主计算机系统

主计算机系统简称主机（Host），它可以是大型机、中型机、小型机、工作站或微机。主机是资源子网的主要组成单元，它通过高速通信线路与通信子网的通信控制处理机相连接。普通用户终端通过主机连入网内，主机要为本地用户访问网络其他设备与资源提供服务，同时要为网中远程用户共享本地资源提供服务。随着微型计算机的广泛应用，连入计算机网络的微型计算机日益增多，它可以作为主机的一种类型，直接通过通信控制处理机连入网内，也可以通过联网的大、中、小型计算机系统间接连入网内。

（2）终端

终端（Terminal）是用户访问网络的界面。终端可以是简单的输入、输出终端，也可以是带有微处理器的智能终端。智能终端除具有输入、输出信息的功能外，本身还具有存储与处理信息的能力。终端可以通过主机连入网内，也可以通过通信控制处理机联入网内。

2. 通信子网

通信子网由通信控制处理机、通信线路与其他通信设备组成，完成网络数据传输、转发等通信处理任务。

（1）通信控制处理机

通信控制处理机在网络拓扑结构中称为网络结点。一方面，它作为与资源子网的主机、终端连接的接口，将主机和终端连入网内；另一方面，它又作为通信子网中的分组存储——转发结点，完成分组的接收、校验、存储和转发等功能，实现将原主机报文准确发送到目的主机的作用。通信子网中的存储——转发结点在多数情况下是一个交换设备。

（2）通信线路

通信线路为通信控制处理机与通信控制处理机、通信控制处理机与主机之间提供通信信道。计算机网络采用多种通信线路，例如电话线、双绞线、同轴电缆、光缆、光纤、无线通信信道、微波与卫星通信信道等。

必须指出，广域网可以明确地划分资源子网和通信子网，然而局域网由于采用的工作原理与结构的限制，不能明确地划分子网的结构。

3. 常用的网络软件

（1）网络操作系统

网络操作系统是网络软件中最主要的软件，用于实现不同主机之间的用户通信，以及全网硬件和软件资源的共享，并向用户提供统一的、方便的网络接口，便于用户使用网络。目前网络操作系统有三大阵营：UNIX、NetWare 和 Windows。目前，我国最广泛使用的是 Windows 网络操作系统。

（2）网络协议软件

网络协议是网络通信的数据传输规范，网络协议软件是用于实现网络协议功能的软件。

目前，典型的网络协议软件有 TCP/IP 协议、IPX/SPX 协议、IEEE 802 标准协议系列等。其中，TCP/IP 是当前异种网络互连应用最为广泛的网络协议。

（3）网络管理软件

网络管理软件是用来对网络资源进行管理以及对网络进行维护的软件，如性能管理、配置管理、故障管理、记费管理、安全管理、网络运行状态监视与统计等。

（4）网络通信软件

网络通信软件是用于实现网络中各种设备之间进行通信的软件，使用户能够在不必详细了解通信控制规程的情况下，控制应用程序与多个站进行通信，并对大量的通信数据进行加工和管理。

（5）网络应用软件

网络应用软件是为网络用户提供服务的软件，最重要的特征是它研究的重点不是网络中各个独立的计算机本身的功能，而是如何实现网络特有的功能。

6.1.5 计算机网络的拓扑结构

计算机网络的拓扑结构，是指网上的计算机或设备与传输介质形成的结点与线的物理构成模式。目前，常见的网络拓扑结构有星状、总线、环状、树状、混合型和网状，如图 6-2 所示。

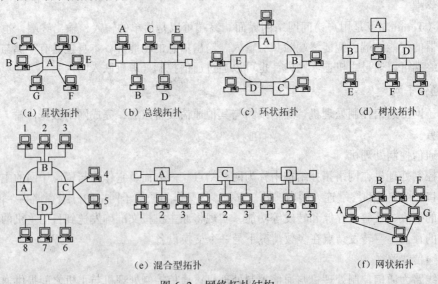

(a) 星状拓扑　　(b) 总线拓扑　　(c) 环状拓扑　　(d) 树状拓扑

(e) 混合型拓扑　　　　　　(f) 网状拓扑

图 6-2　网络拓扑结构

1. 星状拓扑

星状拓扑如图 6-2（a）所示，它由中央结点与各个结结连接组成。这种网络的每个结点必须通过中央结点才能与其他结点进行通信。星状拓扑结构的特点是结构简单、建网容易，便于控制和管理。其缺点是中央结点负担较重，容易形成系统的"瓶颈"，线路的利用率也不高。

2. 总线拓扑

总线拓扑如图 6-2（b）所示，它由一条高速公用主干电缆即总线连接若干个结点构成网络，网络中所有的结点通过总线进行信息的传输。这种拓扑结构的特点是结构简单灵活，建网容易，使用方便，性能好。其缺点是主干总线对网络起决定性作用，总线故障将影响整个网络。

3. 环状拓扑

环状拓扑如图 6-2（c）所示，它由各结点首尾相连形成一个闭合环状线路。环状网络中的信息传送是单向的，即沿一个方向从一个结点传到另一个结点，每个结点需安装中继器，以接收、放大、发送信号。这种结构的特点是结构简单，建网容易，便于管理。其缺点是当结点过多时，将影响传输效率，不利于扩充。

4. 树状拓扑

树状拓扑如图 6-2（d）所示，它是从总线拓扑演变而来的，形状像一棵倒生的树，顶端是根，树根以下带分支，每个分支再带分支。由树根接收各站发送来的数据，再广播发送到全网。在树状拓扑结构的网络中，任意两个结点之间不产生回路，每条通路都支持双向传输。这种结构的特点是扩充方便、灵活，成本低，易推广，适合于分主次或分等级的层次型管理系统。

5. 混合型拓扑

混合型拓扑如图 6-2（e）所示，它是将上述某两种单一拓扑结构混合起来，取两者的优点构成的拓扑结构。显然，由图可见，一种是由星状拓扑混合成的"星环"式拓扑结构；另一种是由星状拓扑和总线拓扑混合成的"星总"式拓扑结构。其实，这两种混合型在结构上有相似之处，若将总线结构的两个端点连在一起，就形成了环状结构。混合型拓扑结构的主要优点是安装方便，易于扩展。

6. 网状拓扑

网状拓扑如图 6-2（f）所示，它是一个全通路的拓扑结构，任何站点之间均可以通过线路直接连接。它能动态的分配网络流量，当有站点出现故障时，站点间可以通过其他多条通路来保证数据的传输，从而提高了系统的容错能力，因此网状结构的网络具有极高的可靠性。但这种拓扑结构的网络结构复杂，安装成本很高。

注意：网络的拓扑结构是非常重要的，因为不同的拓扑结构决定了不同的信息传输方式，并极大地影响网络的传输性能。因此改变和选择好的网络拓扑结构，将对网络的传输性能会起到较好的作用。

6.1.6　计算机网络的体系结构

计算机的网络结构可以从网络组织、网络配置和网络体系结构三个方面来进行描述。网络组织是从网络的物理结构和网络的实现两方面来描述计算机网络；网络配置是从网络应用方面来描述计算机网络的布局，硬件、软件和通信线路来描述计算机网络，网络体系结构是从功能上来描述计算机网络结构。

1. 计算机网络的体系结构

网络体系结构（Network Architecture）是为了完成计算机间的通信合作，把每台计算机互联的功能划分成有明确定义的层次，并规定了同层次进程通信的协议及相邻之间的接口及服务，是指用分层研究方法定义的网络各层的功能，各层协议和接口的集合。

（1）网络体系结构

相互通信的两个计算机系统必须高度协调才能工作，而这种协调是相当复杂的。为了设计这样复杂的计算机网络，最早是由 IBM 公司在 1974 年提出了系统网络体系结构 SNA（System Network Architecture）。这个著名的网络标准是按照分层的方法制定的，"分层"可将庞大而复杂的问题，转化为若干较小的局部问题，而这些较小的局部问题就比较容易研究和处理。

SNA 采用的方法称之为层次结构。层次结构是指将一个复杂的系统设计问题分成层次分明的一组组容易处理的子问题，各层执行自己所承担的任务。

计算机网络结构采用结构化层次模型的优点：

各层之间相互独立，即不需要知道低层的结构，只要知道是通过层间接口所提供的服务；灵活性好，是指只要接口不变就不会因为层的变化（甚至是取消该层）而变化，各层采用最合适的技术实现而不影响其他层；有利于促进标准化，是因为每层的功能和提供的服务都已经有了精确的说明。

我们把计算机网络的各层及其协议的集合，称为网络的体系结构，即计算机网络体系结构就是计算机网络及其构件所应完成的功能的精确定义。这些功能究竟是用何种硬件或软件完成的，则是一个遵循网络体系结构的实现问题。因此，体系结构是抽象的，而实现则是具体的，是真正在运行的计算机硬件和软件。

（2）网络协议

网络中计算机的硬件和软件存在各种差异，为了保证相互通信及双方能够正确地接收信息，必须遵守一些事先约定好的规则。为实现网络中的数据交换而建立的规则标准或约定称为网络协议（Network Protocol），简称为协议。网络协议主要由如下三个要素组成：

① 语法，即数据与控制信息的结构或格式。

② 语义，即需要发出何种控制信息，完成何种动作以及做出何种响应。

③ 交换规则（或称时序/定时关系），即事件实现顺序的详细说明。

网络协议是计算机网络的不可缺少的组成部分。只要想让连接在网络上的另外一台计算机做点什么（例如，从网络上的某个主机下载文件），我们都需要有协议。但是当我们经常中自己的 PC 机上进行文件存取时，就用不着网络协议，除非存取文件的磁盘是在网络上的另一台计算机上。

2. 开放系统互连参考模型（OSI/RM）

（1）基本概述

为了实现不同厂家生产的计算机系统之间以及不同网络之间的数据通信，就必须遵循相同的网络体系结构模型，否则异种计算机就无法连接成网络，这种共同遵循的网络体系结构模型就是国际标准——开放系统互连参考模型，即 OSI/RM。

ISO 发布的 ISO 标准依据网络的整个功能，将 OSI/RM 划分成 7 个层次，以实现开放系统环境中的互连性（Interconnection）、互操作性（Interoperation）和应用的可移植性（Portability）。

（2）分层原则

ISO 将整个通信功能划分为 7 个层次，如图 6-3 所示。

分层原则如下：

① 网络中各结点都有相同的层次。

② 不同结点的同等层具有相同的功能。

③ 同一结点内相邻层之间通过接口通信。

④ 每一层使用下层提供的服务，并向其上层提供服务。

⑤ 不同结点的同等层按照协议实现对等层之间的通信。

（3）各层原理和作用

OSI/RM 的配置管理主要目标就是网络适应系统的要求。

OSI参考模型 层次描述	OSI 层次号
应用层	7
表示层	6
会话层	5
传输层	4
网络层	3
数据链路层	2
物理层	1

图 6-3 OSI 层次结构

低三层可看作是传输控制层，负责有关通信子网的工作，解决网络中的通信问题；高三层为应用控制层，负责有关资源子网的工作，解决应用进程的通信问题；传输层为通信子网和资源子网的接口，起到连接传输和应用的作用。

OSI/RM 的最高层为应用层，面向用户提供应用的服务；最低层为物理层，连接通信媒体实现数据传输。

层与层之间的联系是通过各层之间的接口来进行的，上层通过接口向下层提供服务请求，而下层通过接口向上层提供服务。

两个计算机通过网络进行通信时，除了物理层之外（说明了只有物理层才有直接连接），其余各对等层之间均不存在直接的通信关系，而是通过各对等层的协议来进行通信，如两个对等的网络层使用网络层协议通信。只有两个物理层之间才通过媒体进行真正的数据通信。

当通信实体通过一个通信子网进行通信时，必然会经过一些中间结点，通信子网中的结点只涉及低三层的结构。

在 OSI/RM 中系统间的通信信息流动如图 6-4 所示，其过程如下：发送端的各层从上到下逐步加上各层的控制信息构成的比特流传递到物理信道，然后再传输到接收端的物理层，经过从下到上逐层去掉相应层的控制信息得到的数据流最终传送到应用层的进程。

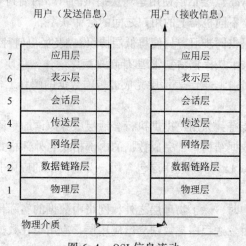

图 6-4 OSI 信息流动

由于通信信道的双向性，因此数据的流向也是双向的。

（4）OSI/RM 各层概述

① 物理层（Physical Layer）。与物理信道直接相连，起到数据链路层和传输媒体之间的逻辑接口作用，其功能是提供建立、维护和释放物理连接的方法，实现在物理信道上进行比特流的传输。

物理层传送的基本单位是比特（bit）。

物理层协议规定传输媒体本身及与其相连接的机械和电气接口。这些接口和传输媒体必须保证发送和接收信号的一致性，即发送的信号是 1 时，接收的信号也是 1，反之亦然。计算机和调制解调器的串行接口 RS-232 就是物理层协议的一个例子。

② 数据链路层（Data Link Layer）。通过物理层提供的比特流服务，加强物理层原始比特流的传输功能，在相邻结点之间建立链路，对传输中可能出现的差错进行检错和纠错，向网络层提供无差错的透明传输。

数据链路层主要负责数据链路的建立、维持和拆除，并在两个相邻的线路上，将网络层送下来的信息（包）组成帧（Frame）传送，每一帧包括一定数量的数据和一些必要的控制信息。数据链路层必须保证传输和接收的数据帧的正确性，以及发送和接收速度的匹配，因而数据链路层还完成流量控制和差错控制工作。

综上所述，数据链路层的功能是在不太可靠的物理链路上实现可靠的数据传输。

③ 网络层（Network Layer）。网络层完成对通信子网的运行控制。网络层负责选择从发送端传输数据包到达接收端的路由，还完成通信子网中的分组、拥塞控制和记账等。

网络层协议有面向连接和无连接两种服务，它们分别向高层提供连接方式的和无连接方式的网络服务。

④ 运输层（Transport Layer）。运输层为 OSI 网络体系结构中最为核心的一层，它把实际使用的通信子网与高层应用分开，提供发送端和接收端之间的高可靠、低成本的数据传输。

运输层协议为会话层提供面向连接的和无连接的两种运输服务。为了提供性能可靠和价格合理的数据传输，运输层协议必须完成寻找接收用户地址、提供面向连接服务时的建立连接、拆除连接以及流量控制和多路复用等工作。

⑤ 会话层（Session Layer）。会话层使用运输层提供的可靠的端到端通信服务，并增加一些用户所需的附加功能和建立不同机器上的用户之间的会话联系。

会话层协议为表示层提供同步服务，使得低层协议在发生了某种错误之后，会话层协议能返回到一个已知状态，还为表示层提供活动管理功能。

⑥ 表示层（Presentation Layer）。表示层完成被传输数据的解释工作，包括数据转换、数据加密和数据压缩等。

表示层协议的主要功能有：为用户提供执行会话层服务原语的手段、提供描述负载数据结构的方法；管理当前所需的数据结构集；完成数据的内部格式与外部格式间的转换。

⑦ 应用层（Application Layer）。应用层包含用户普遍需要的应用服务，如虚拟终端、文件传送、电子邮件等。

使用 OSI 网络体系结构时，除了物理层之外，网络中数据的实际传输方向是垂直的。用户发送数据时，首先在发送端由发送程序把数据交给应用层，应用层在数据的前面加上该层的有关控制和识别信息，再把它们交给表示层。这一过程一直重复到物理层，并由传输媒体把数据传送到接收端。在接收进程所在的计算机中，信息向上传递时，各层的传送控制和识别信息被逐层剥去，最后数据被送到接收程序。信息传输时数据变化如图 6-5 所示。

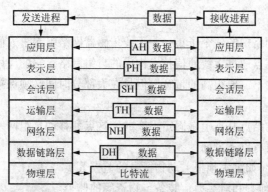

图 6-5 OSI 数据流动变化

6.1.7 无线计算机网络

近年来，无线蜂窝电话通信技术得到了飞速发展。人们也希望能够在移动通信中使用计算机网络。随着便携机和个人数字助理（PDA）的普遍使用，无线计算机网络也逐渐流行起来。

1. 无线局域网（WLAN）

无线局域网提供了移动接入的功能，这就给许多需要发送数据但又不能坐在办公室的工作人员提供了方便。当大量持有便携式计算机的用户都在同一个地方同时要求上网时，若用电缆联网，那么布线就是个很大的问题。这时若采用无线局域网则比较容易。

无线局域网可分为两大类。第一类是有固定基础设施的，第二类是无固定基础设施的。

所谓"固定基础设施"是指预先建立起来的、能够覆盖一定地理范围的一批固定基础。大家经常使用的蜂窝移动电话就是利用电信公司预先建立的、覆盖全国的大量固定基站来接通用户手机拨打的电话。

另一类无线局域网是无固定基础设施的无线局域网，它又叫做自组网络。这种自组网络没有上述基本服务集中的接入点（AP），而是由一些处于平等状态的移动站之间相互通信组成的临时网络。

自组网络通常是这样构成的：一些可移动的设备发现在它们附近还有其他的可移动设备，并且要求和其他移动设备进行通信。随着便携式计算机的大量普及，自组网络的组网方式已受到人们的广泛关注。由于在自组网络中的每一个移动站都要参与到网络中的其他移动站的路由的发现和维护，同时由移动站构成的网络拓扑有可能随时间变化得很快，因此在固定网络中行之有效的一些路由选择协议对移动自组网络已不适用。这样，在自组网络中路由选择协议就引起了特别的关注。另一个重要问题是多播，在移动自组网络中往往需要将某个重要信息同时向多个移动站传送，这种多播比固定结点网络的多播要复杂得多，需要有实时性好、效率高的多播协议。在移动自组网络中，安全问题也是一个更为突出的问题。

移动自组网络在军用和民用领域都有很好的应用前景。在军事领域中，由于战场上往往没有预先建好的固定接入点，其移动站就可以用临时建立的移动自组网络进行通信，这种组网方式也能够应用到作战的地面车辆群和坦克群，以及海上的舰艇群、空中的机群。由于每一个移动设备都具有路由器转发分组的功能，因此分布式的移动自组网络的生存性非常好。在民用领域，持有笔记本计算机的人可以利用这种移动自组网络方便地交换信息，而不受便携式计算机附近没有电话线插头的限制。当出现各种自然灾害（如地震、洪水、森林火灾等）时，在抢险救灾时利用移动自组网络进行及时的通信往往也是很有效的，因为这时事先已建好的固定网络基础设施（基站）

可能已经都被破坏了。

近年来，移动自组网络中的一个子集——无线传感器网络引起了人们广泛的关注。无线传感器网络是由大量传感器结点通过无线通信技术构成的自组网络，它的应用就是进行各种数据的采集、处理和传输，一般并不需要很高的带宽，但是在大部分时间必须保持低功耗，以节省电池的消耗。

无线传感器网络中的结点基本上是固定不变的，这点和移动自组网络有很大的区别。无线传感器网络的应用领域主要有以下方面：

① 环境监测与保护（如洪水预报、动物栖息的监控等）。

② 战争中对敌情的侦查和对兵力、装备、物资等的监控。

③ 医疗中对病房的监测和对患者的护理等。

④ 在危险的工业环境（如矿井、核电站等）中的安全监测。

⑤ 城市交通管理、建筑内的温度/照明/安全控制等。

2．无线个人区域网（WPAN）

无线个人区域网（WPAN）就是在个人工作地方把属于个人使用的电子设备（如便携式计算机、掌上计算机、便携式打印机以及蜂窝电话等）用无线技术连接起来自组网络，不需要使用接入点 AP，整个网络的范围为 10 m 左右。WPAN 可以是一个人使用，也可以是若干人共同使用。WPAN 是以个人为中心来使用的无线个人区域网，它实际上就是一个低功率、小范围、低速率和低价格的电缆替代技术。

3．无线城域网（WMAN）

我们已经有了多种有线宽带接入因特网的网络，然而人们发现，在许多情况下，使用无线宽带接入可以带来很多好处，如更加经济和安装快捷，同时也可以得到更高的数据率等。近年来，无线城域网（WMAN）又成为无线网络中的一个热点，它可提供"最后一英里"的宽带无线接入（固定的、移动的和便携的）。许多情况下，WMAN 可用来替代现有的有线宽带接入，所以可称无线本地环路。

6.2　计算机局域网

局域网（Local Area Network，LAN）是在一个局部的地理范围内（如一个学校、工厂和机关内），一般是方圆几千米以内，将各种计算机、外围设备和数据库等互相连接起来组成的计算机通信网。它可以通过数据通信网或专用数据电路与远方的局域网、数据库或处理中心相连，构成一个较大范围的信息处理系统。局域网可以实现文件管理、应用软件共享、打印机共享、扫描仪共享、工作组内的日程安排、电子邮件和传真通信服务等功能。局域网严格意义上是封闭型的，它可以由办公室内几台至数万台计算机组成。

6.2.1　局域网概述

为了完整地给出 LAN 的定义，必须使用两种方式：一种是功能性定义，另一种是技术性定义。前一种将 LAN 定义为一组台式计算机和其他设备，在物理地址上彼此相隔不远，以允许用户相互通信和共享诸如打印机和存储设备之类的计算资源的方式互联在一起的系统；就 LAN 的技术性定义而言，它定义为由特定类型的传输媒体（如电缆、光缆和无线媒体）和网络适配器（亦称为网卡）互联在一起的计算机，并受网络操作系统监控的网络系统。

功能性和技术性定义之间的差别是很明显的，功能性定义强调的是外界行为和服务；技术性定义强调的则是构成 LAN 所需的物质基础和构成的方法。

局域网（LAN）的名字本身就隐含了这种网络地理范围的局域性。由于较小的地理范围的局限性，LAN 通常要比广域网（WAN）具有高得多的传输速率。LAN 的拓扑结构常用的是总线型和环状，这是由于有限地理范围决定的，这两种结构很少在广域网环境下使用。LAN 还有诸如高可靠性、易扩缩和易于管理及安全等多种特性。

局域网一般为一个部门或单位所有，建网、维护以及扩展等较容易，系统灵活性高。决定局域网的主要技术要素为：网络拓扑、传输介质与介质访问控制方法。局域网的主要特点是：

① 覆盖的地理范围较小，只在一个相对独立的局部范围内，如一座或集中的建筑群内。

② 使用专门铺设的传输介质进行联网，数据传输速率高（10Mbit/s ~ 10Gbit/s）。

③ 通信延迟时间短，可靠性较高。

④ 局域网可以支持多种传输介质。

6.2.2　局域网的类型

在局域网中常见的有：以太网（Ethernet）、令牌网（Token Ring）、FDDI（Fiber Distributed Data Interface）、异步传输模式网（ATM）等几类，下面分别做一些简要介绍。

1. 以太网

以太网最早是由 Xerox（施乐）公司创建的，在 1980 年由 DEC、Intel 和 Xerox 三家公司联合开发为一个标准。以太网是应用最为广泛的局域网，包括标准以太网（10Mbit/s）、快速以太网（100Mbit/s）、千兆以太网（1000 Mbit/s）和 10G 以太网。

2. 令牌环网

令牌环网是 IBM 公司于 20 世纪 70 年代发展的，这种网络比较少见。在老式的令牌环网中，数据传输速度为 4Mbit/s 或 16Mbit/s，新型的快速令牌环网速度可达 100Mbit/s。由于以太网技术发展迅速，令牌网存在固有缺点，令牌在整个计算机局域网已不多见，原来提供令牌网设备的厂商多数也退出了市场，所以在局域网市场中令牌网可以说是"明日黄花"了。

3. FDDI

FDDI 的英文全称为"Fiber Distributed Data Interface"，中文名为"光纤分布式数据接口"，它是于 20 世纪 80 年代中期发展起来一项局域网技术，它提供的高速数据通信能力要高于当时的以太网（10Mbit/s）和令牌网（4Mbit/s 或 16Mbit/s）的能力。FDDI 标准由 ANSI X3T9.5 标准委员会制定，为繁忙网络上的高容量输入输出提供了一种访问方法。当数据以 100Mbit/s 的速度输入输出时，当时速度为 10Mbit/s 的以太网和令牌环网相比性能有相当大的改进。但是随着快速以太网和千兆以太网技术的发展，用 FDDI 的人就越来越少了。因为 FDDI 使用的通信介质是光纤，这一点他比快速以太网及 100Mbit/s 令牌网传输介质要贵许多，加上它最常见的应用只是提供对网络服务器的快速访问，所以 FDDI 技术并没有得到充分的认可和广泛的应用。

4. ATM 网

ATM 的英文全称为"Asynchronous Transfer Mode"，中文名为"异步传输模式"，它的开发始于 20 世纪 70 年代后期。ATM 是一种较新型的单元交换技术，同以太网、令牌环网、FDDI 网络等使用可变长度包技术不同，ATM 使用 53 字节固定长度的单元进行交换。它是一种交换技术，它没有共享介质或包传递带来的延时，非常适合音频和视频数据的传输。

5．无线局域网（Wireless Local Area Network）

无线局域网是目前最新，也是最为热门的一种局域网，特别是自 Intel 推出首款自带无线网络模块的迅驰笔记本处理器以来。无线局域网与传统的局域网主要不同之处就是传输介质不同，传统局域网都是通过有形的传输介质进行连接的，如同轴电缆、双绞线和光纤等；无线局域网则是采用空气作为传输介质的。正因为它摆脱了有形传输介质的束缚，所以这种局域网的最大特点就是自由，只要在网络的覆盖范围内，可以在任何一个地方与服务器及其他工作站连接，不需要重新铺设电缆。这一特点非常适合那些移动办公一族，在机场、宾馆、酒店等（通常把这些地方称为"热点"），只要无线网络能够覆盖到，它都可以随时随地连接上无线网络，甚至 Internet。但也给网络带来了极大的不安全因素，这是因为无线局域网的"无线"特点，致使任何进入此网络覆盖区的用户都可以轻松以临时用户身份进入网络。

6.2.3　常用网络操作系统

网络操作系统（NOS），是网络的心脏和灵魂，是向网络计算机提供网络通信和网络资源共享功能的操作系统。它是负责管理整个网络资源和方便网络用户的软件的集合。由于网络操作系统是运行在服务器之上的，所以有时我们也把它称之为服务器操作系统。

目前局域网中主要存在以下几类网络操作系统：

1．Windows 类

微软公司的 Windows 系统不仅在个人操作系统中占有绝对优势，它在网络操作系统中也是具有非常强劲的力量。这类操作系统配置在整个局域网配置中是最常见的，但由于它对服务器的硬件要求较高，且稳定性能不是很高，所以微软的网络操作系统一般只是用在中低档服务器中，高端服务器通常采用 Unix、Linux 或 Solaris 等非 Windows 操作系统。在局域网中，微软的网络操作系统主要有：Windows 2000 Server、Windows 2003 Server、Windows 2008 以及最新的 Windows 2012 等，工作站系统可以采用任何 Windows 或非 Windows 操作系统，包括个人操作系统，如 Windows 9x、Windows XP 及 Windows 7 等。

2．NetWare 类

NetWare 操作系统以对网络硬件的要求较低（工作站只要是 286 机就可以了）而受到一些设备比较落后的中、小型企业，特别是学校的青睐。且因为它兼容 DOS 命令，其应用环境与 DOS 相似，经过长时间的发展，具有相当丰富的应用软件支持，技术完善、可靠。目前常用的版本有 3.11、3.12 和 4.10 、V4.11、V5.0 等中、英文版本，NetWare 服务器对无盘站和游戏的支持较好，常用于教学网和游戏厅。目前这种操作系统的市场占有率呈下降趋势，这部分的市场主要被 Windows 和 Linux 系统瓜分了。

3．UNIX 系统

目前常用的 UNIX 系统版本主要有：UNIX SUR4.0、HP–UX 11.0，SUN 的 Solaris8.0 等。支持网络文件系统服务、提供数据等应用，功能强大，由 AT&T 和 SCO 公司推出。这种网络操作系统稳定和安全性能非常好，但由于它多数是以命令方式来进行操作的，不容易掌握，特别是初级用户。正因如此，小型局域网基本不使用 UNIX 作为网络操作系统，UNIX 一般用于大型的网站或大型的企、事业局域网中。Unix 网络操作系统历史悠久，其良好的网络管理功能已为广大网络用户所接受，拥有丰富的应用软件的支持。目前 UNIX 网络操作系统的版本有：AT&T 和 SCO 的 UNIX SVR3.2、SVR4.0 和 SVR4.2 等。UNIX 是针对小型机主机环境开发的操作系统，是一种集中式分时多用户体系结构。因其体系结构不够合理，UNIX 的市场占有率呈下降趋势。

4. Linux

这是一种新型的网络操作系统，它的最大的特点就是源代码开放，可以免费得到许多应用程序。目前也有中文版本的 Linux，如 REDHAT（红帽子），红旗 Linux 等。Linux 在国内得到了用户充分的肯定，主要体现在它的安全性和稳定性方面，它与 UNIX 有许多类似之处。但目前这类操作系统仍主要应用于中、高档服务器中。

总的来说，对特定计算环境的支持使得每一个操作系统都有适合于自己的工作场合，这就是系统对特定计算环境的支持。例如，Windows 2000 Professional 适用于桌面计算机，Linux 目前较适用于小型的网络，而 Windows 2000/2003/2008 Server 和 UNIX 则适用于大型服务器应用程序。因此，对于不同的网络应用，需要我们有目的有选择合适地网络操作系统。

6.3　Internet 概述

Internet 音译为因特网，是一个在全球范围内将成千上万个网络连接起来而形成的互联网络。Internet 是 20 世纪的重大科技发明之一，是当代先进生产力的重要标志。互联网的发展和普及引发了前所未有的信息革命，已经成为经济发展的重要引擎、社会运行的重要基础设施和国际竞争的重要领域，深刻影响着世界经济、政治、文化的发展。在使用 Internet 之前，有必要对 Internet 有一个整体的了解，下面将对 Internet 的有关概念作一个全面的介绍。

6.3.1　Internet 的起源与发展

Internet 的雏形是由美国国防部高级计划资助建成的 ARPANET，它是冷战时期由军事需要的驱动而产生的高科技成果。1968 年 6 月 21 日，美国国防高级研究计划署正式批准了名为"资源共享的计算机网络"的研究计划，以使联入网络的计算机和军队都能从中受益。这个计划的目标实质上是研究用于军事目的的分布式计算机系统，通过这个名为 ARPANET 的网络把美国的几个军事及研究用的计算机主机连接起来，形成一个新的军事指挥系统。

1981 年，另一个美国政府机构——全国科学基金会（NSF）开发了有五个超级中心相连的网络。当时的全国许多大学和学术机构建成的一批地区性网络与五个超级计算机中心相连，形成了一个新的大网络—— NSFNET，该网络上的成员之间可以互相进行通信。1982 年，在 ARPA（美国国防高级研究计划署）资助下，加州大学伯克利分校将 TCP/IP 协议嵌入 UNIXBSD4.1 版，这极大地推动了 TCP/IP 的应用进程。1983 年 TCP/IP 成为 ARPANET 上标准的通信协议，这标志着真正意义的 Internet 出现了。1988 年底，NSF 把全国建立的五大超级计算机中心用通信干线连接起来，组成全国科学技术网 NSFNET，并以此作为 Internet 的基础，实现同其他网络的连接。

1991 年，General Atomics、Performance Systems International、UUnet Technologies 等三家公司组成了"商业 Internet 协会"（Commercial Internet Exchange Association），宣布用户可以把他们的 Internet 子网用于任何的商业用途。因为这三家公司分别经营着自己的 CERFNET、PSINET 及 ALTERNET 网络，可以在一定程度上绕开由美国国家科学基金出钱的 Internet 主干网络 NSFNET，

而向客户提供 Internet 联网服务。真可谓一石击起千层浪，其他 Internet 的商业子网也看到了 Internet 用于商业用途的巨大潜力，纷纷作出类似的承诺，到 1991 年的年底，连专门为 NSFnet 建立高速通信线路的 Advanced Network and Service Inc.也宣布指出自己的名为 CO+RE 的商业化 Internet 骨干通道。Internet 商业化服务提供商的接连出现，使工商企业终于可以堂堂正正地从正门进入 Internet。

商业机构一踏入 Internet 这一陌生的世界，很快就发现了它在通信、资料检索、客户服务等方面的巨大潜力。于是世界各地无数的企业及个人纷纷涌入 Internet，带来了 Internet 发展史上一次质的飞跃。到 1994 年年底，Internet 已通往全世界 150 个国家和地区，连接着 3 万多个子网，320 多万台计算机主机，直接的用户超过 3 500 万，成为世界上最大的计算机网络。

6.3.2　Internet 的功能

Internet 实际上是一个应用平台，在上面可以开展很多种应用，下面从八个方面来说明 Internet 的功能。

1．电子邮件

电子邮件亦称 E-mail，是指 Internet 上或常规计算机网络上各个用户之间，通过电子信件的形式进行通信的一种现代邮政通信方式，是 Internet 上使用最早也是最广泛的工具之一。电子邮件使网络用户能够发送或接收文字、图像、语音、图形、照片等多种形式的信息，目前 Internet 上 60%以上的活动都与电子邮件有关。

2．文件传输

文件传输是指通过 Internet 从别人的计算机中取回文件放到自己的计算机中（反之亦可）。由于文件传输服务是由 TCP/IP 协议中的 FTP（File Transfer Protocol，文件传输协议）支持的，因此人们就把 Internet 的这种服务称为"FTP"。如果两台计算机都是 Internet 上的用户，无论它们在地理位置上相距多远，只要二者都支持 FTP 协议，就可以在两台计算机之间互相传送文件。文件的形式可以多种多样，可以是文本文件、图形文件、语音文件和压缩文件等。

FTP 服务要求用户在登录到远程计算机时提供用户名和口令，但也允许网络上的任何用户以"Anonymous"（匿名）用户名登录到远程计算机以免费获得文件。匿名 FTP 协议还要求把用户的 E-mail 地址作为匿名登录的口令。一般匿名用户只能获取文件（下载）不能装入或修改文件（上载）。目前全球共有上千个"匿名 FTP"，它们大都属于大学、公司或某些个人计算机，用户可以利用这些服务功能和公用的联机数据库，获取所需的文件或免费下载软件。

3．远程登录

在 Internet 中，用户可以连接远程计算机，使本地计算机成为远程计算机的一个终端，这种连接方式称为远程登录，支持该项服务的协议为 Telnet。

远程登录是 Internet 提供的基本信息服务之一，是提供远程连接服务的终端访问协议。它可以使用户的计算机登录到 Internet 上的另一台计算机上。该计算机就成为用户所登录计算机的一个终端，可以使用那台计算机上的资源，如打印机和磁盘设备等。Telnet 提供了大量的命令，这些命令可用于建立终端与远程主机的交互式对话，可使本地用户执行远程主机的命令。

4．信息的获取与发布

Internet 是一个信息的海洋，通过它用户可以得到无穷无尽的信息，其中有各种不同类型的书库和图书馆、杂志期刊和报纸。网络还为用户提供了政府、学校和公司企业等机构的详细信息和各种不同的社会信息。这些信息的内容涉及社会的各个方面，包罗万象，几乎无所不有。用户可以坐在家里了解到全世界正在发生的事情，也可以将自己的信息发布到 Internet 上。

5. 网上交际

网络可以看做是虚拟的社会空间，每个人都可以在这个网络社会上充当一个角色。Internet 已经渗透到大家的日常生活中，人们可以在网上与别人聊天、交朋友、玩网络游戏，"网友"已经成为一个使用频率越来越高的名词。网友，你可以完全不认识，他（她）可能远在天边，也可能近在眼前。网上交际已经完全突破传统的交朋友方式，不同性别、年龄、身份、职业、国籍、肤色的人，都可以通过 Internet 成为好朋友，他们不用见面就可以进行各种各样的交流。

6. 电子商务

在网上进行贸易已经成为现实，而且发展得如火如荼，如网上购物、网上商品销售、网上拍卖、网上货币支付等。它已经在海关、外贸、金融、税收、销售、运输等方面得到广泛应用。电子商务现在正向一个更加纵深的方向发展，随着社会金融基础设施及网络安全设施的进一步健全，电子商务将在世界上掀起一轮新的革命。在不久的将来，用户将可以坐在计算机前进行各种各样的商业活动。

7. 网上事务处理

Internet 的出现将改变传统的办公模式，人们可以在家里上班，然后通过网络将工作的结果传回单位；出差的时候，不用带上很多资料，随时都可以通过网络回到单位提取需要的信息。Internet 使全世界都可以成为办公的地点。实际上，网上事务处理的范围还不只包括这些。

8. Internet 的其他应用

Internet 还有很多其他应用，如远程教育、远程医疗等。

总而言之，在信息世界里，以前只有在科幻小说中出现的各种现象，现在已经慢慢地成为现实。Internet 还处在不断发展的状态，谁也预料不到，明天的 Internet 会成为什么样子。

6.3.3 Internet 体系结构

1. TCP/IP 协议

TCP/IP（Transmission Control Protocol/Internet Protocol，传输控制协议/网际协议）是用于互联网的一套协议，是最流行的网络通信协议，也是 Internet 的基础，TCP/IP 可以跨越由不同硬件体系和不同操作系统的计算机相互连接的网络进行通信。

TCP/IP 协议其实是一组协议，包括许多协议，组成了 TCP/IP 协议簇。传输控制协议（TCP）和网际协议（IP）是其中最重要的、确保数据完整传输的两个协议。

TCP/IP 协议的基本传输单位是数据报（Datagram）。TCP 协议负责把数据分成若干个数据报，并给每个数据报加上报头（就像给一封信加上信封），报头上有相应的编号，以保证数据接受端能将数据还原为原来的格式。IP 协议在每个报头上再加上目的（接收端）主机的地址，使数据能找到自己要去的地方（就像在信封上要写明收信人地址一样）。如果传输过程中出现数据丢失、数据失真等情况，TCP 协议会自动要求数据重新传输，并重组数据报。总之，IP 协议保证数据的传输，TCP 协议保证数据传输的质量。

2. TCP/IP 协议模型

OSI 参考模型虽然可以让所有的计算机方便地互联和交换数据，但是由于其标准的制定和协议的实现落后于当时已经广泛应用的 Internet，因此网络体系结构得到广泛应用的并不是 OSI，而是应用在 Internet 上的非国际标准的 TCP/IP 体系结构。

TCP/IP 体系结构参考模型分为四层：应用层、传输层、网络层、网络接口层。图 6-6 所示给出了 TCP/IP 体系结构参考模型和 OSI 体系结构参考模型的对比。

（1）应用层

应用层是 TCP/IP 协议的最高层，为用户提供所需要的各种服务，如电子邮件、文件传输访问、远程登录等。

图 6-6　OSI 与 TCP/IP 结构对比

（2）传输层

传输层为应用层实体提供端到端的通信功能，保证了数据包的顺序传送及数据的完整性。该层定义了两个主要的协议：传输控制协议（TCP）、用户数据报协议（UDP）。TCP 协议提供的是一种可靠的、通过"三次握手"来连接的数据传输服务；而 UDP 协议提供的则是不保证可靠的（并不是不可靠）、无连接的数据传输服务。

（3）网际层

网际层主要解决主机到主机的通信问题，它所包含的协议设计数据包在整个网络上的逻辑传输。注重重新赋予主机一个 IP 地址来完成对主机的寻址，它还负责数据包在多种网络中的路由。该层有三个主要协议：网际协议（IP）、互联网组管理协议（IGMP）和互联网控制报文协议（ICMP）。

（4）网络接口层

网络接口层是 TCP/IP 协议结构的底层，负责接收 IP 数据报并通过网络发送，或者从网络上接收物理帧，抽出 IP 数据报，交给网络层。从理论上讲，TCP/IP 并没有定义具体的该层协议，但它是 TCP/IP 协议的基础，是各种网络与 TCP/IP 协议的接口。

6.3.4　IP 地址与域名系统

1. IP 地址

我们都已经知道，Internet 是由几千万台计算机互相连接而成的。而要确认网络上的每一台计算机，靠的就是能唯一标识该计算机的网络地址，这个地址就叫做 IP 地址。在 Internet 上连接的所有计算机，从大型机到微型计算机都是以独立的身份出现，称它为主机。为了实现各主机间的通信，每台主机都必须有一个唯一的 IP 地址。就好像每一个住宅都有唯一的门牌一样，才不至于在传输资料时出现混乱。

2. IP 地址的表示

目前，根据 TCP/IP 协议规定，IP 地址是由 32 位二进制数组成，而且在 Internet 范围内是唯一的。例如，某台连接到因特网上的计算机的 IP 地址为：

11010010 01001001 10001100 00000010

很明显，这些数字对于人来说不太好记忆。人们为了方便记忆，就将组成计算机的 IP 地址的 32 位二进制分成四段，每段 8 位，中间用小数点隔开，然后将每八位二进制转换成十进制数，这样上述计算机的 IP 地址就变成了：210.73.140.2，这种书写方法叫作点数表示法。

3. IP 地址的分类

由于 Internet 是把全世界的无数个网络连接起来的一个庞大的网络，每个网络中的计算机通过其自身的 IP 地址而被唯一标识，据此也可以设想，在 Internet 上这个庞大的网际网中，每个网络也有自己的标识符。IP 地址分成两部分，分别为网络标识和主机标识。同一个物理网络上的所有主机都用同一个网络标识，网络上的一个主机（包括网络上工作站、服务器和路由器等）都有一个主机标识与其对应。IP 地址的 4 个字节划分为 2 个部分，一部分用以标明具体的网络段，即网络标识；另一部分用以标明具体的结点，即主机标识，也就是说某个网络中的特定的计算机号码。例如，某主机的 IP 地址为 202.107.1.5，对于该 IP 地址，我们可以把它分成网络标识和主机标识两部分，这样上述的 IP 地址就可以写成：

网络标识：202.107.1.0

主机标识：　　　　　5

合起来写：202.107.1.5

IP 地址可确认网络中的任何一个网络和计算机，而要识别其他网络或其中的计算机，则是根据这些 IP 地址的分类来确定的。一般将 IP 地址按结点计算机所在网络规模的大小分为 A、B、C、D、E 五类，默认的网络屏蔽是根据 IP 地址中的第一个字段确定的。

（1）A 类 IP 地址

A 类地址的表示范围为：1.0.0.0 ~ 126.255.255.255，默认网络屏蔽为：255.0.0.0。A 类 IP 地址就由 1 字节的网络地址和 3 字节主机地址组成，网络地址的最高位必须是"0"。A 类网络地址数量较少，适于分配给主机数量多而局域网络个数较少的大型网络使用，如分配给主机数达 1 600 多万台的大型网络。

（2）B 类 IP 地址

B 类地址的表示范围为：128.0.0.0 ~ 191.255.255.255，默认网络屏蔽为：255.255.0.0。B 类 IP 地址就由 2 字节的网络地址和 2 字节主机地址组成，网络地址的最高位必须是"10"。 B 类网络地址适用于中等规模的网络，每个网络所能容纳的计算机数为 6 万多台。

（3）C 类 IP 地址

C 类地址的表示范围为：192.0.0.0 ~ 223.255.255.255，默认网络屏蔽为：255.255.255.0。C 类 IP 地址就由 3 字节的网络地址和 1 字节主机地址组成，网络地址的最高位必须是"110"。C 类地址分配给小型网络，如一般的局域网和校园网，每个网络最多只能包含 254 台计算机。

（4）D 类 IP 地址

D 类 IP 地址第一个字节以"1110"开始，表示的范围为：224.0.0.0 ~ 239.255.255.255。它是一个专门保留的地址，并不指向特定的网络。目前这一类地址被用在多点广播（Multicast）中，用于将信息传送到一组计算机。

（5）E 类 IP 地址

E 类 IP 地址以"1110"开始，表示的范围为：240.0.0.0 ~ 254.255.255.255。E 类地址保留，仅做实验和开发用。

此外，网络 IP 地址不能以十进制"127"作为开头，在地址中数字 127 保留给诊断用，如 127.1.1.1 用于回路测试。同时 IP 地址中的每一个字节都为 0 的地址（0.0.0.0）对应于当前主机；IP 地址中的每一个字节都为 1 的 IP 地址（255.255.255.255）是当前子网的广播地址。

4．IPv6 地址

（1）IPv6 地址的产生原因

目前，我们使用的第二代互联网 IPv4 技术，即 IP 地址是由 32 位二进制数组成，但它的最大问题是网络地址资源有限，从理论上讲，它可以编址 1600 万个网络、40 亿台主机。然而，采用 A、B、C 三类编址方式后，可用的网络地址和主机地址的数目大打折扣，以至 IP 地址已于 2011 年 2 月 3 日分配完毕。其中北美占有 3/4，约 30 亿个，而人口最多的亚洲只有不到 4 亿个，中国截止 2010 年 6 月 IPv4 地址数量达到 2.5 亿，落后于 4.2 亿网民的需求。地址不足，严重地制约了中国及其他国家互联网的应用和发展。

另一方面，随着电子技术及网络技术的发展，计算机网络将进入人们的日常生活，可能身边的每一样东西都需要连入全球因特网。在这样的环境下，IPv6 应运而生。单从数量级上来说，IPv6 所拥有的地址容量是 IPv4 的约 8×10^{28} 倍，达到 2^{128}（算上全零的）个。这不但解决了网络地址资源数量的问题，同时也为除计算机外的设备连入互联网在数量限制上扫清了障碍。

与 IPv4 相比，IPv6 具有更大的地址空间。IPv4 中规定 IP 地址长度为 32，最大地址个数为 2^{32}；而 IPv6 中 IP 地址的长度为 128，即最大地址个数为 2^{128}。与 32 位地址空间相比，其地址空间增加了 $2^{128} - 2^{32}$ 个。

（2）IPv6 地址表示

由于 IPv6 中 IP 地址的长度为 128 位（16 个字节），考虑到它的长度是原来的四倍，因此，将 IPv6 地址写成 8 个 16 位的无符号整数，每个整数用四个十六进制位表示，这些数之间用冒号（：）分开，例如：3ffe:3201:1401:1:280:c8ff:fe4d:db39。

有时为了简化 IPv6 的地址表示，只要保证数值不变，就可以将前面的 0 省略。

比如：1080:0000:0000:0000:0008:0800:200C:417A。

可以简写为：1080:0:0:0:8:800:200C:417A。

另外，还规定可以用符号::表示一系列的 0。那么上面的地址又可以简化为：1080::8:800:200C:417A。

5．域名系统

由于 IP 地址是数字型的，难以记忆，也难以理解，因此，Internet 采用另一种字符型的地址方案，即域名地址。它用一组有意思的字符串来标识主机地址，IP 与域名地址两者相互对应，而且保持全网统一。值得注意的是：一台主机的 IP 地址是唯一的，即只能有一个 IP 地址，但它的域名数却可以有多个。

DNS（Domain Name System）称为域名系统，它是一个分层的名字管理查询系统，主要提供 Internet 上主机 IP 地址和主机名相互对应关系的服务，其通用的格式如下：

主机名.三级域名.二级域名.顶级域名

其中顶级域名往往表示主机所属的国家、地区或网络性质的代码，第二、三级是子域，表示网络名或机构名等。第四级是主机。

如湖南财政经济学院的域名：www.hufe.edu.cn 可以被分成这几部分：

www：主机名（服务器）。

hufe：机构名（湖南财政经济学院）。

edu：网络名（教育网）。

cn：国家或地区代码（中国）。

由于 Internet 最初是在美国发源的，因此最早的域名并无国家或地区标识，人们按用途把它们分为几个大类，它们分别以不同的后缀结尾：

.com：用于商业公司

.org：用于组织、协会等

.net：用于网络服务

.edu：用于教育机构

.gov：用于政府部门

.mil：用于军事领域

由于国际域名资源有限，各个国家、地区在域名最后加上了国家标识段，由此形成了各个国家、地区自己的国内域名，如：

.net.jp 日本的网络。

6. 统一资源定位符

统一资源定位符（URL）是对可以从互联网上得到的资源的位置和访问方法的一种简洁的表示，是互联网上标准资源的地址。互联网上的每个文件都有一个唯一的 URL，它包含的信息指出文件的位置以及浏览器应该怎么处理它。

简单地说，URL 是 WWW 页的地址，它从左到右由下述部分组成：

① Internet 资源类型（scheme）：指出 WWW 客户程序用来操作的工具。如"http：//"表示 WWW 服务器，"ftp：//"表示 FTP 服务器，"gopher：//"表示 Gopher 服务器，而"news："表示 Newsgroup 新闻组。

② 服务器地址（Host）：指出 WWW 页所在的服务器域名。

③ 端口（Port）：有时对某些资源的访问来说，需给出相应的服务器提供端口号。

④ 路径（Path）：指明服务器上某资源的位置。与端口一样，路径并非总是需要的。

下面是 URL 的一个例子：http://www.hufe.edu.cn

6.3.5　Internet 接入技术

Internet 接入技术很多，除了最常见的拨号接入外，目前正广泛兴起的宽带接入，相对于传统的窄带接入而言，显示了其不可比拟的优势和强劲的生命力。宽带是一个相对于窄带而言的电信术语，为动态指标，用于度量用户享用的业务带宽，目前国际还没有统一的定义，一般而论，宽带是指用户接入传输速率达到 2Mbit/s 及以上、可以提供 24 小时在线的网络基础设备和服务。

宽带接入技术主要包括以现有电话网铜线为基础的 xDSL 接入技术，以电缆电视为基础的混合光纤同轴（HFC）接入技术，以太网接入，光纤接入技术等多种有线接入技术以及无线接入技术。

1. 电话拨号接入

电话拨号接入是个人用户接入 Internet 最早使用的方式之一，用户通过一个调制解调器（Modem）将电话线与 ISP 端服务器连接，从而实现 Internet 接入的目的。

电话拨号接入非常简单，只需一个调制解调器、一根电话线即可，但速度很慢，理论上只能提供 33.6Kbit/s 的上行速率和 56Kbit/s 的下行速率，主要用于个人用户。

2．专线接入

专线接入指用户通过相对永久的通信线路接入 Internet。专线接入与拨号接入的最大区别是：专线用户与 Internet 之间保持着相对永久的通信连接，并且可以获得固定的 Internet IP 地址。专线用户可以随时访问 Internet，不需要像拨号入网的用户那样，临时建立与 Internet 的连接。而且由于专线用户是 Internet 中相对稳定的组成部分，因而专线用户可以比较方便地向 Internet 的其他用户提供信息服务 。

DDN 专线接入最为常见，应用较广。它利用光纤、数字微波、卫星等数字信道和数字交叉复用结点，传输数据信号，可实现 2Mbps 以内的全透明数字传输以及高达 155Mbps 速率的语音、视频等多种业务。DDN 专线接入时，对于单用户通过市话模拟专线接入的，可采用调制解调器、数据终端单元设备和用户集中设备就近连接到电信部门提供的数字交叉连接复用设备处；对于用户网络接入就采用路由器、交换机等。DDN 专线接入特别适用于金融、证券、保险业、外资及合资企业、交通运输行业、政府机关等。

3．ISDN 接入

综合业务数字网（ISDN Integrated Service Digital Network）接入，俗称"一线通"，是普通电话（模拟 Modem）拨号接入和宽带接入之间的过渡方式。

ISDN 接入 Internet 与使用 Modem 普通电话拨号方法类似，也有一个拨号的过程。不过不同的是，它不用 Modem 而是用另一设备 ISDN 适配器来拨号，另外普通电话拨号在线路上传输模拟信号，有一个 Modem "调制"和"解调"的过程，而 ISDN 的传输是纯数字过程，通信质量较高，其数据传输比特误码率比传统电话线路至少改善十倍，此外它的连接速度快，一般只需几秒钟即可拨通。使用 ISDN 最高数据传输速率可达 128Kbps。

4．xDSL 接入

（1）xDSL

xDSL 是 DSL（Digital Subscriber Line　数字用户线路）的统称，是以电话铜线（普通电话线）为传输介质，点对点传输的宽带接入技术。它可以在一根铜线上分别传送数据和语音信号，其中数据信号并不通过电话交换设备，并且不需要拨号，不影响通话。其最大的优势在于利用现有的电话网络架构，不需要对现有接入系统进行改造，就可方便地开通宽带业务，被认为是解决"最后一公里"问题的最佳选择之一。

xDSL 技术可分为对称和非对称技术两种模式。对称 DSL 技术指上、下行双向传输速率相同的 DSL 技术，方式有 HDSL、SDSL、IDSL 等，这种技术具有对线路质量要求低，安装调试简单的特点。非对称 DSL 技术为上、下行传输速率不同，上行较慢，下行较快的 DSL 技术，主要有 ADSL、VDSL、RADSL 等，适用于对双向带宽要求不一样的应用，如 Web 浏览、多媒体点播、信息发布、视频点播 VOD 等，是 Internet 接入中很重要的一种方式。

（2）ADSL

ADSL（Asymmetrical Digital Subscriber Line，非对称数字用户环路）是 DSL 家族中最常用、最成熟的技术，其主要特点是充分利用现有的电话线网络，在线路两端加装 ADSL 设备，便可为用户提供高宽带服务。

一个基本的 ADSL 系统由局端收发机和用户端收发机两部分组成，收发机实际上是一种高速调制解调器（ADSL Modem），由其产生上下行的不同速率。一般来说，在普通电话双绞线上，ADSL

典型的上行速率为 512Kbps ~ 1Mbps，下行速率为 1.544 ~ 8.192Mbps。

ADSL 用途十分广泛，对于商业用户来说，可组建局域网共享 ADSL 上网，还可以实现远程办公、家庭办公等高速数据应用，获取高速低价的极高性价比。对于公益事业来说，ADSL 可以实现高速远程医疗、教学、视频会议的即时传送，达到以前所不能及的效果。

5. HFC 接入

为了解决终端用户接入 Internet 速率较低的问题，人们一方面通过 xDSL 技术充分提高电话线路的传输速率，另一方面尝试利用目前覆盖范围广、最具潜力、带宽高的有线电视网（CATV），即由广电部门规划设计的用来传输电视信号的网络。从用户数量看，我国已拥有世界上最大的有线电视网，其覆盖率高于电话网。充分利用这一资源，改造原有线路，变单向信道为双向信道以实现高速接入 Internet 的思想推动了 HFC 的出现和发展。

光纤同轴电缆混合网（HFC，Hybrid Fiber Coaxial）是以有线电视网为基础，采用模拟频分复用技术，综合应用模拟和数字传输技术、射频技术和计算机技术所产生的一种新型的宽带网络。它可以提供电视广播（模拟及数字电视）、影视点播、数据通信、电信服务（电话、传真等）、电子商贸、远程教学与医疗以及丰富的增值服务（如电子邮件、电子图书馆）等。

6. 光纤接入

光纤接入技术实际就是在接入网中全部或部分采用光纤传输介质，构成光纤用户环路，实现用户高性能宽带接入的一种方案。光纤接入是指在接入网中用光纤作为主要传输媒介来实现信息传输的网络形式，它不是传统意义上的光纤传输系统，而是针对接入网环境所专门设计的光纤传输网络。

根据光网络单元所在位置，光纤接入网的接入方式分为光纤到路边、光纤到大楼、光纤到办公室、光纤到楼层、光纤到小区、光纤到户等几种类型，其中光纤到户将是未来宽带接入网发展的最终形式。

光纤接入和以太网技术结合而成的高速以太网接入方式，可实现"千兆到在楼，百兆到层面，十兆到桌面"，为最终光纤到户提供了一种过渡。这种接入比较简单，在用户端通过一般的网络设备，如交换机、集线器等将同一幢楼内的用户连成一个局域网，用户室内只需添加以太网 RJ45 信息插座和配置以太网接口卡（即网卡），在另一端通过交换机与外界光纤干线相连即可。总体来看，这是一种比较廉价、高速、简便的数字宽带接入技术，特别适用于我国这种人口居住密集型的国家。

7. 无线接入

无线接入是指从业务结点到用户终端之间的全部或部分传输设施采用无线手段，向用户提供固定和移动接入服务的技术。采用无线通信技术将各用户终端接入到核心网的系统，或者是在市话端局或远端交换模块以下的用户网络部分采用无线通信技术的系统都统称为无线接入系统。由无线接入系统所构成的用户接入网称为无线接入网。

无线接入按接入方式和终端特征通常分为固定接入和移动接入两大类。其中固定无线接入是指从业务结点到固定用户终端采用无线技术的接入方式，用户终端不含或仅含有限的移动性。此方式是用户上网浏览及传输大量数据时的必然选择，主要包括卫星、微波、扩频微波、无线光传输和特高频。移动无线接入是指用户终端移动时的接入，包括移动蜂窝通信网（GSM、CDMA、TDMA、CDPD）、无线寻呼网、无绳电话网、集群电话网、卫星全球移动通信网以及个人通信网等，是当前接入研究和应用中很活跃的一个领域。

（1）卫星接入

由于卫星广播具有覆盖面大，传输距离远，不受地理条件限制等优点，利用卫星通信作为宽带接入网技术，在我国复杂的地理条件下，是一种有效方案并且有很大的发展前景。目前，应用卫星通信接入 Internet 主要有两种方案，全球宽带卫星通信系统和数字直播卫星接入技术。

全球宽带卫星通信系统，将静止轨道卫星（GEO，Geosynchronous Earth Orbit）系统的多点广播功能和低轨道卫星（LEO，Low Earth Orbit）系统的灵活性和实时性结合起来，可为固定用户提供 Internet 高速接入、会议电视、可视电话、远程应用等多种高速的交互式业务。也就是说，利用全球宽带卫星系统可建设宽带的"空中 Internet"。

数字直播卫星接入（DBS，Direct Broadcasting Satellite），利用位于地球同步轨道的通信卫星将高速广播数据送到用户的接收天线，所以一般也称为高轨卫星通信。DBS 主要是广播系统，Internet 信息提供商将网上的信息与非网上的信息按照特定组织结构进行分类，根据统计的结果将共享性高的信息送至广播信道，由用户在用户端以订阅的方式接收，以充分满足用户的共享需求。用户通过卫星天线和卫星接收 Modem 接收数据，回传数据则要通过电话 Modem 送到主站的服务器。DBS 广播速率最高可达 12Mbit/s，通常下行速率为 400Kbit/s，上行速率为 33.6Kbit/s，比传统 Modem 高出 8 倍，为用户节省 60% 以上的上网时间，还可以享受视频、音频多点传送、点播服务。

（2）移动蜂窝接入

移动蜂窝接入主要包括基于第一代模拟蜂窝系统的 CDPD 技术，基于第二代数字蜂窝系统的 GSM 和 GPRS，以及在此基础上的改进数据率 GSM 服务（EDGE，Enhanced Data Rate for GSM Evolution）技术，第三代蜂窝系统（3G，the third Generation）和第四代蜂窝系统（4G，the fourth Generation），目前正向第五代蜂窝系统（5G，the third Generation）发展。

8. 电力线接入

电力线接入是有线接入网的一种替代方案，因为电话线、有线电视网相对于电力线，其线路覆盖范围要小得多。在室内组网方面，计算机、打印机、电话和各种智能控制设备都可通过普通电源插座，由电力线连接起来，组成局域网。现有的各种网络应用：如话音、电视、多媒体业务、远程教育等，都可通过电力线向用户提供，以实现接入和室内组网的多网合一。

电力线接入是把户外通信设备插入到变压器用户侧的输出电力线上，该通信设备可以通过光纤与主干网相连，向用户提供数据、语音和多媒体等业务。户外设备与各用户端设备之间的所有连接都可看成是具有不同特性和通信质量的信道，如果通信系统支持室内组网，则室内任两个电源插座间的连接都是一个通信信道。

电力线接入将是未来发展的一大重要方向。电力网作为宽带接入媒介，除了可以提供互联网接入的新选择，还能够解决"最后一公里"问题，但目前技术方面还有待于进一步研究，各种相关问题也有待于进一步解决。

总之，各种各样的接入方式都有其自身的长短、优劣，不同需要的用户应该根据自己的实际情况做出合理选择。

6.4　Internet 信息检索及软件应用

万维网通过网络中的无数 Web 站点提供 Web 服务，用户可以通过计算机对万维网进行访问，实现网络资源的获取。在这个浩如烟海的万维网中，每个 Web 站点都有自己独特的地址，或者称为统一资源定位符（URL）。用户只要知道 Web 站点的地址，就可以利用浏览器方便地访问相应的 Web 站点。

6.4.1　IE 8 浏览器及使用

浏览器是网络用户用来浏览 Internet 上的网页信息的客户端软件。当用户使用浏览器浏览网页时，首先由浏览器与 WWW 服务建立 HTTP 连接，然后发出访问请求，服务器根据需求找到被请求主页，然后将该文件返回给浏览器，浏览器对接收到的文件进行解释，然后显示给用户。

IE 8 是微软公司开发的新一代浏览器，是使用最为广泛的 WWW 浏览器软件。与 IE 的以前的版本相比，具有强大的功能和更高的安全性。IE 由多个具有不同网络功能的软件组成。

1．IE 的界面布局

在 Windows 7 中附带的浏览器是 Internet Explorer 8.0，常常简称为 IE 8。下面我们就以 IE 8 为例对浏览器进行简单的介绍。

在确认连接到 Internet 后，在桌面上双击 Internet Explorer 图标或者单击"开始"按钮，选择"Internet Explorer"，即可启动 Internet Explorer 工作窗口。启动后的 IE8 浏览器如图 6-7 所示（已经进入百度网站）。

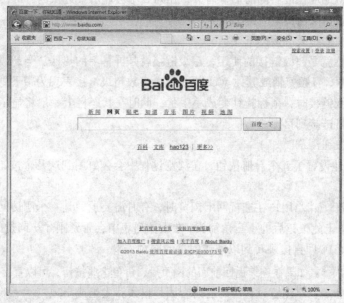

图 6-7　IE8 窗口

Internet Explorer 8 浏览器的工作窗口，主要由菜单栏、命令按钮栏、地址栏、收藏栏、Web 窗口、状态栏等几部分组成，可以用鼠标拖动其任意一边或一角来调整大小，也可以按住窗口上方的标题栏进行拖动。如果在窗口中不能观看到网页的全部内容，可以拖动窗口中的滚动条观看需要的内容。

①　标题栏。主窗口的顶端就是标题栏，标题栏中显示了当前所在网页的名称或者是 IE 中所显示的超文本文件的名称。在标题栏的右侧有三个按钮可以最小化、最大化（或者还原）及关闭窗口。

②　菜单栏。默认情况下，IE 8 的菜单栏是不显示的，用户可以右击标题栏在快捷菜单中单击"菜单栏"进行菜单栏的显示或隐藏设置。也可以按【ALT】键临时显示菜单栏。菜单栏显示时位于标题栏的下面。IE 8 中几乎所有的命令都可以在菜单栏中找到。

③ 命令按钮栏。IE 8 以命令按钮的形式向用户提供了多个常用的命令。使用这些命令按钮，用户可以更加快捷、方便地浏览和搜索 Web，编辑浏览窗口中的内容，或者保存特定的网页等操作。

④ 地址栏。地址栏又称为 URL 栏，是输入和显示网页地址的地方。在地址栏中用户其至无需输入完整的 Web 站点地址就可以进行直接跳转。在键入时，IE 8 浏览器的自动完成功能会根据用户以前访问过的 Web 地址给出最匹配的地址跳转建议。另外，用户还可以利用地址来搜索 Web 站点。

⑤ 状态栏。在状态栏中显示了关于 IE 8 当前的有用信息，查看状态栏左侧的信息可以了解 Web 页地址的下载过程右侧则显示当前页面所在的安全区域，如果是安全的站点，则会显示锁形的图标；另外，状态栏还可以显示和修改当前页面的显示比例，以适应浏览者的视觉需要。

2. 利用 IE 8 浏览网页

IE 8 提供了多种在网上漫游的方式，用户可以采用不同的方法浏览网页。

（1）在地址栏中输入 URL

如果用户知道要访问的网页 URL，直接在地址栏中输入 URL 即可。Internet Explorer 具有记忆网址的功能，单击地址栏最右侧的下拉箭头，在列表中会显示最近访问过的网址，用户可以从下拉菜单中选择网址访问网页。

（2）利用网页中的超级链接浏览

Web 的最佳特性就是超级链接的使用，超级链接就是屏幕上的热区。当超级链接被单击时，可以转向图像、视频、音频剪辑或其他 Web 网页。大多数超级链接表现为带下划线的文本。当鼠标指针触及一个超级链接时，鼠标指针变成小手状，此时在状态栏上一般将显示出超级链接的地址。单击该链接即可链接到目标。

（3）使用导航按钮浏览

在 IE 8 中分散地设置了五个导航按钮，在浏览过程中会频繁用到这几个按钮，其名称和功能如下：

① "后退" 按钮 ：当用户在进行网上浏览时，有时需要退回到一个刚访问过的网页，此时单击此按钮即可。单击此按钮后的下三角箭头，在下拉列表中会看到刚才访问过的网页名称列表，单击这些网页名称，IE 即直接跳转到以前访问过的网页。

② "前进" 按钮 ：如果在连续返回前面的网页后，再单击些按钮，可以直接转到后面的网页。

③ "停止" 按钮 ：在浏览过程中，有时会因通信线路太忙或出现了故障而导致一个网页长时间没有反应，此时单击该按钮来停止对当前网页的载入。

④ "刷新" 按钮 ：单击此按钮可以重新载入网页，有的网页更新很快，单击此按钮可以及时阅读新信息。

⑤ "主页" 按钮 ：在 Internet Explorer 中，主页是指每次打开浏览器时所看到的起始页面，在浏览过程中单击该按钮返回到起始页面。

（4）在 Windows 7 中，IE 8 可以使用跳转列表的功能，对于以前访问过的网站，再次进入时不用输入网址也能进行访问。右击任务栏上的 IE 图标，会出现一个最近访问过的网页列表，这些网页也可以被固定到跳转列表中方便下次访问。如图 6-8 所示。

图 6-8　IE 8 跳转功能

（5）使用收藏夹

IE 8 窗口中工具栏最左侧的"收藏夹"，可以存放用户感兴趣的网页地址。如果想要把某个网站添加到收藏夹，先访问该网站，单击"收藏夹"按钮，接着单击"添加到收藏夹"。您可以在"收藏夹"中管理已经收藏的网站，也可以查看旁边的"源"和"历史记录"。如果想让"收藏夹"中的内容固定显示在页面上，请单击"收藏夹"按钮，然后单击右侧的"固定收藏中心"图标即可。以后要访问这些网页，单击相应的列表即可。

（6）启用隐私浏览

IE 8 的隐私浏览功能打开一个新的不会记录任何信息的浏览器，不会记录任何搜索或网页访问的痕迹，这非常适合在公共场合中安全浏览网页的需求。具体操作方法是：运行 IE 8 单击"新建选项卡"按钮并在页面菜单中选择"InPrivate Browsing"即可。也可以打开新的页面，从工具栏的"安全"按钮中选择"InPrivate Browsing"。如图 6-9 所示。如果想要结束隐私浏览，只要关闭该浏览器窗口即可。

图 6-9　IE 8 隐私浏览方式

（7）IE 8 的搜索功能

IE 8 的搜索功能非常强大，在菜单栏的上部有个"搜索栏"，其默认通过 Bing 进行搜索，我们可以根据自己的喜好定制自己的搜索引擎，IE 8 的搜索无处不在。比如，在网页中选择需要进行搜索的文字，会在文字旁边显示一个搜索悬浮框，单击三角按钮，可以在列表中选择相应的搜索引擎进行搜索，省去了在搜索框中输入文字的麻烦。

6.4.2　设置 IE 8

1. 将 IE 8 设为默认浏览器

如果你的系统中安装了诸如 Firefox、Netscape、IE 等两种以上的浏览器，各浏览器为了使自己能够运行往往将自己设置为默认浏览器。第三方的浏览器软件在安装后就会将自己设置为默认浏览器，那么如何使 IE 8 为默认的浏览器呢？

运行 IE 8，单击其工具栏中的"工具"下的"Internet 选项"按钮，接着在窗口的上部单击"程序"选项卡在"默认的 Web 浏览器"下单击"设下的为默认值"按钮即可。另外，我们还可以选中"如果 Internet Explorer 不是默认的 Web 浏览器，提示我"复选框，这样当 IE 8 启动时如果当前的默认浏览器不是 IE 8 时就会弹出对话框，就可以快捷地将其设置为默认浏览器。设置完成后，单击"确定"保存更改。

2．添加删除 IE 8 工具栏

IE 8 默认情况下工具栏中的工具按钮非常有限，操作起来有些不便，我们可以根据自己的需要进行添加定制，将自己经常使用的工具按钮添加到工具栏中以提供工作效率。

运行 IE 8，单击其工具栏中的"工具"下拉按钮，再单击"工具栏"按钮，也可以直接在工具栏上单击鼠标右键，进入"工具栏"选项列表，选择其中的"自定义"。最后在"自定义工具栏"对话框中可以根据自己的需要添加或者删除相应的工具。设置完成后单击工具栏列表中的"锁定工具栏"按钮，这样当我们每次使用 IE 8 时，就会固定显示已经选择好的工具栏。

3．添加删除 IE 8 加载项

所谓的加载项就是 IE 插件，传统的插件都是为用户提供方便，为 IE 增加新的功能，但是有很多插件出于商业目的，修改 IE 配置甚至添加间谍软件等。因此对于 IE 8 的加载项我们可以根据需要进行添加或者删除。

如果想要添加或删除加载项，请单击"工具"按钮，从下拉菜单中单击"管理加载项"按钮，在此菜单中，我们可以查看和管理已经安装到浏览器中的不同类型的加载项列表。如果想要添加更多加载项，单击窗口底部的"查找更多加载项"按钮。如果想要删除加载项，选择并高亮显示您希望删除的加载项，单击"删除"按钮；如果你希望保留但禁用该加载项，可单击"禁用"按钮。

4．为 IE 8 添加更多的加速器

IE 加速器其实就是实时网络优化加速工具，可使 IE 在网上冲浪和下载文件的速度得到较大的提升。与以往修改注册表参数达到优化目的的软件不同的是，加速器通过监视 IE 浏览器的状态，智能将下一个或多个最可能的页面的部分或全部装入自己的缓冲，起到了一个实时加速的作用。

如果想要添加更多加速器，在加速器的弹出菜单中单击"更多加速器"按钮，接着单击"查找更多加速器"按钮，查看并添加可用的加速器。随着 IE 8 的开发进程为其定制加速器越来越多，单击"查找更多加速器"按钮，可以找到更多更新的加速器。

5．访问记录

IE 8 在个人隐私方面做了很多改进，我们可以根据需要对"浏览历史""临时文件""Cookie"等进行设置以达到安全上网。

保存访问信息。IE 8 可以保存用户访问站点的诸如 cookies 和临时 Internet 文件等信息，需要做的只是将该站点添加到"收藏夹"中即可。此项增加的功能有助于保护我们的重要信息，同时确保信任的站点正常发挥作用和易于使用。

查看访问记录。在 IE 8 中我们可以查看用户对网站的访问记录，要启动访问记录功能需要将该网站添加到收藏夹中。单击"收藏夹"右侧的按钮可以快速地将某个网站添加进来，这样 IE 8 会记录我们对于该网站的访问记录。要查看历史记录，选择"整理收藏夹"在打开的窗口中选择要查看访问记录的网站，在下面会显示诸如"已访问次数""上次访问时间"等信息。

清除访问记录。在浏览网页后,想要清除历史记录,单击工具栏的"工具"下的"Internet
选项"按钮,再单击浏览历史记录中下的"删除"按钮即可。如图 6-10 所示。当然,我们也可
以在选项列表中,根据自己的需要进行选择,选中需要删除的选项然后单击"删除"即可。

6. IE 8 的多媒体设置

用 IE 浏览网页时,有时为了节省流量或者提高浏览速度,可以对网页的多媒体进行设置。单
击菜单"工具"下的"Internet 选项"按钮,选择"高级"标签,可以进行多媒体设置。如图 6-11
所示,如果要使网页中不显示图片,则取消选中"显示图片"复选框,同样可以设置是否要在网
页中播放动画、是否播放声音等。

图 6-10　清除 IE 8 访问记录

图 6-11　IE 8 多媒体高级设置

6.4.3　保存网页中的信息

1. 保存网页中的图片

在网页图片上单击鼠标右键,然后在弹出的快捷菜单中选择"图片另存为"命令,弹出"保
存图片"对话框。在"保存图片"对话框中选择正确的目录,如果想更改文件名,可在"文件名"
文本框内输入新的文件名,然后在"保存类型"下拉列表中选择保存图片的格式,最后单击"保
存"按钮,图片将被下载到用户的计算机上。

2. 保存网页

浏览网页时有时会发现某些网页很有价值,此时可以把它们保存下来。保存网页的步骤如下:
在要保存的网页中单击"文件"→"另存为"按钮,弹出"保存网页"对话框,如图 6-12
所示。在对话框中单击"保存类型"下拉列表右侧的下三角按钮,根据需要选择保存的对象。如
需要保存整个网页,选择"网页,全部"选项。在"文件名"中输入保存的名称,在路径框中选
择正确的保存位置,然后在"编码"文本框中选择保存文件的编码。最后单击"保存"按钮,下
载结束后完成保存。

图 6-12 保存网页对话框

6.4.4 使用 IE 8 浏览器下载资源

一般而言，在网页上允许下载的软件都有一个超级链接，要下载它们，只要单击该超级链接，就会有一个下载对话框弹出，如图 6-13 所示。如果单击"打开"按钮则打开此文件，单击"保存"按钮则打开"另存为"对话框，如图 6-14 所示。设置好目录和文件名后单击"保存"按钮，下载完成后即保存到计算机中。

图 6-13 文件下载对话框图

6-14 文件下载另存为对话框

6.4.5 搜索网络信息

Internet 上的信息繁多，涉及不同的主题，如何快速准确地在网上找到需要的信息也尤其重要。搜索引擎是指自动从因特网搜集信息，经过一定整理以后，建立搜索引擎数据库，为用户提供查询服务。搜索引擎的主要功能包括搜集信息、整理信息及查询服务。

目前常见搜索引擎包括百度、谷歌等。Baidu（百度）是中国最大的搜索引擎，Google（谷歌）是目前世界上最流行的搜索引擎之一。

我们以百度为例，介绍搜索引擎的使用。在 IE 的地址栏中输入 http://www.baidu.com，按【Enter】键后即可进入百度搜索页面。

一般搜索时，只要在页面的搜索框内输入搜索关键词，然后按【Enter】键或单击"百度一下"按钮，即可搜索出相应的内容。百度还支持命令式高级检索。

1. 百度常用的检索命令

① 把搜索范围限定在网页标题中——intitle

网页标题通常是对网页内容提纲挈领式的归纳。把查询内容范围限定在网页标题中，有时会有良好的效果。使用方式是把查询内容中特别关键的部分用"intitle:"限定。例如，查找张××的写真，可以这样查询："写真 intitle:张××"。

② 把搜索范围限定在特定的站点中——site

把搜索范围限定在某个站点中，可以提高查询效率。使用方法是在查询的内容后面加上"site:站点域名"。例如，在天空网下载软件，可以这样查询："site:skycn.com"。

③ 专门文档搜索——filetype

很多有价值的资料，在互联网上并非是普通的网页，而是以 Word、PDF 等格式存在。百度支持对 Office 文档（包括 Word、Excel、PowerPoint）、PDF 文档、RTF 文档进行全文搜索。使用时在普通的查询词后面加一个"filetype:"文档限定即可。可以跟的文件格式有：doc、xls、ppt、pdf、rtf、all。

④ 搜索范围限定在 URL 链接中——inurl

网页 URL 中的某些信息，有时会有一定价值的含义。对 URL 作某种限定，有时可以获得较好的效果。实现的方式是用"inurl:"后跟需要在 URL 中出现的关键词。

⑤ 精确匹配——双引号和书名号

如果输入的查询语很长，百度经过分析后给出的搜索结果中的查询词很可能是拆分的。给查询词加上双引号，查出的结果就是不拆分的查询词。加上中文书名号的查询词有两个功能：一是书名号会出现在搜索结果中；二是被书名号括起来的内容不会被拆分。书名号在查电影和小说方面常常很有效。

2. 百度其他功能

（1）百度快照

如果无法打开某个搜索结果，或者打开速度极慢时可以用"百度快照"。每个未被禁止搜索的网页，在百度上会自动生成临时缓存页面，即百度快照。当遇到网站服务故障或堵塞时，可以通过"百度快照"快速浏览页面内容。百度快照只缓存文本内容，其他多媒体信息仍储存于原网页中。

（2）百度百科

百度百科始于 2006 年 4 月，是一部开放的网络百科全书，每一个人都可以自由访问并且可以参与撰写和编辑，并使其不断完善。

（3）百度知道

百度知道是一个基于搜索的互动式知识问答分享平台，它并非直接查询那些已经存在于网上的内容，而是用户自己根据具体需求有针对性地提出问题，通过积分奖励机制发动其他用户来解答问题。这些问题又进一步作为搜索结果，提供给其他有类似疑问的用户，达到分享知识的效果。

习　题

一、填空题

1. Internet Explorer 浏览器的工作窗口，主要由_____、_____、_____、_____、以及_____等部分组成。

2. 在保存网页上的图片时，应在图片上右击鼠标，然后在弹出的快捷菜单中选择____命令，如果要保存网页，则应该选择_____命令。

3. 用 IE8 在公共场合中安全浏览网页，可以用 IE8 的_____浏览模式，可以在浏览后不留下任何痕迹。

4. 搜索引擎的主要功能包括_____、_____以及_____。

5. IE8 窗口中的导航按钮分别是_____、_____、_____、_____以及_____。

6. 百度搜索引擎中专门文档搜索可以用_____检索命令进行限定。

二、单项选择题

1. 计算机网络最基本的功能是（　　）。
　　A. 数据通信　　　B. 资源共享　　　C. 协同工作　　　D. 以上都是

2. 计算机网络的基本分类方法主要有两种：一种是根据网络所使用的传输技术；另一种是根据（　　）。
　　A. 网络协议　　　　　　　　　B. 网络操作系统类型
　　C. 覆盖范围与规模　　　　　　D. 网络服务器类型与规模

3. 缩写 WWW 表示的是（　　），它是 Internet 提供的一项服务。
　　A. 局域网　　　　B. 广域网　　　　C. 万维网　　　　D. 网上论坛

4. 在拓扑结构中，下列关于环型的叙述正确的是（　　）。
　　A. 环中的数据沿着环的两个方向绕环传输
　　B. 环型拓扑中各结点首尾相连形成一个永不闭合的环
　　C. 环型拓扑的抗故障性能好
　　D. 网络中的任意一个结点或一条传输介质出现故障都不会导致整个网络的故障

5. 采用拨号入网的通信方式是（　　）。
　　A. PSTN 公用电话网　　　　　　B. DDN 专线
　　C. FR 帧中继　　　　　　　　　D. LAN 局域网

6. 目前 Internet 上广泛采用的通信协议是（　　）。
　　A. IPX/SPX 协议　　　　　　　B. NetBEUI 协议
　　C. NWLink NetBIOS　　　　　　D. TCP/IP 协议

7. http://www.peopledaily.com.cn/channel/main/welcome.htm 是一个典型的 URL，其中 http 表示（　　）。
　　A. 协议类型　　　B. 主机域名　　　C. 路径　　　D. 文件名

8. 在局域网中不能共享（　　）
　　A. 硬盘　　　　B. 文件夹　　　　C. 显示器　　　D. 打印机

9. URL 格式中，服务类型与主机名间用下面哪个符号隔开（　　）。
　　A. \　　　　　　B. //　　　　　　C. @　　　　　　D. #

10. 关于 WWW 服务，以下哪种说法是错误的（　　）。
　　A. WWW 服务采用的主要传输协议是 HTTP
　　B. WWW 服务以超文本方式组织网络多媒体信息
　　C. 用户访问 Web 服务器可以使用统一的图形用户界面
　　D. 用户访问 Web 服务器不需要知道服务器的 URL 地址

11. 在 Internet 上的计算机，下列描述错误的是（　　　）。

　　A. 一台计算机可以有一个或多个 IP 地址

　　B. 可以两台计算机共用一个 IP 地址

　　C. 每台计算机都有不同的 IP 地址

　　D. 所有计算机都必须有一个 Internet 上唯一的编号作为其在 Internet 上的标识

12. Internet 上，传输层的两种协议是（　　　）和 UDP。

　　A. TCP　　　　　　B. ISP　　　　　　C. IP　　　　　　D. HTTP

13. 当网络中任何一个工作站发生故障时，都有可能导致整个网络停止工作，这种网络的拓扑结构为（　　　）结构。

　　A. 星型　　　　　　B. 树型　　　　　　C. 总线型　　　　　　D. 环型

14. 域名与 IP 地址一一对应，Internet 是靠（　　　）完成这种对应关系的。

　　A. TCP　　　　　　B. PING　　　　　　C. DNS　　　　　　D. IP

15. 在 IE 浏览器中，要重新载入当前页，可单击工具栏上的（　　　）按钮。

　　A. 后退　　　　　　B. 前进　　　　　　C. 停止　　　　　　D. 刷新

第7章 | 电子邮件与 Outlook 2010

在人们的日常生活和工作中，庞大的邮件收发和繁忙的日常事务安排，使我们应接不暇，忙中出错，因此电子邮件管理正发挥着越来越重要的作用。Outlook 2010 就是一款强大的邮件管理工具，并具有日程日历等安排功能，能够满足用户在工作、个人等各个领域通信和事物管理的需求。

7.1 电子邮件 E_mail

7.1.1 电子邮件的概述

1. 电子邮件的概念

电子邮件（Electronic Mail，简写 E_mail）是指 Internet 上或常规计算机网络上的各个用户之间，通过电子信件的形式进行通信的一种现代邮政通信方式。它是 Internet 上的重要信息服务方式，为世界各地的 Internet 用户提供了一种极为快速、简便和经济的通信以及交换信息的方法。使用 E_mail 不仅可以发送和接收英文文字信息，同样也可以发送和接收中文及其他各种语言文字信息，还可以收发图像、声音、执行程序等各种类型的文件。正是由于这些优点，Internet 上数以亿计的用户都有自己的 E_mail 地址，E_mail 也成为利用率较高的 Internet 应用。

2. 电子邮件地址的格式

要发送和接收电子邮件，用户首先需要有一个电子邮件地址，或称电子邮箱，但千万不要把电子邮件地址和密码相混淆，前者是公开的，便于用户之间通信，后者是保密的，不能让人知道。所有的网络用户可以有自己的一个或几个电子邮件地址，并且这些电子邮件地址都是唯一的。和普通邮件一样，你能否收到你的 E-mail，取决于你是否取得了正确的电子邮件地址。

电子邮件地址由两个部分组成，格式如下：

loginname@full host name .domain name

即：登录名@主机名.域名

中间用一个表示"在"（at）的符号"@"分开，符号的左边是登录名，也就是网络用户名，右边是完整的计算机地址，它由主机名与域名组成，表示用户所连接的主机地址。如 username@hufe.edu.cn，其中 username 表示网络用户名。为了容易记忆和识别，用户名一般采用真实姓名或者使用其他有特殊意义的单词。hufe.edu.cn 是用户所连接的主机地址。

在输入电子邮件地址时，应该注意：

① 在地址中不要输入任何空格。无论是在用户名、计算机名，还是在@和圆点的两侧都不要含有空格。

② 不要漏掉分隔网络地址各部分的圆点符号。

3．电子邮件的格式

一份电子邮件由两部分组成：邮件头和邮件体。邮件头包含同发信者和接收者有关的信息，如发出地点和接收地点的网络地址、电子邮件系统中的用户名、信件的发出时间与接收时间以及邮件传送过程中经过的路径等。邮件体是信件本身的具体内容，一般为 ASCII 码表达的邮件正文。有许多电子邮件系统也能传送其他信息。

邮件头就像普通信件的信封一样，不过邮件头不由发信人书写，而是在 E_mail 传送过程中由系统形成的。邮件头就像普通信件的信签，是发信人输入的信件内容，通常用编辑器预先写成文件，或者在发 E_mail 时用电子邮件编辑器编辑或联机输入。

一个简单的电子邮件格式如图 7-1 所示。

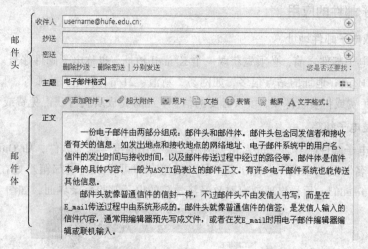

图 7-1　电子邮件格式

4．电子邮件服务器

电子邮件服务器是处理邮件交换的软硬件设施的总称，包括电子邮件程序、电子邮箱等。它是为用户提供全部 E_mail 服务的电子邮件系统，人们通过访问服务器实现邮件的交换。服务器程序通常不能由用户启动，而是一直在系统中运行。它一方面负责把本机器上发出的 E_mail 送出去，另一方面负责接收别的主机发过来的 E_mail，并把他们分发给各个用户。

电子邮件程序是计算机网络主机上运行的一种应用程序，它是操纵和管理电子邮件的系统。在你处理电子邮件时，需要选择一种供你使用的电子邮件程序。由于网络环境的多样性，各种网络环境的操作系统与网络软件也不一样，因此电子邮件程序也不尽相同。

5．电子邮件系统的特点

（1）方便性

电子邮件系统可以像使用留言电话那样在自己方便的时候处理记录下来的请求，通过电子邮件可以传送文件文本信息、图像文件、报表和计算机程序等。

（2）广域性

电子邮件系统具有开放性，许多非 Internet 上的用户可以通过网关（Gateway）与 Internet 上的用户交换电子邮件。

（3）廉价性和快捷性

电子邮件系统是采用"存储转发"方式为用户传送电子邮件的，通过在一些 Internet 的通信节点计算机上运行相应的软件，可以使这些计算机充当"邮局"的角色，用户使用的"电子邮箱"就是建立在这类计算机上的。当用户希望通过 Internet 给某人发送信件时，先要与为自己提供电子邮件服务的计算机联机，然后将要发送的信件与收信人的电子邮件地址送给电子邮件系统。电子邮件系统会自动将用户的信件通过网络一站一站地送到目的地，整个过程对用户来讲是透明的。

若在传递过程中某个通信站点发现用户给出的收信人电子邮件地址有误而无法继续传递，系统会将原信逐站退回并通知不能送达的原因。当信件送到目的地的计算机后，该计算机的电子邮件系统就将它放入收信人的电子邮箱中，等候用户自行读取。用户只要随时以计算机联机的方式打开自己的电子邮箱，便可以查阅邮件。

7.1.2　电子邮件的应用

1．获取电子邮件地址

在发送电子邮件之前，必须先获取一个 E_mail 地址，也称电子邮件账号。当前，在网上发布免费或付费 E_mail 地址的站点很多，如网易、新浪、21cn、易龙、搜狐等。只要到网上登录这些网站，找到免费或付费资源项，填入必要的信息，注册完成后就可获得免费或付费的电子邮箱了。

2．登录电子邮箱

当获取电子邮件账号后，进入相关网站，或专用的电子邮件软件，如 Outlook、Hotmail 等，输入"用户名"及"密码"，单击"登录"按钮，即可登录电子邮箱。如在 IE 地址栏中输入 http://mail.hufe.edu.cn/后，出现湖南财政经济学院的电子邮箱登录界面，如图 7-2 所示。

图 7-2　电子邮箱的登录界面

3．发送与接收电子邮件

进入电子邮箱后，通过单击"写信"或"收信"按钮，就可以发送或接收电子邮件了。然而，对于发送电子邮件，需要进一步填写收件人的 E_mail 地址、邮件内容等一些信息。下面详细介绍电子邮件的发送过程：

① 单击"写信"按钮，进入"撰写邮件"的窗口，如图 7-3 所示；

② 在"收件人"文本框中输入收件人的 E_mail 地址，如果同时向多人发送相同的 E_mail 时，可单击"添加抄送"或"添加密送"，然后分别在"抄送"及"密送"文本框中输入每个收件人的 E_mail 地址，并且每个 E_mail 地址之间用分号隔开；

③ 在"主题"文本框中输入邮件的标题；

④ 在"正文"文本框中编辑邮件文稿；

⑤ 若还需发送其他格式的文件（如 Word 或 Excel 文档、压缩文件、图像文件、程序文件等），

可单击"添加附件"按钮，把文件放到附件中发送；

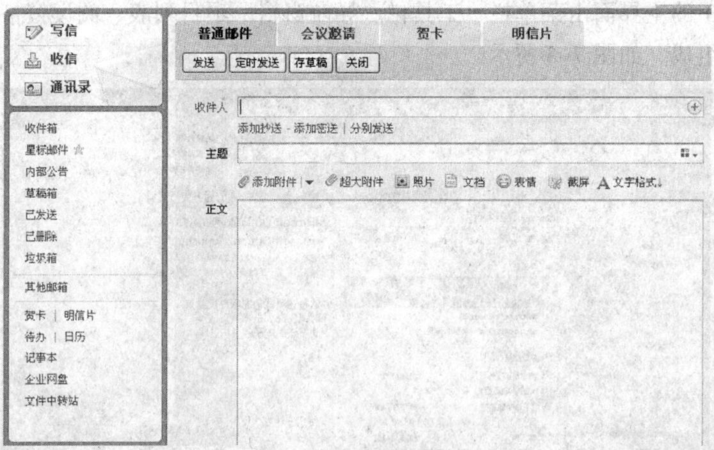

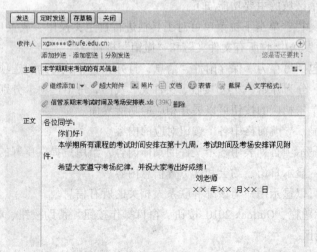

图 7-3　撰写电子邮件

⑥　当与电子邮件相关的内容填写完毕之后，单击"发送"按钮，将它发送给收件人。

例如，辅导员刘老师将"本学期期末考试的有关信息"通过电子邮件发送到信管系电子商务
1 班的公共邮箱 xgx****@hufe.edu.cn，告诉全班同学期末考试的考试时间及考场安排，电子邮件
的撰写界面如图 7-4 所示。最后，单击"发送"按钮，将它发送到 xgx****@hufe.edu.cn。

图 7-4　电子邮件的撰写与发送

信管系电子商务 1 班的每位同学登录电子邮箱 xgx****@hufe.edu.cn 后，打开"收件箱"，当
看主题为"本学期期末考试的有关信息"的邮件后，通过单击或双击此邮件打开即可阅读邮件的
相关内容。

7.2　Outlook 2010 的功能区域与环境配置

7.2.1　Outlook 2010 的功能区域

Outlook 2010 与 Microsoft Office 2010 的其他组件一样，提供了非常漂亮、直观的界面环境，

既愉悦心情，又能大大提高我们的工作效率。

Outlook 2010 的主界面由菜单栏、工具栏、导航窗格、项目列表、阅读窗格、人员窗格、待办事项栏等部分组成，如图 7-5 所示。

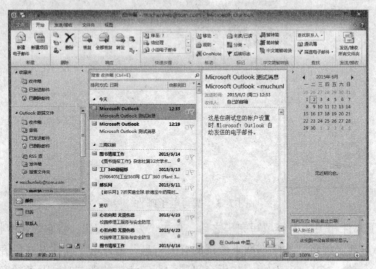

图 7-5　Outlook 主界面

Outlook 2010 各个区域的主要功能如下：

① 快速访问工具栏：单击下拉菜单可对工具栏进行自定义操作，放置自己常用的按钮。默认情况下，只显示"发送/接收所有文件夹"和"撤销"按钮。

② 文件按钮：包括另存为、保存附件、信息、打开、打印、帮助、选项设置等功能。

③ 选项卡标签：分为开始、发送/接收、文件夹、视图，每个选项卡分别对应自己的功能区。

④ 导航窗格：单击相应的按钮可以展开相应的功能界面。

⑤ 项目列表：显示导航窗格中各个按钮对应的内容。

⑥ 阅读窗格：显示项目列表中各个文件的具体内容，给用户提供良好的阅读界面。

⑦ 待办事项栏：显示日历、约会和任务等信息内容。

⑧ 人员窗格：可以显示用户与该邮件联系人相关的所有信息。

除此之外还有标题栏、Outlook 2010 按钮、窗口操作按钮、帮助按钮、状态栏、视图按钮、显示比例滑块等功能区。

其中文件按钮中的选项中包含了 Outlook 2010 软件的许多默认配置，如图 7-6 所示。

① 常规：设置界面选项及对 Microsoft office 进行个性化设置。

② 邮件：对撰写邮件，邮件到达的提示音，对话清理，答复、转发、保存、发送和跟踪邮件及邮件的格式进行设置。

③ 日历：更改日历、会议和时区的默认设置，可修改提醒时间。

④ 联系人：更改联系人方式，对姓名、档案、建议联系人等进行相关设置。

⑤ 任务：更改用于跟踪任务和待办事项的设置。

⑥ 高级：自定义 Outlook 窗格、自动存档、发送和接收等操作。

⑦ 自定义功能区：用户可根据自己的需要，把常用的命令新建选项卡。

⑧ 快速访问工具栏：可以把常用的命令，自定义放到快速访问工具栏。

另外还有便笺和日记、搜索、手机信息、语言、加载项、信任中心等选项。

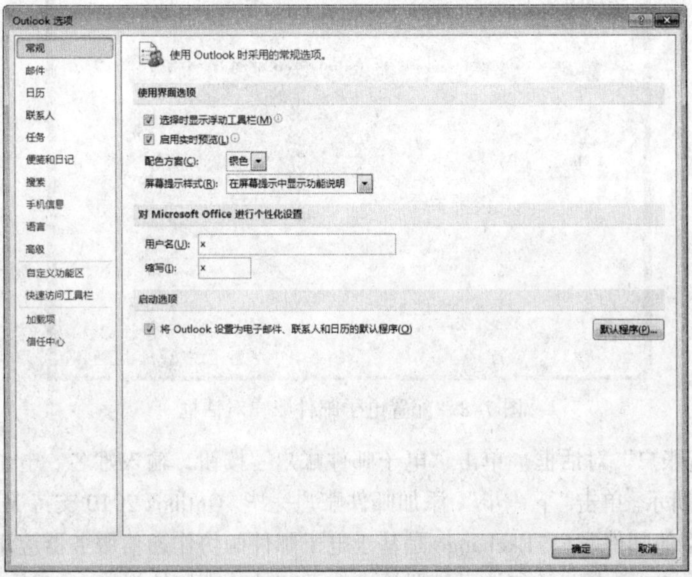

图 7-6 Outlook 选项

7.2.2 配置邮件账户

前面介绍过 Outlook 2010 实际上是一种邮件管理工具。因此，必须先设置自己申请的电子邮件地址与 Outlook 2010 建立连接，才可以用 Outlook 来操控邮箱。用户可以根据连接向导，使用以下两种方法，快速添加自己的邮件账户。

方法一：首次启动 Outlook 2010 时，自动添加邮件账户。

当首次启动 Outlook 2010 时，系统会弹出"Microsoft Outlook 2010 启动"对话框，以向导的方式引导用户为自己使用的电子邮件在 Outlook 2010 中进行账户配置，如图 7-7 所示。

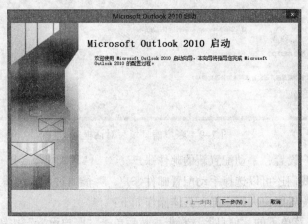

图 7-7 Outlook 启动对话框

单击"下一步"按钮，弹出"账户配置"对话框，在"是否配置电子邮件账户"中选择"是"，如图 7-8 所示。

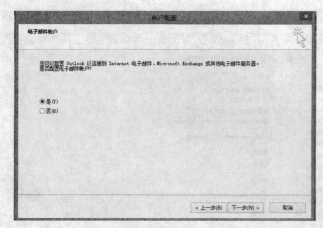

图 7-8　配置电子邮件账户对话框

弹出"添加新账户"对话框。单击"电子邮件账户"按钮，输入姓名、电子邮件地址、密码等信息，如图 7-9 所示。单击"下一步"，添加邮件账户完毕。Outlook 2010 支持 Microsoft Exchange、POP3 和 IMAP 类型的邮件账户。Exchange 是基于电子邮件的协作通信服务器应用于中小企业内部邮件交流；POP3 是 Internet 电子邮件服务器检索电子邮件的常用协议；IMAP 是 Internet 邮件访问协议，是一种增强的电子邮件账户类型，允许创建多个服务器文件夹。以上自动添加邮件账户的方法，系统默认配置为 IMAP 类型。

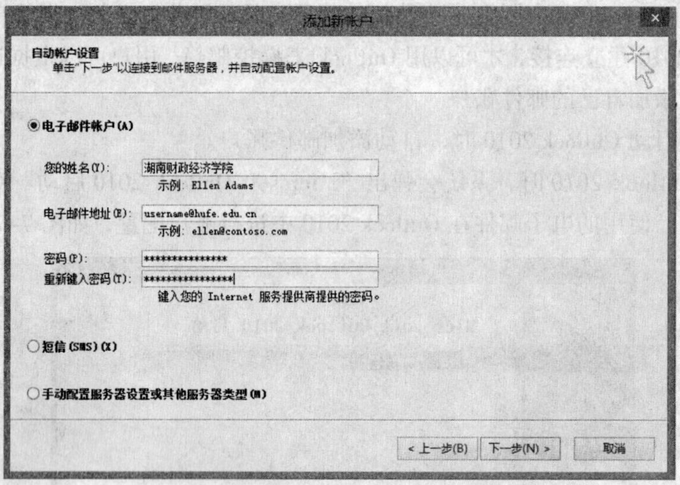

图 7-9　账户信息填写对话框

方法二：通过账户设置，手动配置新的邮件账户。

除了自动配置，我们还可以选择手动配置邮件账户，并能通过此方法添加多个邮件账户。手动配置的过程与自动配置账户大同小异，具体操作如下：

① 选择"文件"菜单下的"信息"选择卡。然后单击"账户设置"按钮，出现如图 7-10 所示的对话框。

② 单击"电子邮件"选项卡下的"新建"按钮，选择"电子邮件账户"，如图 7-11 所示。

③ 选择"手动配置服务设置或其他服务器类型"，然后单击"下一步"按钮，如图 7-12 所示。

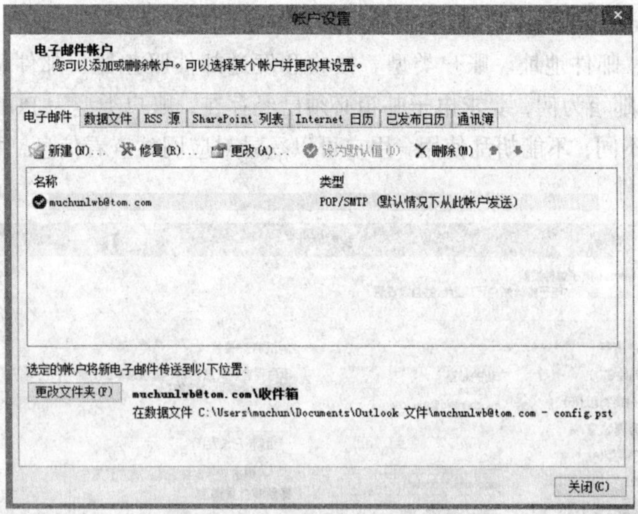

图 7-10 "账户设置"对话框

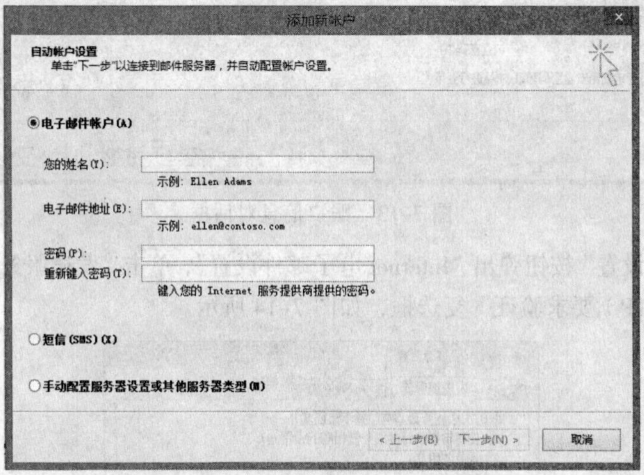

图 7-11 账户配置方式对话框

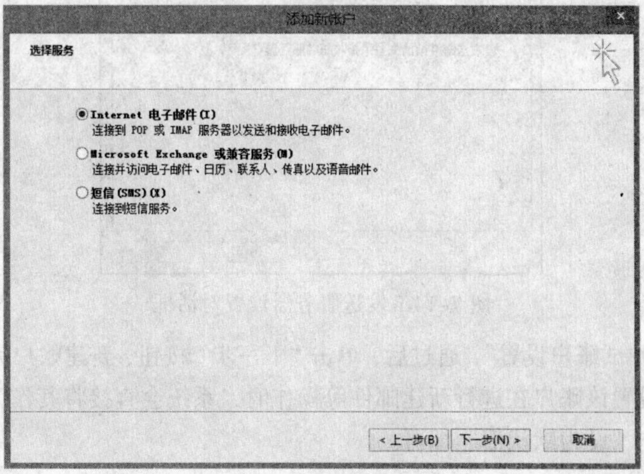

图 7-12 账户类型对话框

④ 选择"Internet 电子邮件"选项，单击"下一步"按钮后，在出现的 Internet 电子邮件设置中，填写好姓名、邮件地址、账户类型、接收和发送邮件服务器、邮件账户和密码等信息。图 7-13 以 Tom.com 邮箱为例，要求电子邮箱必须已经存在，账户类型为 POP3，每个网站的接收/发送邮件服务器都不同，不能胡乱使用，用户可以登录对应网站查看信息，并根据需要是否建立新的 Outlook 数据文件。

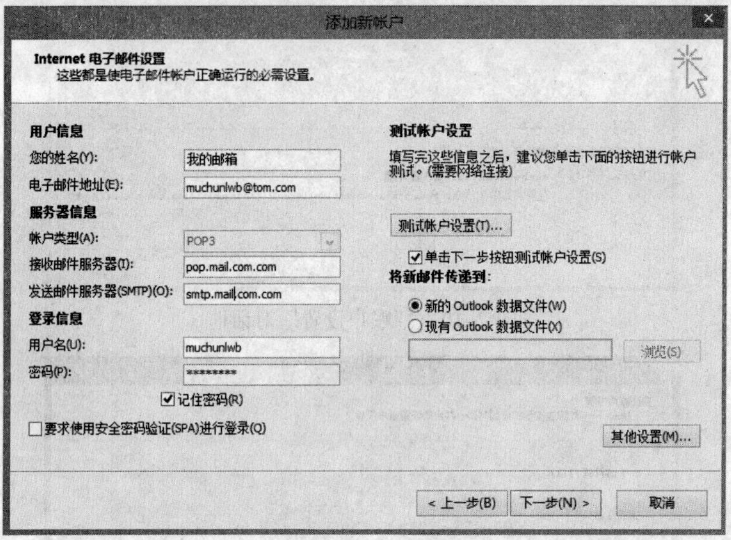

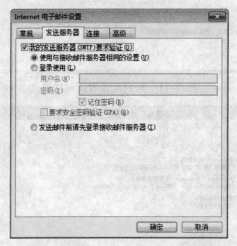

图 7-13　账户信息对话框

⑤ 单击"其他设置"按钮弹出"Internet 电子邮件设置"，单击"发送服务器"按钮，选中"我的发送服务器（SMTP）要求验证"复选框，如图 7-14 所示。

图 7-14　发送服务器设置对话框

⑥ 最后进行"测试账户设置"，通过后，单击"下一步"按钮，新建账户完毕，出现如图 7-10 所示界面。如果要设置该账户在进行新建邮件等操作时，系统会直接将其作为发件人的账户，只需选中该账户，单击"设为默认值"即可。

7.3 管理联系人

Outlook 2010 为方便用户的使用，提供了联系人管理功能，使用户能够有效地组织和保存相关人员、业务的信息以及快速地查找用户需要的联系人，并提供了名片、地址卡、卡片、电话、按类别、列表、按位置等多种视图浏览。按名片视图浏览如图 7-15 所示。

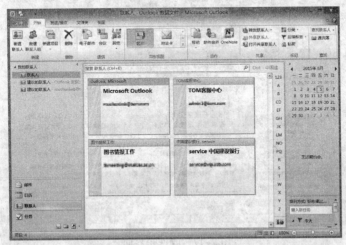

图 7-15 联系人的名片视图界面

7.3.1 新建联系人

在导航窗格中，选择"联系人"窗口，然后在"开始"选项卡中，单击"新建联系人"，弹出"添加联系人"对话框，填写该联系人的相关信息，信息量应该越多越好，方便用户日后进行查询。单击图片，可以为联系人添加照片，如图 7-16 所示。最后单击"保存并关闭"按钮，也可以单击"保存并新建"按钮，继续添加联系人。如果是新建的联系人与上一个联系人是同一个公司，那么可以单击"同一个单位的联系人"按钮进行操作。

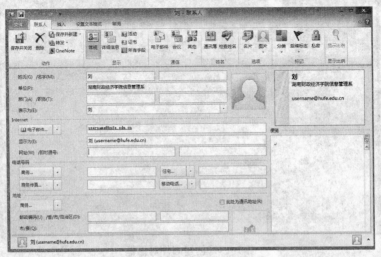

图 7-16 添加联系人对话框

7.3.2　收到邮件时，创建联系人

在收件箱里，打开收到的电子邮件时，单击鼠标右键阅读窗格中的发件人地址，在弹出的菜单中选择"添加到 Outlook 联系人"命令，如图 7-17 所示。在打开的创建联系人信息对话框中，添加姓名单位、电话等其他信息。

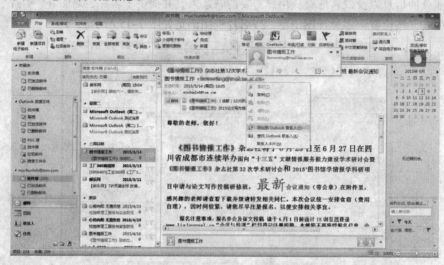

图 7-17　收件箱界面

7.4　邮　件　管　理

7.4.1　创建邮件

在打开的 Outlook 邮箱界面中，单击"新建电子邮件"按钮，弹"创建邮件"对话框，如图 7-18 所示。

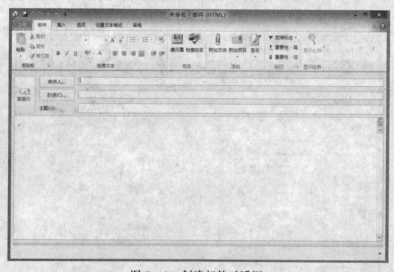

图 7-18　创建邮件对话框

"收件人"：收件人是邮件发送的第一接收人。单击该按钮，弹出"选择姓名：联系人"对话框，可以设置"收件人/抄送/密件抄送"，从中选择联系人或直接在其后的文本框中输入联系人的邮件地址。如果是多个收件人，地址之间要用分号隔开，如图 7-19 所示。

图 7-19　"选择姓名：联系人"对话框

"抄送"：抄送就是用户发给"收件人"邮件的同时，再向另一个或多个人同时发送该邮件，收件人可从邮件中得知用户把邮件抄送给了谁。用户单击"抄送"按钮，可以在"选择姓名：联系人"对话框中，选择多个联系人或直接输入多个邮件地址，地址之间同样要用分号隔开。

"密件抄送"：与"抄送"类似，但是邮件会按照"密件"的原则，收件人的邮件信息中不显示抄送给其他人。输入多个邮件地址时，同样要用分号隔开。

"主题"：输入邮件内容的主题，不可省略。

"邮件内容区"：输入邮件的内容。除了文本编辑外，还可以插入表格、信纸、图片、形状、艺术字、SmartArt、剪贴画、超链接、书签等，以丰富邮件的正文内容。

"附加文件" 0：单击"附加文件"按钮，在"插入文件"对话框中，选择需要添加的一个或多个附件。

"附加项目"：在正文中添加其他联系人的名片共享联系人信息，电子名片能迅速插入到要发送的邮件中如图 7-20 所示。在正文中添加日历，可以共享日历信息，收件人与自己的日历行程进行对比，合理安排事务日程，如图 7-21 所示。

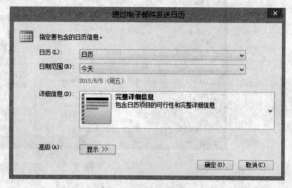

图 7-20　"插入名片"对话框　　　　图 7-21　"通过电子邮件发送日历"对话框

"签名"：邮件签名是指在创建和回复邮件时，发件人需要在邮件末尾署名，也称个性化签名。可以直接输入自己的签名，也可以先创建要添加到所有代发邮件中的默认签名或在待发邮件中选择不同的签名。单击"签名"按钮，打开如图 7-22 所示的"签名和信纸"的对话框。选择相应的邮箱账户后，可对签名实行新建、修改、删除、重命名等操作。在"个人信纸"选项卡中，可以设置主题，及各类邮件的字体，如图 7-23 所示。完成后，单击"确定"按钮，发送邮件。

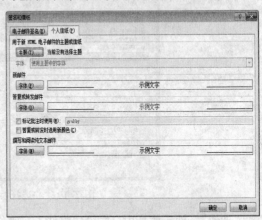

图 7-22　签名和信纸对话框　　　　　　图 7-23　个人信纸选项卡

7.4.2　接收并查看邮件

在启动 Outlook 2010 时，系统将自动接收邮件，并在状态栏中显示"发送/接收"状态。如果需要重新接收邮件，可单击常用工具栏中的"发送/接收"按钮。接收完后，收件箱中可以看到刚接收的新邮件。双击该邮件，便可在阅读窗格中，查看邮件内容，如图 7-24 所示。如果邮件中带有附件，那么要在附件框中，先对附件进行操作。

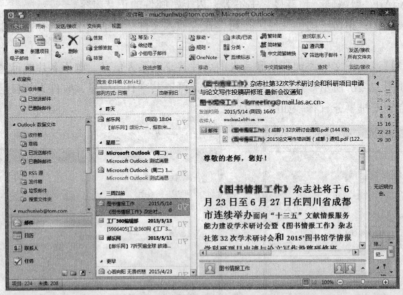

图 7-24　阅读邮件界面图

打开附件：右击附件，单击"打开"按钮，如图 7-25 所示。

预览附件：右击附件，单击"预览"按钮。

保存附件：右击附件，从弹出的快捷菜单中单击"另存为"按钮，弹出"保存附件"对话框，设置保存路径和文件名即可。

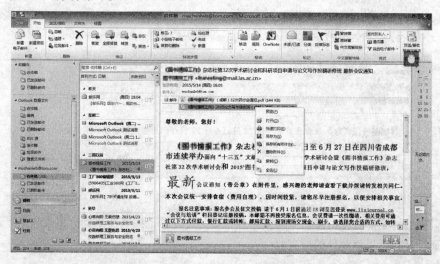

图 7-25　附件操作菜单

7.4.3　答复、转发或全部答复邮件

"答复"：浏览邮件后，单击"开始"菜单下的"答复"按钮，来回复发件人。打开邮件窗口，"收件人"和"主题"文本框中将根据该接收的邮件信息自动添加内容。用户只需编辑邮件内容或附件，单击"发送"按钮即可，如图 7-26 所示。

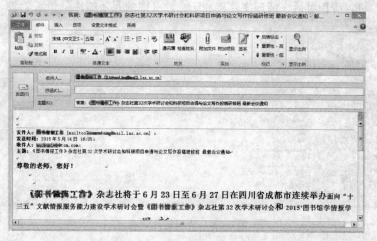

图 7-26　回复邮件对话框

"转发"：浏览邮件后，单击"开始"菜单下的"转发"按钮，转发该邮件。"主题"和"邮件内容"文本框中将根据该接收的邮件信息自动添加。用户只需在"收件人"文本框中输入收件人地址，单击发送即可，如图 7-27 所示。

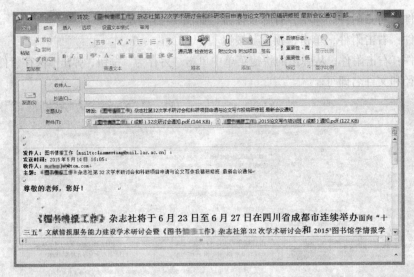

图 7-27　转发邮件对话框

"全部答复"：全部答复的操作和答复相似，只是答复的范围有所不同，不仅包括了该邮件的发件人，而且还包括了该邮件的所有收件人。

7.4.4　删除邮件

默认情况下，Outlook 2010 将自动保存接收的邮件和已发送的邮件。如果长时间不清理，就会过多地占用计算机资源。因此要定期整理邮箱，释放资源。

删除邮件：进入收件箱后，选中所有不需要的邮件，单击工具栏中的"删除"按钮。注意：此时邮件都被移动到"已删除邮件"中，若要永久删除邮件，必须再次彻底删除。

清理邮件：可以清理对话，清理文件夹和子文件夹中的冗余邮件，如图 7-28 所示。

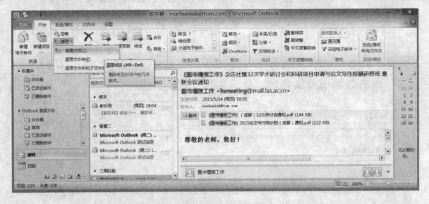

图 7-28　清理邮件菜单

垃圾邮件：可以选中某一邮件，阻止接收该发件人的邮件。还可以单击"垃圾邮件选项"按钮，选择垃圾邮件保护级别，设置安全发件人、安全收件人、阻止发件人等。如图 7-29 所示。

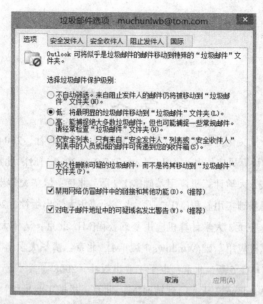

图 7-29　垃圾邮件选项

习　题

单项选择题

1. 在以下选项中，书写正确的邮件地址是（　　）。

    A. exam123&www.yahoo.com.cn　　　　　B. shipchen@yahoo.com.cn

    C. sina.com.cn@goodluck　　　　　　　　D. ruhaili@www.sina.com.cn

2. 在以下选项中，不是 Outlook 2010 的功能的是（　　）。

    A. 为用户管理大量的电子邮件信息，并能连接互联网，接收与发送各类邮件

    B. 具有人工智能的功能，自动为用户安排各种事宜

    C. 在创建会议时，可以按邮件的方式把会议信息发送给被邀请者

    D. 提供动态图形和图片编辑的功能，制作出精美的邮件

3. 在以下选项中，关于 Outlook 2010 说法正确的是（　　）。

    A. 因为 Outlook 2010 是一款强大的邮件管理工具，不需要电子邮箱就可以工作

    B. Outlook 2010 工作时需建立邮件账户，但不允许多个账户共存

    C. Outlook 2010 可以设置邮件提示功能，确保电子邮件到达预设访问群体

    D. Outlook 2010 提供语音聊天功能，方便用户交流

4. 以下哪一项不包括 Outlook 2010 的布局界面（　　）。

    A. 导航窗格　　　　B. 阅读窗格　　　　C. 待办事项栏　　　D. 提醒窗口

5. 关于 Outlook 2010 的账户设置，下列说法错误的是（　　）。

    A. 更改邮件账户，每次默认从该账户发送邮件

    B. 添加数据源，为联系人创建一个新的文件夹

    C. 可以创建新的邮件账户和修改已有的账户

    D. 更改账户后，已发布的日历仍然有效

参 考 文 献

[1] 蒋加伏，沈岳. 计算机文化基础[M]. 北京：北京邮电大学出版社，2004.

[2] 邓昶，吴军强. 大学计算机应用基础（Windows 7+Office 2010）[M]. 北京：中国铁道出版社，2014.

[3] 姬秀荔，张涵，周晏. 大学计算机应用基础[M]. 2 版. 北京：清华大学出版社，2014.

[4] 孙新德. 计算机应用基础实用教程[M]. 2 版. 北京：清华大学出版社，2014.

[5] 焦家林，熊曾刚，朱三元. 大学计算机应用基础教程[M]. 北京：清华大学出版社，2014.

[6] 李胜，张居晓. 计算机应用基础(Windows 7 版)[M]. 北京：清华大学出版社，2012.

[7] 谢希仁. 计算机网络[M]. 5 版. 北京：电子工业出版社，2008.

[8] 麓山文化. 中文版 Windows 7 从入门到精通[M]. 北京：机械工业出版社，2010.

[9] 陆铭，徐安东. 计算机应用技术基础[M]. 2 版. 北京：中国铁道出版社，2013.

[10] 张小峰.Excel 函数使用大全[EB/OL].http：//www.docin.com/p-48508026.html，2010.